冶金工业出版社

高职高专“十四五”规划教材

实用电工技术

主　编　邓玉娟　祝惠一　徐建亮　李东方
副主编　尹凌鹏　张新星　徐文俊　方晓汾

扫码输入刮刮卡密码
查看本书数字资源

北　京
冶　金　工　业　出　版　社
2023

内 容 提 要

本书共分7个项目，主要内容包括常用电工工具与电工仪表、常用低压电器、电器元件的选择和电动机的保护、电气控制线路的基本环节、电动机的装配与检修、电气控制线路故障诊断与维修、变频器的使用及维修等。

本书可作为高职高专院校和中等职业学校机电一体化等相关专业的教材，也可作为相关企业中高级机电设备维修工的培训教材和参考书。

图书在版编目(CIP)数据

实用电工技术/邓玉娟等主编.—北京：冶金工业出版社，2022.8(2023.11重印)

高职高专“十四五”规划教材

ISBN 978-7-5024-9190-1

Ⅰ.①实… Ⅱ.①邓… Ⅲ.①电工技术—高等职业教育—教材 Ⅳ.①TM

中国版本图书馆CIP数据核字(2022)第107260号

实用电工技术

出版发行	冶金工业出版社	**电　话**	(010)64027926
地　址	北京市东城区嵩祝院北巷39号	**邮　编**	100009
网　址	www.mip1953.com	**电子信箱**	service@mip1953.com

责任编辑 杜婷婷 美术编辑 彭子赫 版式设计 郑小利

责任校对 范天娇 责任印制 窦 唯

三河市双峰印刷装订有限公司印刷

2022年8月第1版，2023年11月第2次印刷

787mm×1092mm 1/16；14.25印张；344千字；218页

定价49.00元

投稿电话 (010)64027932 投稿信箱 tougao@cnmip.com.cn

营销中心电话 (010)64044283

冶金工业出版社天猫旗舰店 yjgycbs.tmall.com

(本书如有印装质量问题，本社营销中心负责退换)

前 言

本书以技能训练为核心，将“电机学原理”“电气控制技术”和“变频器技术”等课程内容进行有机整合，涵盖交直流电动机的维修、电气线路基本控制、电气线路的布线、电气设备故障的检修、变频器操作与认识、变频器基本功能训练、变频器维护与维修等内容。在讲解基础知识的同时，细化具体实训内容和要求，突出强化专业技能的培养，注重综合应用能力和分析能力的提升。

本书注重理论联系实际，内容全面、系统、实用，同时增加了对先进电器元件和设备的介绍。书中配有很多电器实物插图，方便学生直观学习。在编写过程中，力求使枯燥的理论知识融入鲜活的技能训练中，做到图文并茂，简洁明了，理实一体，突出实用性。

本书遵循岗位工作过程，以生产项目、工作任务为载体编写，并配套丰富的数字资源，与纸质教材有机融合，呈现形式更加灵活，为读者提供智能开放的学习素材，提升学习效果和教学效果。

本书由衢州职业技术学院邓玉娟、祝惠一、徐建亮和李东方任主编，尹凌鹏、张新星、徐文俊、方晓汾任副主编。具体编写分工为：邓玉娟编写项目4、项目5和项目6，徐建亮编写项目3，李东方编写项目1，祝惠一、尹凌鹏和张新星编写项目2，徐文俊和方晓汾编写项目7。

在本书编写过程中，参阅了国内外有关文献和资料，在此向文献作者表示衷心的感谢。

由于编者水平所限，书中不妥之处，敬请广大读者批评指正。

编 者

2022年5月

目 录

项目1 常用电工工具与电工仪表 …… 1

任务1.1 常用电工工具 …… 1

1.1.1 试电笔 …… 1

1.1.2 电工刀 …… 1

1.1.3 螺丝刀 …… 2

1.1.4 钢丝钳 …… 2

1.1.5 尖嘴钳 …… 3

1.1.6 斜口钳 …… 3

1.1.7 剥线钳 …… 3

1.1.8 电烙铁 …… 3

任务1.2 常用电工仪表 …… 4

1.2.1 万用表 …… 4

1.2.2 钳形表 …… 7

1.2.3 兆欧表 …… 13

习题 …… 17

项目2 常用低压电器 …… 18

任务2.1 电器的功能、分类和工作原理 …… 18

2.1.1 电器的功能 …… 18

2.1.2 电器的分类 …… 18

2.1.3 电磁式电器的基本原理 …… 19

任务2.2 电气控制中的常用电器 …… 24

2.2.1 隔离器 …… 24

2.2.2 熔断器 …… 26

2.2.3 继电器 …… 28

任务2.3 控制线路中的主令电器 …… 39

2.3.1 控制按钮 …… 39

2.3.2 行程开关 …… 40

2.3.3 凸轮控制器与主令控制器 …… 42

2.3.4 接近开关 …… 43

任务2.4 动力线路中的常用电器 …… 44

2.4.1 断路器 …… 44

2.4.2　接触器 …… 46
任务 2.5　低压电器智能化和发展趋势 …… 50
2.5.1　智能化接触器 …… 50
2.5.2　智能型断路器 …… 51
2.5.3　集成化技术的应用 …… 51
习题 …… 52

项目 3　电器元件的选择和电动机的保护 …… 53

任务 3.1　电器元件的选择 …… 53
3.1.1　接触器的选择 …… 53
3.1.2　继电器的选择 …… 54
3.1.3　熔断器的选择 …… 56
3.1.4　开关电器的选择 …… 57
3.1.5　控制变压器的选择 …… 58
3.1.6　主令电器的选择 …… 59
任务 3.2　电动机的保护 …… 59
3.2.1　短路保护 …… 59
3.2.2　过载保护 …… 60
3.2.3　过流保护 …… 60
3.2.4　欠压和失压保护 …… 61
3.2.5　断相保护 …… 62
3.2.6　弱磁保护 …… 63
3.2.7　智能综合保护 …… 63
习题 …… 65

项目 4　电气控制线路的基本环节 …… 66

任务 4.1　电气控制线路的绘制 …… 66
4.1.1　电气控制线路常用的图形符号和文字符号 …… 66
4.1.2　电气原理图 …… 70
4.1.3　电器元件布置图 …… 72
4.1.4　电气安装接线图 …… 72
任务 4.2　三相笼型异步电动机启动控制线路 …… 73
4.2.1　三相笼型异步电动机全压启动的控制线路 …… 73
4.2.2　三相笼型异步电动机减压启动控制电路 …… 76
4.2.3　三相绕线转子电动机启动控制 …… 80
任务 4.3　三相异步电动机的正反转控制 …… 83
4.3.1　电动机“正-停-反”控制 …… 83
4.3.2　电动机“正-反-停”控制 …… 84
任务 4.4　三相异步电动机的调速控制 …… 84

4.4.1　三相异步电动机的变级调速控制 …… 84
4.4.2　绕线转子电动机串接电阻的调速控制 …… 86
4.4.3　三相异步电动机变频器调速控制 …… 87
任务 4.5　三相异步电动机的制动控制 …… 91
4.5.1　三相异步电动机反接制动控制 …… 92
4.5.2　三相异步电动机能耗制动控制 …… 93
4.5.3　三相异步电动机电容制动 …… 94
任务 4.6　其他典型控制环节 …… 95
4.6.1　多地点控制 …… 95
4.6.2　多台电动机先后顺序工作的控制 …… 95
4.6.3　自动循环控制 …… 96
任务 4.7　电气控制线路的设计方法 …… 97
4.7.1　一般设计法 …… 97
4.7.2　逻辑设计法 …… 102
任务 4.8　电气线路中的保护措施 …… 106
4.8.1　短路保护 …… 106
4.8.2　过电流保护 …… 107
4.8.3　过载保护 …… 107
4.8.4　零电压和欠电压保护 …… 107
4.8.5　弱磁场保护 …… 107
4.8.6　超速保护 …… 107
4.8.7　电动机常用的保护环节 …… 108
4.8.8　多功能一体化保护器 …… 108
习题 …… 109

项目 5　电动机的装配与检修 …… 110

任务 5.1　三相交流异步电动机的拆卸与装配 …… 110
5.1.1　三相交流异步电动机基础知识 …… 110
5.1.2　三相异步交流电动机的拆卸 …… 110
5.1.3　三相异步交流电动机的装配 …… 112
5.1.4　三相异步交流电动机的检验 …… 113
任务 5.2　三相交流异步电动机定子绕组故障的排除 …… 114
5.2.1　三相交流异步电动机定子绕组故障的基础知识 …… 114
5.2.2　三相交流异步电动机定子绕组故障的检修方法 …… 114
5.2.3　三相交流异步电动机定子绕组故障的排除 …… 117
任务 5.3　三相交流异步电动机定子绕组的拆换 …… 120
5.3.1　三相交流异步电动机定子绕组基础知识 …… 120
5.3.2　三相交流异步电动机定子绕组的拆换方法 …… 120
任务 5.4　三相交流异步电动机修复后的试验 …… 129

5.4.1　三相交流异步电动机修复实验的基础知识 …… 129
5.4.2　三相交流异步电动机修复实验方法 …… 129
任务 5.5　单相交流异步电动机的故障检修 …… 133
5.5.1　单相交流异步电动机的基础知识 …… 133
5.5.2　单相交流异步电动机故障检修方法 …… 134
5.5.3　单相交流异步电动机常见故障的判断与检修 …… 138
任务 5.6　直流电动机的维修 …… 142
5.6.1　直流电机的基础知识 …… 142
5.6.2　直流电动机的拆卸和装配方法 …… 143
5.6.3　直流电动机换向器及电刷装置的基础知识 …… 144
5.6.4　直流电动机换向器及电刷装置的检修方法 …… 144
习题 …… 148

项目 6　电气控制线路故障诊断与维修 …… 149

任务 6.1　电气控制线路图的绘制原则及识图方法 …… 149
6.1.1　电气控制线路图 …… 149
6.1.2　电气控制线路图的识图方法及绘制原则 …… 151
任务 6.2　低压电器元件的检测与维修 …… 155
6.2.1　低压电器检测 …… 155
6.2.2　低压电器常见故障及维修 …… 158
任务 6.3　电气控制线路布线 …… 161
6.3.1　电气控制线路布线基础知识 …… 161
6.3.2　电气控制系统的软布线 …… 164
任务 6.4　电气控制线路的故障排除 …… 165
6.4.1　电气控制线路的故障检修基础知识 …… 165
6.4.2　电气控制线路的故障检修方法 …… 166
任务 6.5　典型机床电气控制线路的故障及排除 …… 172
6.5.1　CW6140 车床电气控制线路基础知识 …… 172
6.5.2　CW6140 车床电气控制线路故障及排除 …… 173
6.5.3　X62W 铣床电气控制线路基础知识 …… 177
6.5.4　X62W 铣床电气控制线路故障及排除 …… 181
习题 …… 184

项目 7　变频器的使用及维修 …… 185

任务 7.1　变频器操作与认识 …… 185
7.1.1　变频器的初步认识 …… 185
7.1.2　变频器的安装与接线 …… 194
任务 7.2　变频器功能参数设置与操作 …… 196
7.2.1　基本操作面板的认知与操作 …… 196

7.2.2 基本操作面板（BOP）功能说明 …… 196
7.2.3 变频器快速调试 …… 198
7.2.4 变频器复位为工厂的缺省设定值 …… 199
任务7.3 多段速度选择变频调速 …… 200
7.3.1 控制要求 …… 200
7.3.2 参数功能表及接线图 …… 200
7.3.3 操作步骤 …… 201
任务7.4 外部端子点动控制 …… 202
7.4.1 控制要求 …… 202
7.4.2 参数功能表及接线图 …… 202
7.4.3 操作步骤 …… 203
任务7.5 变频器无级调速 …… 203
7.5.1 控制要求 …… 203
7.5.2 参数功能表及接线图 …… 204
7.5.3 操作步骤 …… 204
任务7.6 变频器控制电机正反转 …… 205
7.6.1 控制要求 …… 205
7.6.2 参数功能表及接线图 …… 205
7.6.3 操作步骤 …… 206
任务7.7 外部模拟量（电压/电流）方式的变频调速控制 …… 206
7.7.1 控制要求 …… 206
7.7.2 参数功能表及接线图 …… 206
7.7.3 操作步骤 …… 207
任务7.8 PID变频调速控制 …… 207
7.8.1 控制要求 …… 207
7.8.2 参数功能表及接线图 …… 208
7.8.3 操作步骤 …… 209
任务7.9 变频器维护与维修 …… 209
7.9.1 变频器的检测与试验 …… 209
7.9.2 变频器损坏的常见原因 …… 212
7.9.3 变频器故障代码释意 …… 212
7.9.4 变频器故障修理与流程 …… 214
习题 …… 217

参考文献 …… 218

项目1　常用电工工具与电工仪表

项目1课件

任务1.1　常用电工工具

1.1.1　试电笔

使用时，必须手指触及笔尾的金属部分，并使氖管小窗背光且朝自己，以便观测氖管的亮暗程度，防止因光线太强造成误判，其使用方法如图1-1所示。

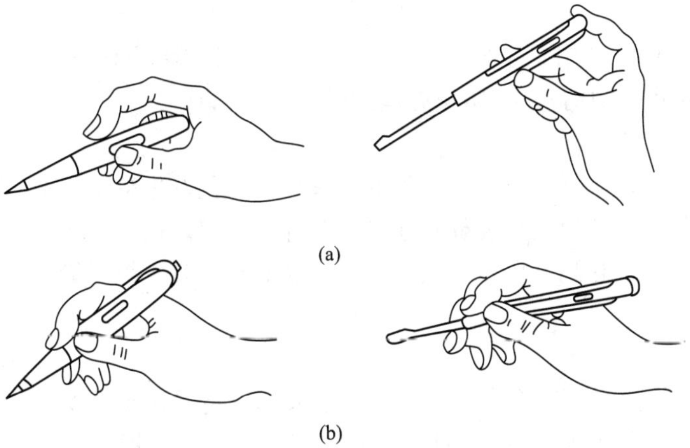

试电笔的使用

图1-1　试电笔的使用方法

（a）正确握法；（b）错误握法

当用电笔测试带电体时，电流经带电体、电笔、人体及大地形成通电回路，只要带电体与大地之间的电位差超过60V时，电笔中的氖管就会发光。低压验电器检测的电压范围为60~500V。

注意事项：

（1）使用前，必须在有电源处对试电笔进行测试，以证明该试电笔确实良好，方可使用；

（2）试电时，应使试电笔逐渐靠近被测物体，直至氖管发亮，不可直接接触被测物体；

（3）试电时，手指必须触及笔尾的金属部分，否则带电体也会误判为非带电体；

（4）试电时，要防止手指触及笔尖的金属部分，以免造成触电事故。

1.1.2　电工刀

电工刀如图1-2所示，在使用电工刀时应注意：

（1）不得用于带电作业，以免触电；

（2）应将刀口朝外剖削，并注意避免伤及手指；

（3）剖削导线绝缘层时，应使刀面与导线成较小的锐角，以免割伤导线；

（4）使用完毕，随即将刀身折进刀柄。

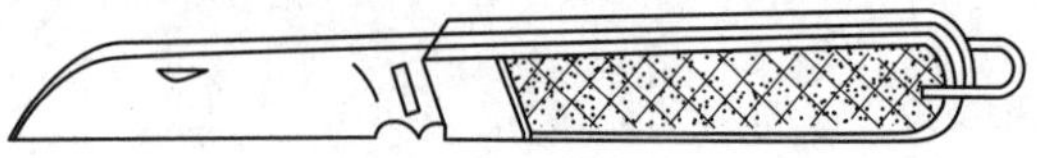

图1-2　电工刀

1.1.3　螺丝刀

螺丝刀的使用方法：

（1）螺丝刀较大时，除大拇指、食指和中指要夹住握柄外，手掌还要顶住柄的末端以防旋转时滑脱；

（2）螺丝刀较小时，用大拇指和中指夹着握柄，同时用食指顶住柄的末端用力旋动；

（3）螺丝刀较长时，用右手压紧手柄并转动，同时左手握住它的中间部分（不可放在螺钉周围，以免将手划伤），以防止螺丝刀滑脱。

注意事项：

（1）带电作业时，手不可触及螺丝刀的金属杆，以免发生触电事故；

（2）作为电工，不应使用金属杆直通握柄顶部的螺丝刀；

（3）为防止金属杆触到人体或邻近带电体，金属杆应套上绝缘管。

1.1.4　钢丝钳

钢丝钳在电工作业时，用途广泛。钳口可用来弯绞或钳夹导线线头；齿口可用来紧固或起松螺母；刀口可用来剪切导线或钳削导线绝缘层；铡口可用来铡切导线线芯、钢丝等较硬线材。钢丝钳各部位的使用方法如图1-3所示。

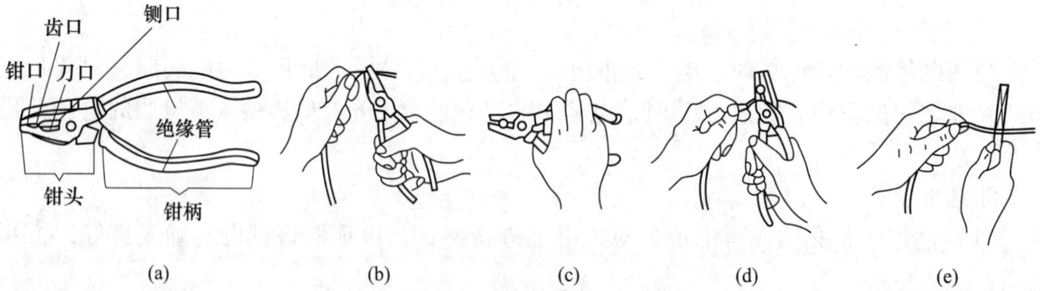

图1-3　钢丝钳及各部位使用方法

（a）结构；（b）钳口；（c）齿口；（d）刀口；（e）铡口

注意事项：

（1）使用前，应检查钢丝钳绝缘是否良好，以免带电作业时造成触电事故；

（2）在带电剪切导线时，不得用刀口同时剪切不同电位的两根线（如相线与零线、相线与相线等），以免发生短路事故。

1.1.5 尖嘴钳

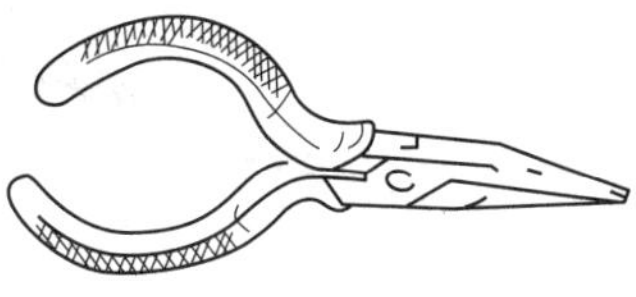

图 1-4 尖嘴钳

尖嘴钳因其头部尖细，适用于在狭小的工作空间操作，如图 1-4 所示。

尖嘴钳可用来剪断较细小的导线，可用来夹持较小的螺钉、螺帽、垫圈、导线等，也可用来对单股导线整形（如平直、弯曲等）。若使用尖嘴钳带电作业，应检查其绝缘是否良好，并在作业时金属部分不要触及人体或邻近的带电体。

1.1.6 斜口钳

斜口钳专用于剪断各种电线电缆，如图 1-5 所示。

对粗细不同、硬度不同的材料，应选用大小合适的斜口钳。

1.1.7 剥线钳

剥线钳的使用

剥线钳是专用于剥削较细小导线绝缘层的工具，其外形如图 1-6 所示。

使用剥线钳剥削导线绝缘层时，先将要剥削的绝缘长度用标尺定好，然后将导线放入相应的刃口中（比导线直径稍大），再用手将钳柄一握，导线的绝缘层即被剥离。

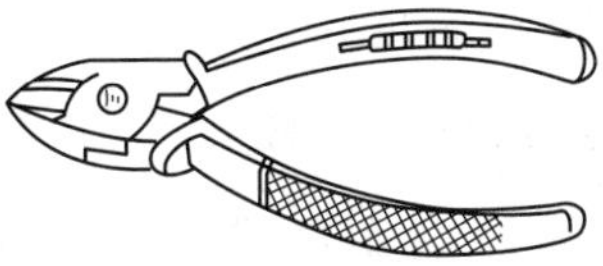

图 1-5 斜口钳

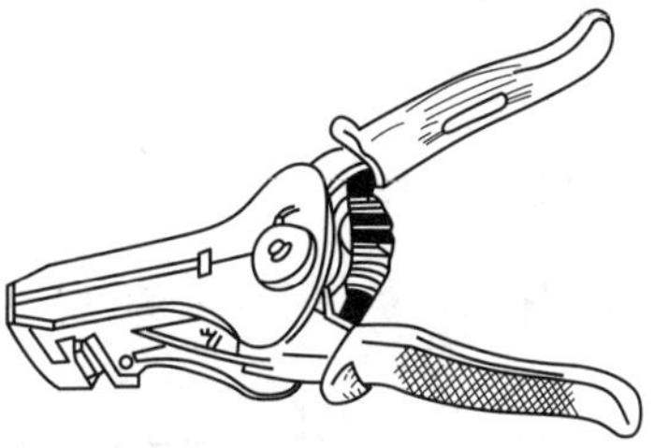

图 1-6 剥线钳

压线钳的使用

1.1.8 电烙铁

焊接前，一般要把焊头的氧化层除去，并用焊剂进行上锡处理，使得焊头的前端经常保持一层薄锡，以防止氧化、减少能耗、导热良好。

电烙铁的握法没有统一的要求，以不易疲劳、操作方便为原则，一般有笔握法和拳握法两种，如图 1-7 所示。

用电烙铁焊接导线时，必须使用焊料和焊剂。焊料一般为丝状焊锡或纯锡，常见的焊剂有松香、焊膏等。

对焊接的基本要求是：焊点必须牢固，锡液必须充分渗透，焊点表面光滑有泽，应防止出现“虚焊”“夹生焊”。产生“虚焊”的原因是焊件表面未清除干净或焊剂太少，使得焊锡不能充分流动，造成焊件表面挂锡太少，焊件之间未能充分固定；造成“夹生焊”的原因是电烙铁温度低或焊接时电烙铁停留时间太短，焊锡未能充分熔化。

注意事项：

（1）使用前应检查电源线是否良好，有无被烫伤；

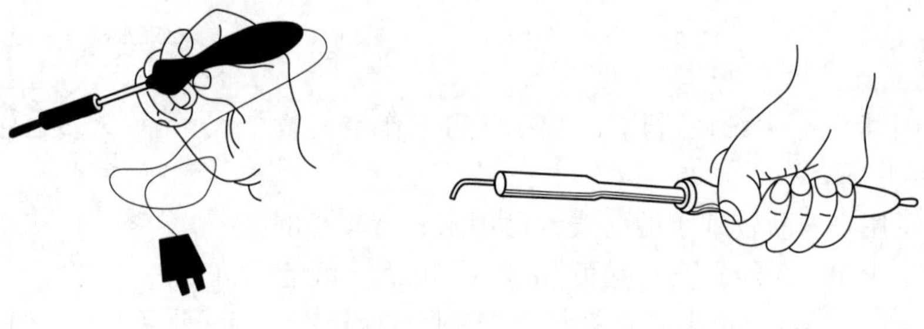

(a) (b)

图 1-7 电烙铁的握法

(a) 笔握法；(b) 拳握法

（2）焊接电子类元件（特别是集成块）时，应采用防漏电等安全措施；

（3）当焊头因氧化而不“吃锡”时，不可硬烧；

（4）当焊头上锡较多不便焊接时，不可甩锡，不可敲击；

（5）焊接较小元件时，时间不宜过长，以免因热损坏元件或绝缘；

（6）焊接完毕，应拔去电源插头，将电烙铁置于金属支架上，防止烫伤或火灾的发生。

任务 1.2 常用电工仪表

1.2.1 万用表

1.2.1.1 指针式万用表

指针式万用表的型号繁多，图 1-8 为常用的 MF-47 型万用表的面板图。

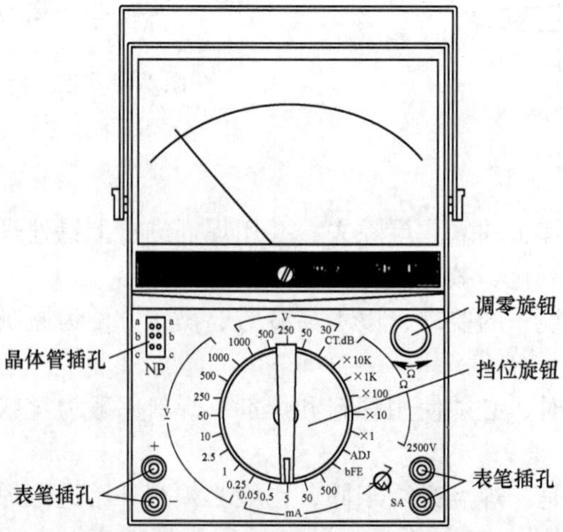

图 1-8 MF-47 型万用表的面板图

A 使用前的检查与调整

在使用万用表进行测量前，应进行下列检查、调整。

（1）外观应完好无破损，当轻轻摇晃时，指针应摆动自如。

（2）旋动转换开关，应切换灵活无卡阻，挡位应准确。

（3）水平放置万用表，转动表盘指针下面的机械调零螺丝，使指针对准标度尺左边的 0 位线。

（4）测量电阻前应进行电调零（每换挡一次，都应重新进行电调零），即：将转换开关置于欧姆挡的适当位置，两支表笔短接，旋动欧姆调零旋钮，使指针对准欧姆标度尺右边的 0 位线。如指针始终不能指向 0 位线，则应更换电池。

（5）检查表笔插接是否正确。黑表笔应接“-”极或“*”插孔，红表笔应接“+”极。

（6）检查测量机构是否有效，即应用欧姆挡，短时碰触两表笔，指针应偏转灵敏。

B　直流电阻的测量

（1）应断开被测电路的电源及连接导线。若带电测量，将损坏仪表；若连在电路中测量，将影响测量结果。

（2）合理选择量程挡位，以指针居中或偏右为最佳。测量半导体器件时，不应选用 1Ω 挡和 10kΩ 挡。

（3）测量时表笔与被测电路应接触良好；双手不得同时触至表笔的金属部分，以防将人体电阻并入被测电路造成误差。

（4）正确读数并计算出实测值。

（5）切不可用欧姆挡直接测量微安表头、检流计和电池内阻。

C　电压的测量

（1）测量电压时，表笔应与被测电路并联。

（2）测量直流电压时，应注意极性。若无法区分正、负极，则先将量程选在较高挡位，用表笔轻触电路，若指针反偏，则调换表笔。

（3）合理选择量程。若被测电压无法估计，先应选择最大量程，视指针偏转情况再作调整。

（4）测量时应与带电体保持安全间距，手不得触至表笔的金属部分。测量高电压时（500~2500V），应戴绝缘手套且站在绝缘垫上使用高压测试笔进行。

D　电流的测量

（1）测量电流时，应与被测电路串联，切不可并联。

（2）测量直流电流时，应注意极性。

（3）合理选择量程。

（4）测量较大电流时，应先断开电源然后再撤表笔。

E　注意事项

（1）测量过程中不得换挡。

（2）读数时，应三点成一线（眼睛、指针、指针在刻度中的影子）。

（3）根据被测对象，正确读取标度尺上的数据。

（4）测量完毕应将转换开关置“空挡”或“OFF”挡或“电压”最高挡。若长时间不用，应取出内部电池。

1.2.1.2　数字万用表

数字万用表具有测量精度高、显示直观、功能全、可靠性好、小巧轻便及便于操作等优点。

A　面板结构与功能

图1-9为DT-830型数字万用表的面板图，包括LCD液晶显示器、电源开关、量程选择开关、表笔插孔等。

液晶显示器最大显示值为1999，且具有自动显示极性功能。若被测电压或电流的极性为负，则显示值前将带“-”号。若输入超量程时，显示屏左端出现“1”或“-1”的提示字样。

电源开关（POWER）可根据需要，分别置于“ON”（开）或“OFF”（关）状态。测量完毕，应将其置于“OFF”位置，以免空耗电池。数字万用表的电池盒位于后盖的下方，采用9V叠层电池。电池盒内还装有熔丝管，以起过载保护作用。旋转式量程开关位于面板中央，用于选择测试功能和量程。若用表内蜂鸣器作通断检查时，量程开关应停放在标有“•)))”符号的位置。

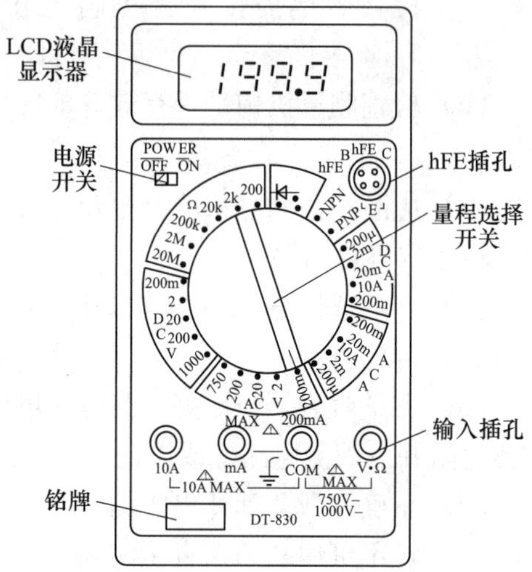

图1-9　DT-830型数字万用表的面板图

hFE插口用于测量三极管的hFE值时，将其B、C、E极对应插入。

输入插口是万用表通过表笔与被测量连接的部位，设有“COM”“V·Ω”“mA”“10A”四个插口。使用时，黑表笔应置于“COM”插孔，红表笔按照被测种类和大小置于“V·Ω”“mA”或“10A”插孔。在“COM”插孔与其他三个插孔之间分别标有最大（MAX）测量值，如10A、200mA、交流750V、直流1000V。

B　使用方法

测量交、直流电压（ACV、DCV）时，红表笔、黑表笔分别接“V·Ω”与“COM”插孔，旋动量程选择开关至合适位置（200mV、2V、20V、200V、700V或1000V），红、黑表笔并接于被测电路（若是直流，注意红表笔接高电位端，否则显示屏左端将显示“-”），此时显示屏显示出被测电压数值。若显示屏只显示最高位“1”，表示溢出，应将量程调高。

测量交、直流电流（ACA、DCA）时，红表笔、黑表笔分别接“mA”（大于200mA时应接“10A”）与“COM”插孔，旋动量程选择开关至合适位置（2mA、20mA、200mA或10A），将两表笔串接于被测回路（直流时，注意极性），显示屏所显示的数值即为被测电流的大小。

测量电阻时，无须调零。将红表笔、黑表笔分别插入“V·Ω”与“COM”插孔，旋动量程选择开关至合适位置（200Ω、2kΩ、200kΩ、2MΩ、20MΩ），将两种表笔跨接在被测电阻两端（注意：不得带电测量），显示屏所显示数值即为被测电阻的数值。当使用

200MΩ 量程进行测量时，先将两表笔短路，若读数不为零，仍属正常；此读数是一个固定的偏移值，实际数值应为显示数值减去该偏移值。

进行二极管和电路通断测试时，红、黑表笔分别插入“V·Ω”与“COM”插孔，旋动量程开关至二极管测试位置。正向情况下，显示屏即显示出二极管的正向导通电压，单位为 mV（锗管应为 200~300mV，硅管应为 500~800mV）；反向情况下，显示屏应显示“1”，表明二极管不导通，否则，表明此二极管反向漏电流大。正向状态下，若显示“000”，则表明二极管短路，若显示“1”，则表明断路。在用来测量线路或器件的通断状态时，若检测的阻值小于 30Ω，则表内发出蜂鸣声以表示线路或器件处于导通状态。

进行晶体管测量时，旋动量程选择开关至“hFE”位置（或“NPN”或“PNP”），将被测三极管依 NPN 型或 PNP 型将 B、C、E 极插入相应的插孔中，显示屏所显示的数值即为被测三极管的“hFE”参数。

进行电容测量时，将被测电容插入电容插座，旋动量程选择开关至“CAP”位置，显示屏显示数值即为被测电荷的电荷量。

注意事项：

（1）当显示屏出现“LOBAT”或“←”时，表明电池电压不足，应予更换；

（2）若测量电流时没有读数，应检查熔丝是否熔断；

（3）测量完毕，应关上电源；若长期不用，应将电池取出；

（4）不宜在日光及高温、高湿环境下使用与存放（工作温度为 0~40℃，湿度为 80%），使用时应轻拿轻放。

1.2.2　钳形表

钳形表的使用

1.2.2.1　指针式钳形表

A　使用方法

指针式钳形表如图 1-10 所示。钳形表的最基本使用是测量交流电流，虽然准确度较低（通常为 2.5 级或 5 级），但因在测量时无须切断电路，因而使用仍很广泛。如需进行直流电流的测量，则应选用交直流两用钳形表。

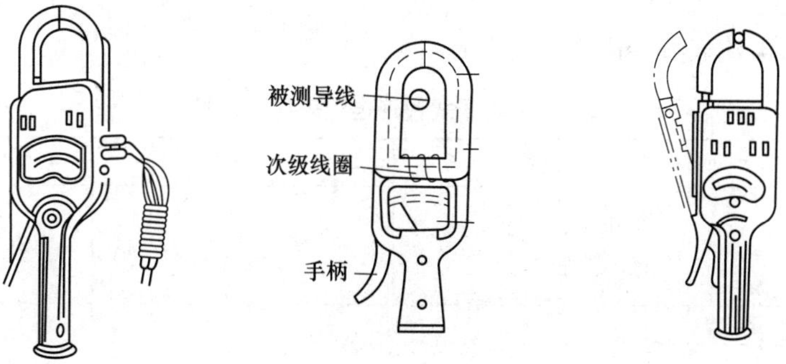

图 1-10　钳形电流表的外形

使用钳形表测量前，应先估计被测电流的大小以合理选择量程。使用钳形表时，被测载流导线应放在钳口内的中心位置，以减小误差；钳口的结合面应保持接触良好，若有明显噪声或表针振动厉害，可将钳口重新开合几次或转动手柄；在测量较大电流后，为减小剩磁对测量结果的影响，应立即测量较小电流，并把钳口开合数次；测量较小电流时，为使该数值较准确，在条件允许的情况下，可将被测导线多绕几圈后再放进钳口进行测量（此时的实际电流值应为仪表的读数除以导线的圈数）。

使用时，将量程开关转到合适位置，手持胶木手柄，用食指勾紧铁芯开关，便于打开铁芯。将被测导线从铁芯缺口引入到铁芯中央，然后放松食指，铁芯即自动闭合。被测导线的电流在铁芯中产生交变磁通，表内感应出电流，即可直接读数。

在较小空间内（如配电箱等）测量时，要防止因钳口张开而引起相间短路。

B　注意事项

（1）使用前应检查外观是否良好，绝缘有无破损，手柄是否清洁、干燥。

（2）测量时应戴绝缘手套或干净的线手套，并注意保持安全间距。

（3）测量过程中不得切换挡位。

（4）钳形电流表只能用来测量低压系统的电流，被测线路的电压不能超过钳形表所规定的使用电压。

（5）每次测量只能嵌入一根导线。

（6）若不是特别必要，一般不测量裸导线的电流。

（7）测量完毕应将量程开关置于最大挡位，以防下次使用时，因疏忽大意而造成仪表的意外损坏。

1.2.2.2　电子式钳形电流表

A　使用电子式钳形电流表注意事项

（1）在测试电阻、通断性或二极管之前，应先切断电路的电源并将所有的高压电容放电。

（2）只可使用单个的9V电池来为本仪表供电，并应将电池正确地安装在仪表的机壳内。

（3）当电池电量不足指示符号（）出现时，应立即更换电池以避免可能导致电击或人身伤害的错误读数。

（4）在使用前后用一个已知的源来检查本仪表的工作状况。

（5）维修时只能使用规定的替换零件。

B　符号说明

电子式钳形电流表符号说明见表1-1。

表1-1　电子式钳形电流表符号说明

符号	说明	符号	说明
	危险。重要的信息。参见操作手册	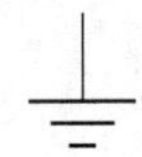	大地
	危险的电压		AC电压
	允许在危险的、有电的导体上使用或移开		DC电压

续表 1-1

符号	说明	符号	说明
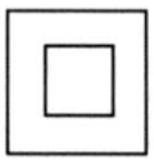	双层绝缘	CAT Ⅱ	设备的设计能够保护由固定安装供电的耗能设备，如电视机、个人计算机、便携式工具和其他家用电器产生的瞬变
	电池	CAT Ⅲ	设备的设计能够保护由固定设备安装，如大建筑中的配电盘、馈线及短分支电路和照明系统中的瞬变

C　电气性能技术指标

电子式钳形电流表的电气指标见表 1-2。

表 1-2　准确度技术指标（23℃±5℃）

功能	量程	分辨度	准确度（%读数+字）	
			312	316 & 318
AC 电流（50~500Hz）	40.00A	0.01A	1.9%±5 字	1.9%±5 字（50~60Hz）
	400.0A	0.1A		
	1000A	1A		2.5%±5 字（60~500Hz）
DC 电流	40.00A	0.01A		2.5%±10 字
	400.0A	0.1A		
	1000A	1A		
AC 电压（50~500Hz）	400.0V	0.1V	1.2%±5 字	1.5%±5 字
	750V	1V		
DC 电压	400.0V	0.1V	0.75%±2 字	1%±2 字
	1000V	1V		
电阻	400.0Ω	0.1Ω	1%±3 字	1%±3 字
	4000Ω	1Ω		
通断性	通时<50Ω			
二极管测试	达 2V			
MIN MAX	500ms 采样时间			
输入阻抗	10MΩ			
自动关机	30min±2min 之后，在 MIN MAX 功能时关机，开机时可以选择关闭此功能（按住峰值按键）			
自动量程	在测量功能时有效：电压和电阻（仅限 312 型的电压功能）			
过载保护	600Vrms（按照 EN61010CATⅢ600V）			

注：1. 温度系数：0.1×（规定的准确度）/℃（<18℃或>28℃）；

2. AC 电压和 AC 电流真有效值准确度是在量程的 5%~100%给出。40A 和 400A 量程的波峰系数（50~60Hz）最大为 3.0，100A 量程的波峰系数（50~60Hz）最大为 1.4（仅限 318 型）。

D　功能位置图

电子式钳形电流表的功能表见表 1-3，功能位置图如图 1-11 所示。

表 1-3　功能表

1	电流检测卡钳	8	V/Ω 输入端子
2	峰值按键	9	COM 端子
3	保持按键	10	REL 按键
4	量程按键（只对 312 型）	11	旋转功能开关
5	AC/DC 按键	12	卡钳开启扳机
6	MIN MAX 按键	13	导线对正标记
7	LCD		

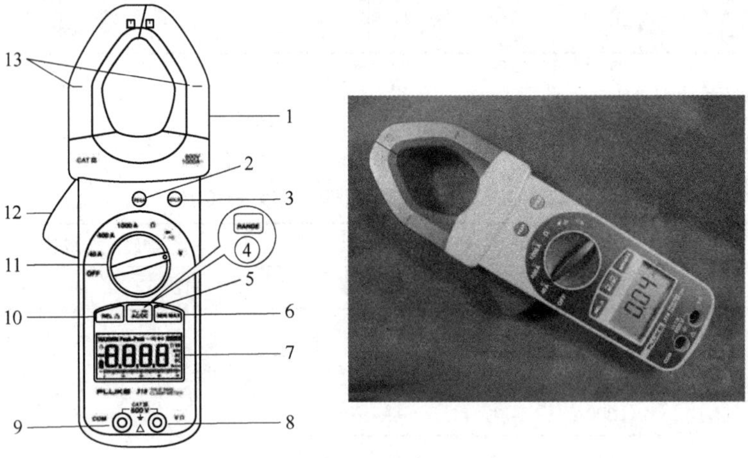

(a)　　(b)

图 1-11　功能位置图（a）和实物图（b）

E　LCD 符号定义

电子式钳形电流表 LCD 显示面板如图 1-12 所示，LCD 符号定义见表 1-4。

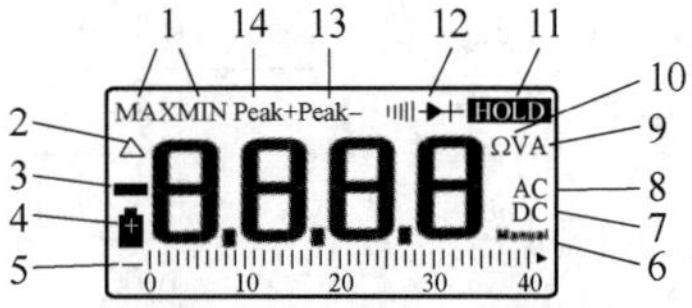

图 1-12　LCD 显示面板图

表 1-4　LCD 符号的意义

1	MAX 最大读数时显示； MIN 最小读数时显示	8	AC 模式
2	相对（△）模式有效	9	V（伏特）； A（安培）
3	负读数	10	Ω（欧姆）
4	电池电量不足应予更换	11	选择保持功能
5	条图	12	选择二极管/通断性测试功能
6	手动量程模式	13	选择+峰值功能
7	DC 模式	14	选择+峰值功能

F 进行测量

（1）测量电流时，请用卡钳上的对齐标记将被测导线放在卡钳的中央。

（2）进行电流测量时，为避免受到电击应将被测导线从仪表上取下。

a 测量 AC 电流

电子式钳形电流表的电流测量如图 1-13 所示。

（1）将旋转功能开关旋到适当的电流量程。

（2）如果必要，按 AC/DC 按键，以测量 AC 电流。

（3）按压卡钳打开扳机以打开卡钳，将被测导线处于中间位置。

（4）观察 LCD 上的读数。

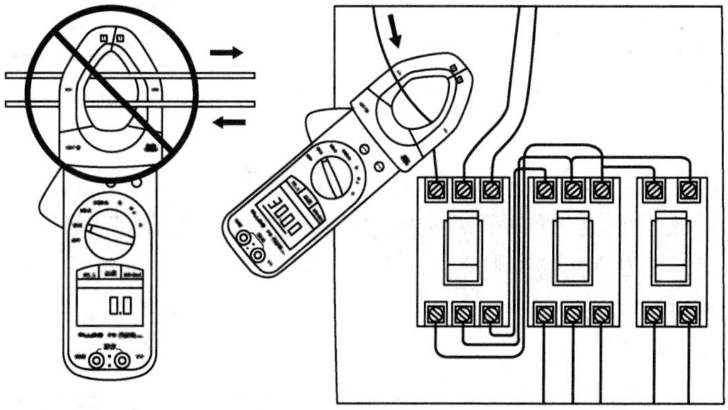

(a) (b)

图 1-13 电子式钳形电流表的电流测量

（a）不正确；（b）正确

b 测量 DC 电流

（1）将旋转功能开关旋到适当的电流量程。

（2）按 AC/DC 按键，以测量 DC 电流。

（3）为保证测量准确度，等待读数稳定之后再按 REL 按键，以便对读数进行零点调整。

（4）按压卡钳打开扳机以打开卡钳，将被测导线处于中间位置夹入卡钳。

（5）关闭卡钳并使用对正标记使导线处于中间位置。

（6）观察 LCD 上的读数。

c 测量 AC 和 DC 电压

（1）转动旋转功能开关至“V”。

（2）按 AC/DC 按键，选择“AC”或“DC”。

（3）将黑色测试线连至 COM 端子，将红色测试线连至 VΩ 端子。

（4）用探头探触希望的电路测试点以测量电压。

（5）观察 LCD 上的读数，测试接线如图 1-14 和图 1-15 所示。

d 测量电阻

为了避免电击，在测量电路中的电阻时应确保切断电路的电源并将所有的电容放电。

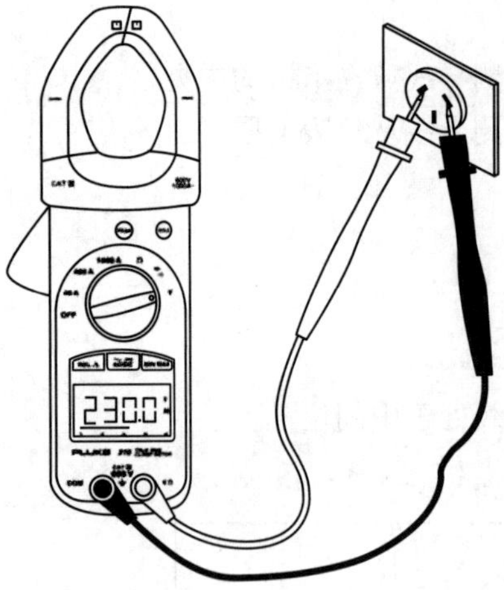

图 1-14　电子式钳形电流表的 AC 电压测量

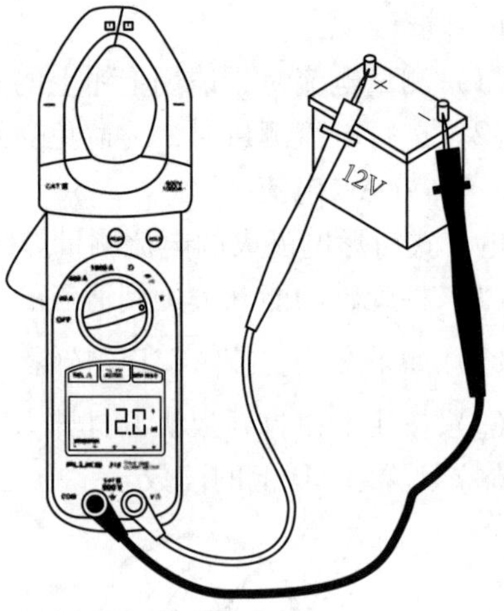

图 1-15　电子式钳形电流表的 DC 电压测量

（1）转动旋转功能开关至“Ω”，切断被测电路的电源。

（2）将黑色测试线连至“COM”端子，将红色测试线连至“VΩ”端子。

（3）用探头探触希望的电路测试点以测量电阻。

（4）观察 LCD 上的读数。

e　测量通断性

为了避免电击，在测量电路中的通断时应确保切断电路的电源并将所有的电容放电。

（1）转动旋转功能开关至“▶)))”，切断被测电路的电源。

（2）将黑色测试线连至“COM”端子，将红色测试线连至“VΩ”端子。

（3）将探头跨接在待测的电路或元件上。如果电阻值低于 50Ω，则蜂鸣器将连续鸣响，表明短路状态；如果仪表显示为“OL”，则为开路。测试接线如图 1-16 所示。

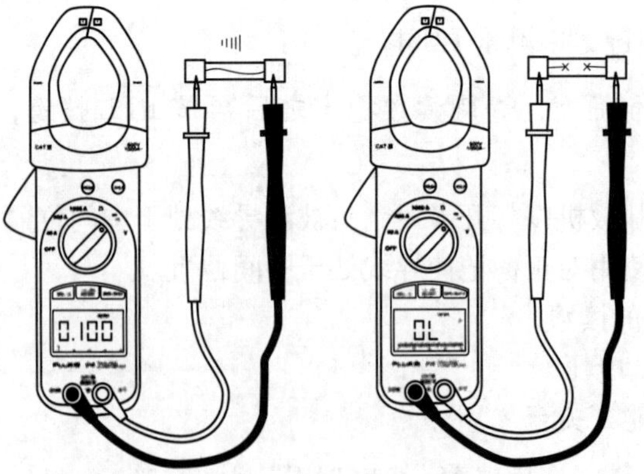

(a)　(b)

图 1-16　电子式钳形电流表的通断测试接线

f　电子式钳形电流表的二极管测试

为了避免电击，在测量电路中的二极管时应确保切断电路的电源并将所有的电容放电。

（1）转动旋转功能开关至“▶)))”，切断被测电路的电源。

（2）将黑色测试线连至“COM”端子，将红色测试线连至“VΩ”端子。

（3）黑色测试线连至被测二极管的阴极，将红色测试线连至被测二极管的阳极。

（4）在 LCD 上读出被测二极管的正向电压值。

如果测试线的极性和二极管的极性相反，则 LCD 显示“OL”，这一点可以用来区分二极管的阳极和阴极。测试接线如图 1-17 所示。

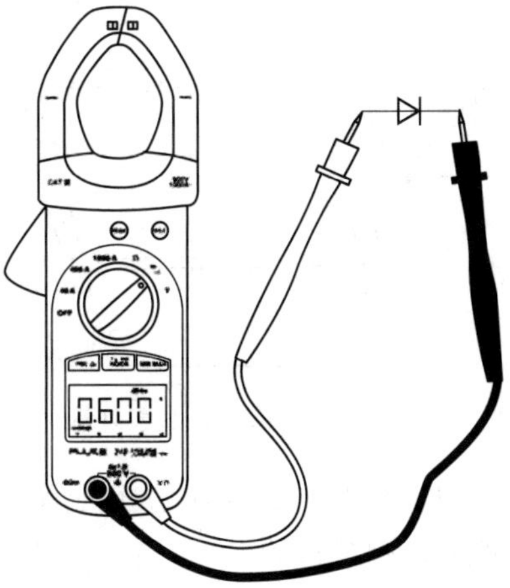

图 1-17　电子式钳形电流表的二极管测试

g　注意事项

（1）为了避免电击，在测量时应确保切断电路的电源并将所有的电容放电。

（2）危险的电压可能出现在仪表的输出端，并且此电压可能不显示出来。

（3）为了避免电击，在拆掉后盖之前应从仪表上取下测试线，切勿在打开后盖的情况下使用本仪表。

（4）本仪表的修理或维护工作只应由有资格的技术人员来进行。

（5）为避免污染或静电损坏，切勿在没有适当静电防护的情况下触摸电路板。

（6）如果长时间不使用本仪表，必须拆掉电池，不要在高温或潮湿的环境下存放本仪表。

1.2.3　兆欧表

1.2.3.1　指针式兆欧表

A　选用

兆欧表的选用主要考虑两个方面：一是电压等级；二是测量范围。

测量额定电压在 500V 以下的设备或线路的绝缘电阻时，可选用 500V 或 1000V 的兆欧表；测量额定电压在 500V 以上的设备或线路的绝缘电阻时，可选用 1000～2500V 的兆欧表；测量瓷瓶时，应选用 2500～5000V 的兆欧表。

兆欧表测量范围的选择主要考虑两方面：一方面，测量低压电气设备的绝缘电阻时可选用 0～200MΩ 的兆欧表，测量高压电气设备或电缆时可选用 0～2000MΩ 兆欧表；另一方面，因为有些兆欧表的起始刻度不是零，而是 1MΩ 或 2MΩ，这种仪表不宜用来测量处于潮湿环境中的低压电气设备的绝缘电阻，因其绝缘电阻可能小于 1MΩ，造成仪表上无法读数或读数不准确。

B　正确使用

兆欧表上有三个接线柱，其上两个较大的接线柱上分别标有 E（接地）、L（线路），另一个较小的接线柱上标有 G（屏蔽），兆欧表外形如图 1-18 所示。其中，L 接被测设备或线路的导体部分，E 接被测设备或线路的外壳或大地，G 接被测对象的屏蔽环（如电缆壳芯之间的绝缘层上）或不需测量的部分。兆欧表的常见接线方法如图 1-19 所示。

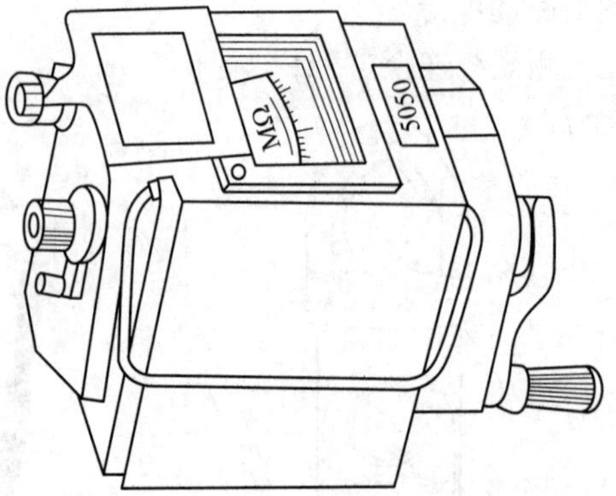

图 1-18　兆欧表外形

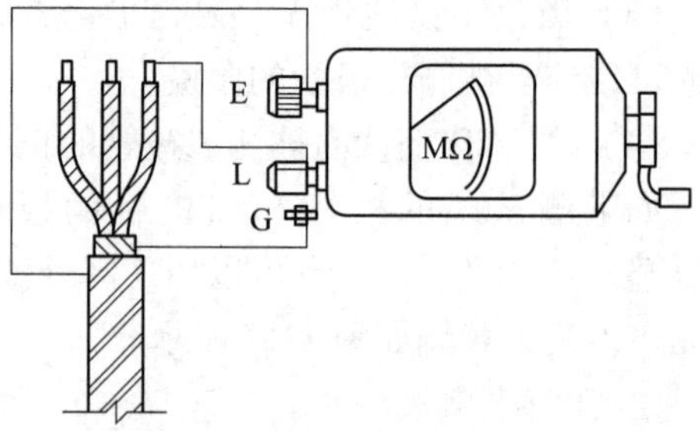

图 1-19　兆欧表的常见接线方法

（1）测量前，要先切断被测设备或线路的电源，并将其导电部分对地进行充分放电。用兆欧表测量过的电气设备，也须进行接地放电，才可再次测量或使用。

（2）测量前，要先检查仪表是否完好：将接线柱 L、E 分开，由慢到快摇动手柄约 1min，使兆欧表内发电机转速稳定（约 120r/min），指针应指在“∞”处；再将 L、E 短接，缓慢摇动手柄，指针应指在“0”处。

（3）测量时，兆欧表应水平放置平稳。测量过程中，不可用手去触及被测物的测量部分，以防触电。

兆欧表的操作方法如图 1-20 所示。

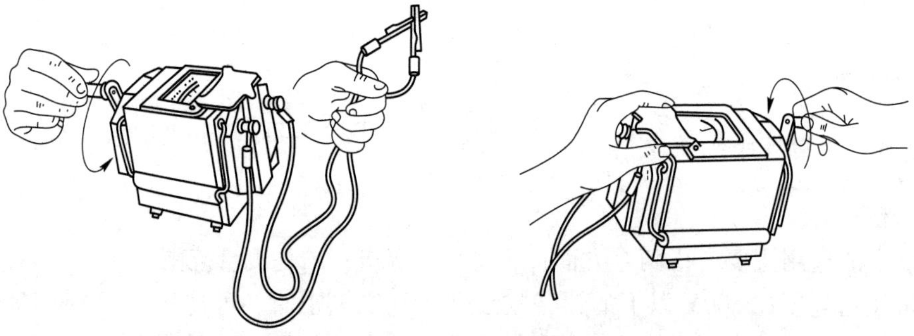

(a)　　(b)

图 1-20　兆欧表的操作方法

（a）校试兆欧表的操作方法；（b）测量时兆欧表的操作方法

C　注意事项

（1）仪表与被测物间的连接导线应采用绝缘良好的多股铜芯软线，而不能用双股绝缘线或绞线，且连接线间不得绞在一起，以免造成测量数据不准。

（2）手摇发电机要保持匀速，不可忽快忽慢地使指针不停地摆动。

（3）测量过程中，若发现指针为零，说明被测物的绝缘层可能击穿短路，此时应停止继续摇动手柄。

（4）测量具有大电容的设备时，读数后不得立即停止摇动手柄，否则已充电的电容将对兆欧表放电，有可能烧坏仪表。

（5）温度、湿度、被测物的有关状况等对绝缘电阻的影响较大，为便于分析比较，记录数据时应反映上述情况。

1.2.3.2　数字式兆欧表

PC32 系列数字式自动量程绝缘兆欧表适用于测量各种变压器、电动机、电缆、电气设备及家用电器等各类绝缘材料的绝缘电阻，它与手摇发电机式兆欧表相比具有读数直观迅速准确、测量精度高、测量范围宽、输出电压恒压范围大、操作方便、体积小、质量轻、使用寿命长等特点，是传统手摇发电机式兆欧表的更新换代产品，也是对各种高压、高阻进行准确测量的理想产品。

A　技术指标

PC32 系列各型号数字式兆欧表的主要性能和技术参数如下：

（1）自动量程转换，四挡量限小数点自动切换；

（2）最大显示值 1999（即 3.1/2 位），超量程首位显示“1”；

（3）电池电压不足显示“←”；

（4）PC32 系列各型号数字式兆欧表主要技术性能见表 1-5；

表 1-5　PC32 系列各型号数字式兆欧表的主要技术性能

型号	PC32-1-4	PC32-5	PC32-6	PC32-S
额定电压/V	-1　100　250	1000、2500	2500、5000	100、250、500、1000
	-2　250　500			
	-3　500　1000			
	-4　1000　2500			
测量范围及误差	(0.2~1000) (1±1%)MΩ +2d	(2~10000) (1±1%)MΩ +2d	(20~100000) (1±2%)MΩ +2d	(0.2~1999) (1±2%)MΩ +2d
	(1001~1999) (1±2%)MΩ +2d	(10010~19990) (1±2%)MΩ +2d	(100100~199900) (1±5%)MΩ +2d	
交流电压	750（1±2%）V+2d			
外形尺寸	185mm×86mm×46mm			195mm×75mm×24mm
电　源	R6×8 12V 或专用供电电源			6F22 9V
操作方式	台式			手持式
质　量	约 500g			约 280g

（5）使用条件，温度 0~40℃，相对湿度小于 80%；

（6）绝缘电阻，不小于 50MΩ（1000V）；

（7）工作电压，额定电压±5%；

（8）耐压，AC 2kV（3kV），50Hz，1s。

B　工作原理

（1）绝缘电阻测量工作原理如图 1-21 所示。

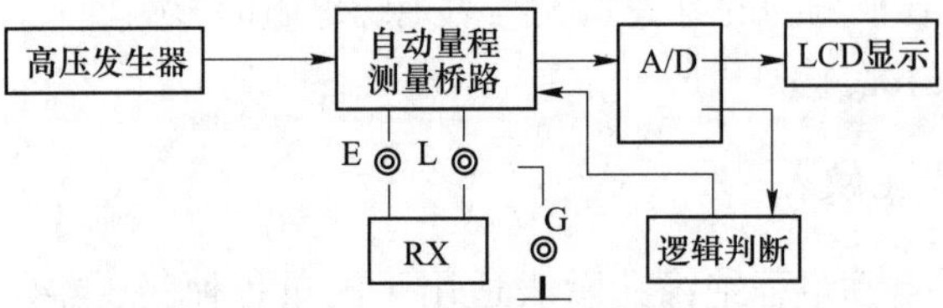

图 1-21 绝缘电阻测量原理

(2) 交流电压测量原理如图 1-22 所示。

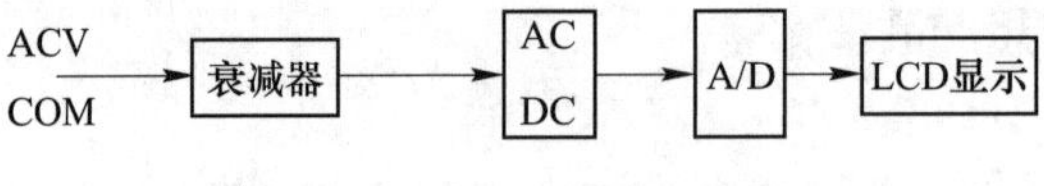

图 1-22 交流电压测量原理

C 面板结构

两种数字式兆欧表面板结构如图 1-23 所示。

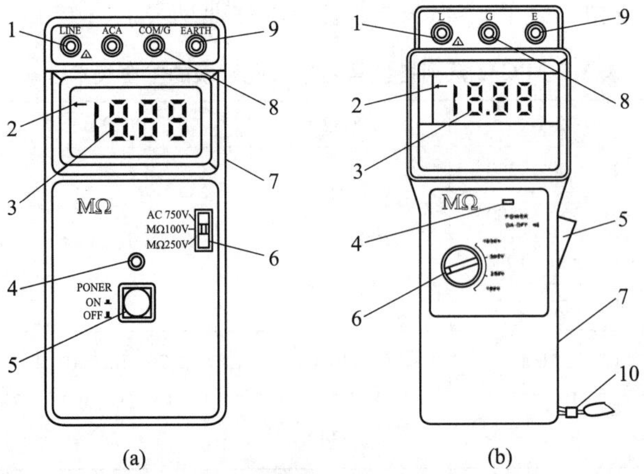

图 1-23 两种数字式兆欧表面板结构

(a) PC32-1-6 型；(b) PC32-S 型

1—L 端（线路）；2—欠压指示符号；3—液晶显示屏；4—电源指示；5—电源开关；6—功能选择开关；7—电池盒（背面）；8—G 端；9—E 端；10—提绳

D 使用方法及注意事项

a 绝缘电阻测量方法

(1) 打开电池盒盖，按机内所标极性装入 5 号电池 8 节 12V（PC32-S 型装 1 节 6F22 9V）。

(2) 将测试棒插入 E、L 两端，将功能选择开关拨至所需的输出电压测量范围挡位。

(3) 将测试棒连接测试点，打开电源开关读数即现。

b 交流电压测量方法（PC32-5 无此功能）

(1) 将测试棒插入“ACV”及“COM”两端。

(2) 将功能选择开关拨至“ACV”挡位。

（3）打开电源开关，将测试棒接入被测电压点，读数即现。

c　注意事项

（1）测量绝缘电阻时，测试棒必须插在 E、L 之中，但切忌两测试棒短接，否则极可能在短路状态下大量消耗电池电能，甚至造成仪表损坏，交流电压测量时必须插在“ACV”及“COM”之中，不能搞错。

（2）测量时如果显示屏上出现“←”图样，说明电池电压过低，必须更换电池或对充电电池充电。

（3）测量完毕，应马上断开电源，以免空耗电池；如长期不用，应取出电池另放。推荐使用高性能铁壳电池或镉镍充电电池，以避免纸壳电池漏液腐蚀机件。

（4）本仪表具有自动量程切换功能，打开电源后仪表自动从 2MΩ 挡开始向上切换为 20MΩ、200MΩ，直至仪表的最高量程 1999MΩ 为止，以保证测量结果的高精度与高分辨力。被测绝缘电阻大于 1999MΩ 时，仪器显示值为“1”；PC32-5 绝缘电阻为显示值乘以 10，PC32-6 绝缘电阻为显示值乘以 100。

（5）在测量绝缘良好的电器产品时，随着测试时间的增加，其绝缘电阻会渐渐上升，这是由于绝缘材料具有介质吸收效应的缘故。测量 60s 后的电阻值（R_{60}）与 15s 时的阻值（R_{15}）之比（R_{60}/R_{15}）称为“吸收比”，是判定器件绝缘良好与否的重要标志。本仪表具有高精度、高分辨率及输出恒压的特性，特别适合于器件绝缘电阻吸收比的测量。

（6）仪表应避免在高温高湿的环境下存放与使用。在环境湿度较高时，为了减少器件表面泄漏电流的影响，可在被测器件上加保护环，并将该导体保护环连接到仪表的 G 端子上。

（7）PC32 系列数字绝缘电阻表对具有较大分布电容的电力设备进行绝缘安全测量时，由于设备容性分量的吸收作用，有可能出现被测量显示值的末位数或末两位数会在某一范围内周期性跳动，用户可根据其变化范围取算术平均值，作为该设备的绝缘电阻值。

习　题

1-1　简述万用表的使用方法。

1-2　常用电工仪表有哪些？

1-3　简述常用电工工具的使用方法。

1-4　简述钳形表的使用方法。

项目2课件

项目2 常用低压电器

通常对一个或多个器件组合，能手动或自动分合，额定电压在直流1500V、交流1200V及其以下的电路，以及能够实现电路中被控制对象的控制、调节、变换、检测、保护等作用的基本器件称为低压电器。低压电器是组成各种电气控制成套设备的基础配套组件，它的正确使用是低压电力系统可靠运行、安全用电的基础，也是电气控制线路设计的重要保证。

本章主要介绍常用低压电器的结构、工作原理、用途及其图形符号和文字符号，为正确选择和合理使用这些电器及进行电气控制线路的设计打下基础。

任务2.1 电器的功能、分类和工作原理

2.1.1 电器的功能

电器是一种能根据外界的信号（机械力、电动力和其他物理量）和要求，手动或自动地接通、断开电路，以实现对电路或非电对象的切换、控制、保护、检测、变换和调节的元件或设备。电器的控制作用就是手动或自动地接通、断开电路，“通”称为“开”，“断”也称为“关”。因此，“开”和“关”是电器最基本、最典型的功能。

2.1.2 电器的分类

低压电器种类繁多，功能多样，用途广泛，结构各异。其分类方法亦很多，常用分类方法有以下几种。

2.1.2.1 按工作电压等级分

（1）高压电器：用于交流电压1200V、直流电压1500V及以上的电路中的电器，例如高压断路器、高压隔离开关、高压熔断器等。

（2）低压电器：用于交流50Hz（或60Hz）与额定电压为1200V以下、直流额定电压为1500V及以下的电路中的电器，例如接触器、继电器等。

2.1.2.2 按动作原理分

（1）手动电器：人手操作发出动作指令的电器，例如刀开关、按钮等。

（2）自动电器：产生电磁力而自动完成动作指令的电器，例如接触器、继电器、电磁阀等。

2.1.2.3 按用途分

（1）控制电器：用于各种控制电路和控制系统的电器，例如接触器、继电器、电动机启动器等。

（2）配电电器：用于电能的输送和分配的电器，例如高压断路器等。

（3）主令电器：用于自动控制系统中发送动作指令的电器，例如按钮、转换开关等。

（4）保护电器：用于保护电路及用电设备的电器，例如熔断器、热继电器等。

（5）执行电器：用于完成某种动作或传送功能的电器，例如电磁铁、电磁离合器等。

2.1.3　电磁式电器的基本原理

低压电器中大部分为电磁式电器，其基本结构由电磁机构和触头系统组成。触头系统存在接触电阻和电弧等物理现象，对电器的安全运行影响较大；而电磁机构的电磁吸力与反力是决定电器性能的主要因素之一。低压电器的主要技术性能指标与参数就是在这些基础上制定的。因此，触头结构的设计、电弧的产生、灭弧装置的设计及电磁吸力和反力等问题是低压电器的基本问题，也是研究电器元件结构和工作原理的基础。

2.1.3.1　电磁机构

电磁机构是电磁式电器的感测元件，它将电磁能转换为机械能，从而带动触头动作。

A　电磁机构的结构形式

电磁机构由线圈、铁芯和衔铁三部分组成，其结构形式按衔铁的运动方式可分为直动式和拍合式。图 2-1 和图 2-2 是直动式和拍合式电磁机构的常用结构形式。

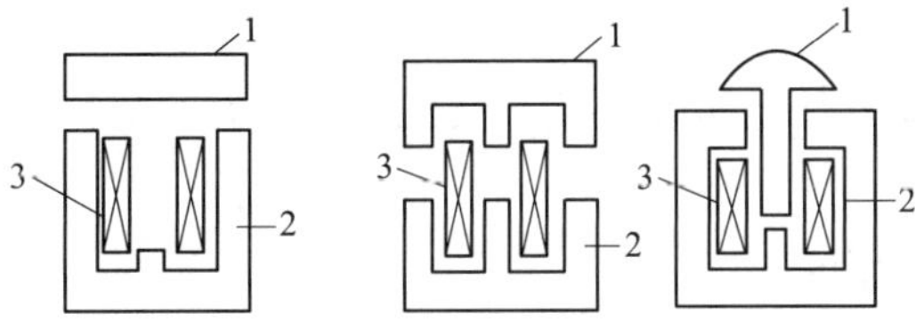

图 2-1　直动式电磁机构

1—衔铁；2—铁芯；3—线圈

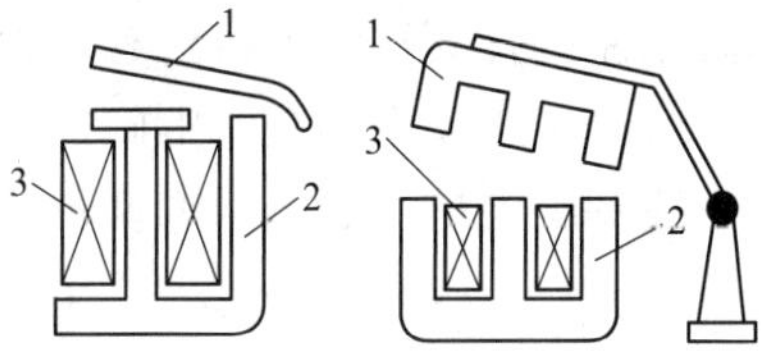

图 2-2　拍合式电磁机构

1—衔铁；2—铁芯；3—线圈

线圈的作用是将电能转换为磁能，即产生磁通，衔铁在电磁吸力作用下产生机械位移使铁芯吸合。通入直流电的线圈称为直流线圈，通入交流电的线圈称为交流线圈。

直流线圈通电，铁芯不会发热，只有线圈发热，因此使线圈与铁芯直接接触，易于散热。线圈一般做成无骨架、高而薄的瘦高型，以改善线圈自身散热。铁芯和衔铁由软钢或工程纯铁制成。

对于交流线圈，除线圈发热外，由于铁芯中有涡流和磁滞损耗，铁芯也会发热。为了改善线圈和铁芯的散热情况，在铁芯与线圈之间留有散热间隙，而且把线圈做成有骨架的矮胖型。铁芯用硅钢片叠成，以减少涡流。

另外，根据线圈在电路中的连接方式可分为串联线圈（即电流线圈）和并联线圈（即电压线圈），如图 2-3 所示。串联（电流）线圈串接在线路中，流过的电流大；为减少对电路的影响，线圈的导线粗，匝数少，线圈的阻抗较小。并联（电压）线圈并联在线路上，为减少分流作用，需要较大的阻抗，因此线圈的导线细且匝数多。

B　电磁机构的工作原理

电磁铁工作时，线圈产生的磁通作用于衔铁，产生电磁吸力，并使衔铁产生机械位移，衔铁复位时复位弹簧将衔铁拉回原位。因此作用在衔铁上的力有两个：一个是电磁吸力；另一个是反力。电磁吸力由电磁机构产生，反力由复位弹簧和触头等产生。电磁机构的工作特性常用吸力特性和反力特性来表达。

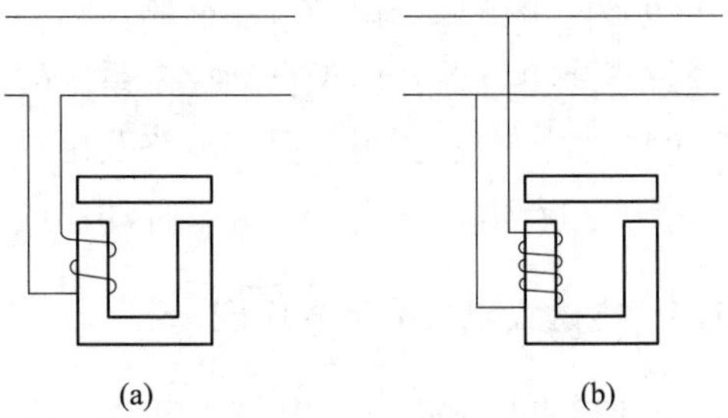

图 2-3　电磁机构中线圈的连接方式
（a）串联电磁机构；（b）并联电磁机构

a　吸力特性

电磁机构的电磁吸力 F 与气隙 δ 的关系曲线称为吸力特性。电磁吸力可按式（2-1）求得：

$$F = \frac{10^7}{8\pi}B^2S \tag{2-1}$$

式中　F——电磁吸力，N；

B——气隙磁感应强度，T；

S——磁极截面积，m^2。

当铁芯截面积 S 为常数时，电磁吸力 F 与 B^2 成正比，也可认为 F 与气隙磁通 Φ^2 成正比。励磁电流的种类对吸力特性有很大影响。

对于具有电压线圈的交流电磁机构，设线圈外加电压 U 不变，交流电磁线圈的阻抗主要决定于线圈的电抗。若电阻忽略不计，则：

$$U \approx E = 4.44f\Phi N \tag{2-2}$$

$$\Phi = \frac{U}{4.44fN} \tag{2-3}$$

式中　U——线圈外加电压；

E——线圈感应电动势；

f——电压频率；

Φ——气隙磁通；

N——电磁线圈的匝数。

当电压频率 f、电磁线圈的匝数 N 和线圈外加电压 U 为常数时，气隙磁通 Φ 也为常数，则电磁吸力也为常数，即 F 与气隙 δ 大小无关。实际上，考虑到漏磁通的影响，电磁吸力 F 随气隙 δ 的减少略有增加。交流电磁机构的吸力特性如图 2-4 所示。由于交流电磁机构的气隙磁通 Φ 不变，IN 随气隙磁阻（即随气隙 δ）的变化成正比变化，所以交流电磁线圈的电流 I 与气隙 δ 成正比变化。

对于具有电压线圈的直流电磁机构，其吸力特性与交流电磁机构有所不同。因外加电压 U 和线圈电阻不变，则流过线圈的电流 I 为常数，与磁路的气隙大小无关。根据磁路定律得：

$$\Phi = \frac{IN}{R_m} \propto \frac{1}{R_m} \tag{2-4}$$

则
$$F \propto \Phi^2 \propto \left(\frac{1}{R_m^2}\right) \propto \frac{1}{\delta^2} \tag{2-5}$$
故其吸力特性为二次曲线形状，如图 2-5 所示。

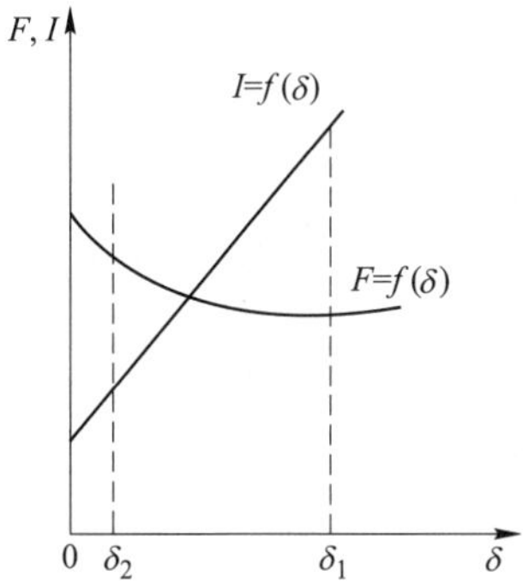

图 2-4　交流电磁机构的吸力特性

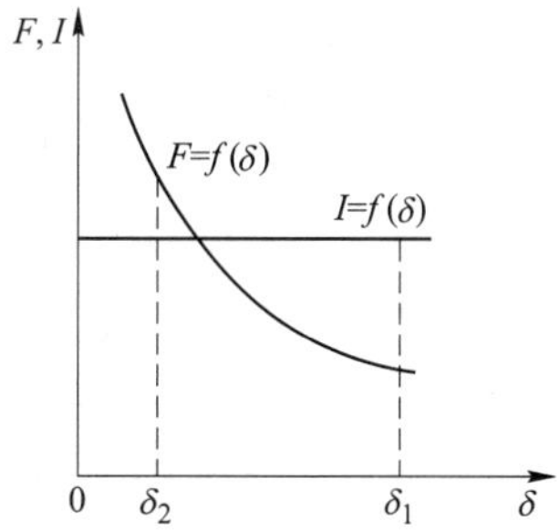

图 2-5　直流电磁机构的吸力特性

在一些要求可靠性较高或操作频繁的场合，一般不采用交流电磁机构而采用直流电磁机构，这是因为一般 U 形铁芯的交流电磁机构的励磁线圈通电而衔铁尚未吸合的瞬间，电流将达到衔铁吸合后额定电流的 5~6 倍；E 形铁芯电磁机构则达到额定电流的 10~15 倍。如果衔铁卡住不能吸合或者频繁操作时，交流励磁线圈则有可能被烧毁。

b　反力特性

电磁系统的反作用力与气隙的关系曲线称为反力特性。反作用力包括弹簧力、衔铁自身重力、摩擦阻力等。图 2-6 为吸力特性和反力特性，图中 δ_1 为起始位置，δ_2 为动、静触头接触时的位置。在 $\delta_1 \sim \delta_2$ 区域内，反作用力随气隙减小而略有增大，到达 δ_2 位置时，动、静触头接触，这时触头上的初压力作用到衔铁上，反作用力骤增，曲线发生突变。在 $\delta_2 \sim 0$ 区域内，气隙越小，触头压得越紧，反作用力越大，其曲线比 $\delta_1 \sim \delta_2$ 段越陡。

c　反力特性与吸力特性的配合

保证衔铁能牢牢吸合，重要的是保证反力特性与吸力特性配合，如图 2-6 所示。在整个吸合过程中，吸力都必须大于反力，即吸力特性高于反力特性，但不能过大或过小，吸力过大时，动、静触头接触时及衔铁与铁芯接触时的冲击力也大，会使触头和衔铁发生弹跳，导致触头熔焊或烧毁，影响电器的机械寿命；吸力过小时，会使衔铁运动速度降低，难以满足高操作频率的要求。因此，在实际应用中，可调整反力弹簧或触头初压力以改变反力特性，使之与吸力特性有良好配合。

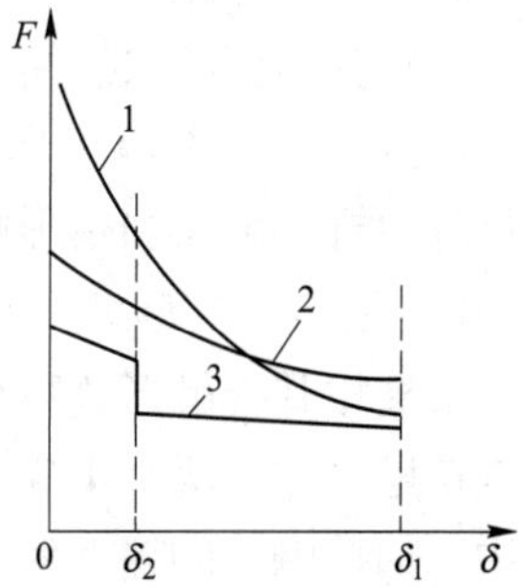

图 2-6　吸力特性和反力特性
1—直流接触器吸力特性；
2—交接接触器吸力特性；
3—反力特性

C　交流电磁机构上短路环的作用

因单相交流电磁机构上铁芯的磁通是交变的，故当磁通过零时，电磁吸力也为零，吸合后的衔铁在反力弹簧的作用下将被拉开，磁通过零后电磁吸力又增大，当吸力大于反力时衔铁又被吸合。由于交流电源频率的变化，使衔铁容易产生强烈振动和噪声，甚至使铁芯松散。因此，交流电磁机构铁芯端面上都安装一个铜制的短路环。短路环包围铁芯端面约 2/3 的面积，如图 2-7 所示。

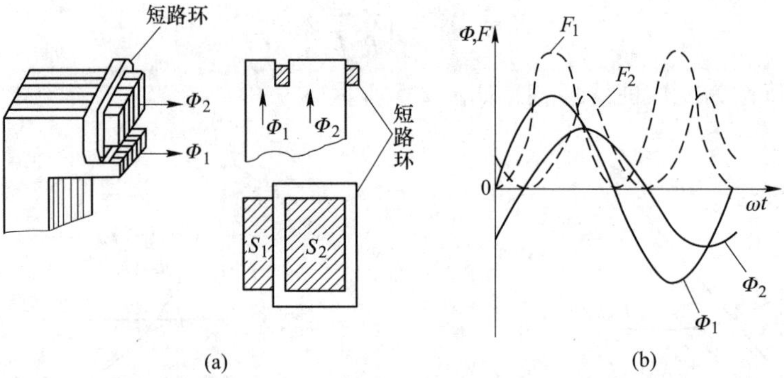

图 2-7　交流电磁铁铁芯的短路环
（a）结构图；（b）电磁吸力图

当交变磁通穿过短路环所包围的截面积 S_2 在环中产生涡流时，根据电磁感应定律，此涡流产生的磁通 Φ_2 在相位上落后于短路环外铁芯截面 S_1 中的磁通 Φ_1，由 Φ_1、Φ_2 产生的电磁吸力为 F_1、F_2，作用在衔铁上的合成电磁吸力是 F_1+F_2，只要此合力始终大于其反力，衔铁就不会产生振动和噪声。

2.1.3.2　触头系统

触头（触点）是电磁式电器的执行部件，用来接通或断开被控制电路。

A　触头的结构形式

按触头所控制的电路可分为主触头和辅助触头。主触头用于接通或断开主电路，允许通过较大的电流；辅助触头用于接通或断开控制电路，只能通过较小的电流。

触头按其原始状态可分为常开触头和常闭触头：原始状态时（即线圈未通电）断开，线圈通电后闭合的触头称为常开触头；原始状态闭合，线圈通电后断开的触头称为常闭触头（线圈断电后所有触头复原）。触头按其结构形式可分为桥形触头和指形触头，如图 2-8 所示。

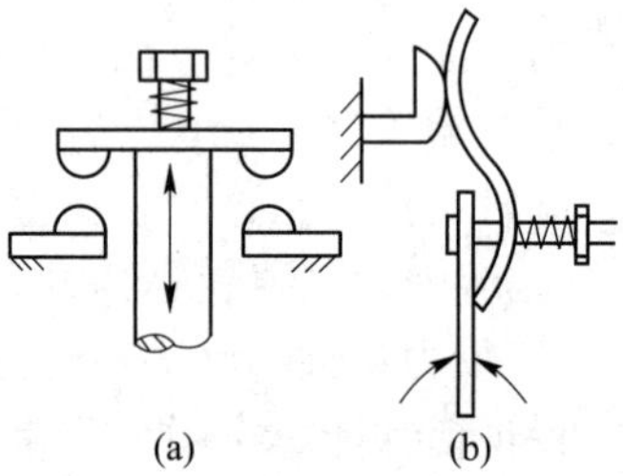

图 2-8　触头结构形式
（a）桥形触头；（b）指形触头

B　触头接触形式

触头按其接触形式可分为点接触、线接触和面接触三种，如图 2-9 所示。图 2-9（a）为点接触，它由两个半球形触头或一个半球形与一个平面形触头构成，常用于小电流的电器中，如接触器的辅助触头或继电器触头。

图 2-9（b）为线接触，它的接触区域是一条直线，触头的通断过程是滚动式进行的。开始接通时，静、动触头在 A 点处接触，依靠弹簧压力经 B 点滚动到 C 点，断开时做相反运动。这样可以自动清除触头表面的氧化物，触头长期正常工作的位置不是在易灼烧的 A 点，而是在工作点 C 点，保证了触头的良好接触。线接触多用于中容量的电器，如接触器的主触头。

图 2-9（c）为面接触，它允许通过较大的电流。这种触头一般在接触表面上镶有合金，以减少触头接触电阻并提高耐磨性，多用于大容量接触器的主触头。

C　触头的分类

固定不动的触头称为静触头，能由连杆带着移动的触头称为动触头，触头通常以其初始位置，即“常态”位置来命名。对电磁式电器来说，初始位置是电磁铁线圈未通电时的位置；对非电量电器来说，初始位置是在没有受外力作用时的位置。

常闭触头（又称为动断触头），常态时动静触头是相互闭合的。常开触头（又称为动合触头），常态时动静触头是相互分开的。触头的位置如图 2-10 所示。

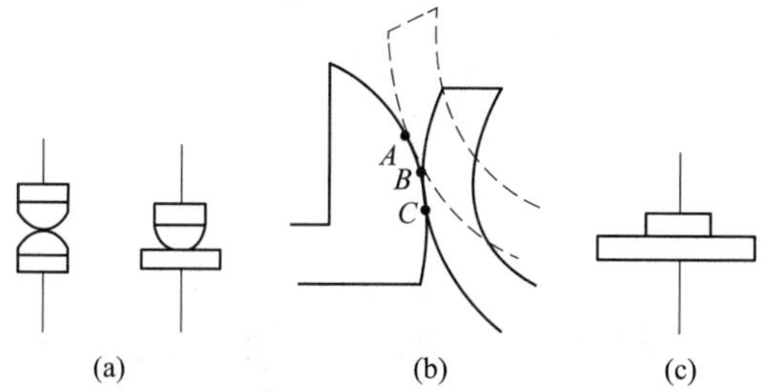

图 2-9　触头接触形式

（a）点接触；（b）线接触；（c）面接触

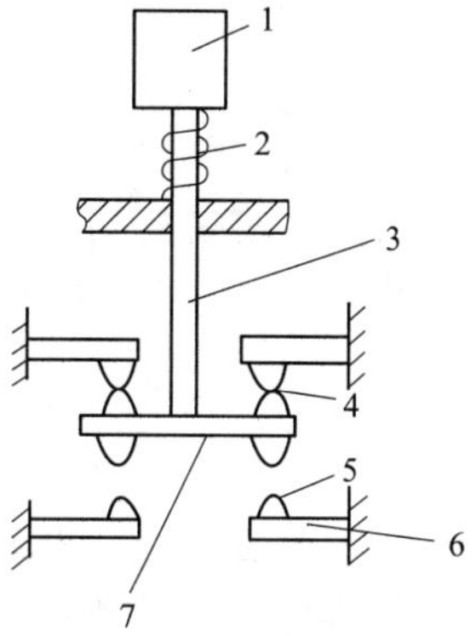

图 2-10　触头位置示意图

1—按钮帽；2—复位弹簧；3—联杆；4—常闭触头；5—常开触头；6—静触头；7—动触头

D　推动机构

推动机构与动触头的联杆相接，以推动动触头动作。对于电磁式电器，推动力是电磁铁的电磁力；对于非电量电器，推动力是人力或机械力。当推动力消失后，依靠复位弹簧的弹力使动触头复位。

2.1.3.3　灭弧工作原理

触点在通电状态下动、静触头脱离接触时，由于电场的存在，使触头表面的自由电子大量溢出而产生电弧。电弧的存在既烧损触头金属表面，降低电器的寿命，又延长了电路的分断时间，所以必须迅速消除。

A　灭弧方法

（1）迅速增大电弧长度。电弧长度增加，使触点间隙增大，电场强度降低，同时又使散热面积增大，降低电弧温度，使自由电子和空穴复合的运动加强，因而电荷容易熄灭。

（2）冷却。使电弧与冷却介质接触，带走电弧热量，也可使复合运动得以加强，从而使电弧熄灭。

B　灭弧装置

a　电动力吹弧

电动力吹弧如图 2-11 所示。双断点桥式触头在分断时具有电动力吹弧功能，不用任何附加装置，便可使电弧迅速熄灭，这种灭弧方法多用于小容量交流接触器中。

b　磁吹灭弧

在触点电路中串入吹弧线圈，如图2-12所示。该线圈产生的磁场由导磁夹板引向触点周围，其方向由右手定则确定（为图中×所示）。触点间的电弧所产生的磁场，其方向为⊕⊙所示。这两个磁场在电弧下方方向相同（叠加），在弧柱上方方向相反（相减），所以弧柱下方的磁场强于上方的磁场。在下方磁场作用下，电弧受力的方向为 *F* 所指的方向，在 *F* 的作用下，电弧被吹离触点，经引弧角引进灭弧罩，使电弧熄灭。

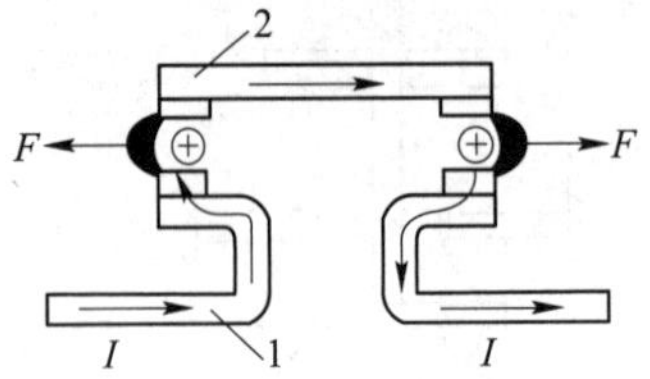

图2-11　电动力吹弧示意图

1—静触头；2—动触头

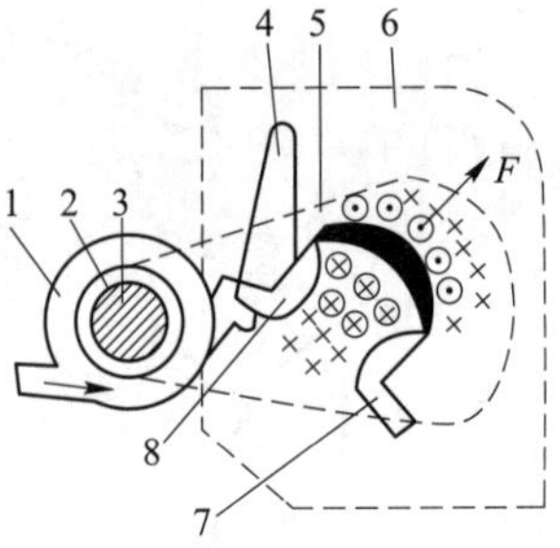

图2-12　磁吹灭弧示意图

1—磁吹线圈；2—绝缘套；3—铁芯；4—引弧角；5—导磁甲板；6—灭弧罩；7—动触头；8—静触头

c　栅片灭弧

灭弧栅是一组镀铜薄钢片，它们彼此间相互绝缘，如图2-13所示。电弧进入栅片被分割成一段段串联的短弧，而栅片就是这些短弧的电极。每两片灭弧片之间都有150～250V的绝缘强度，使整个灭弧栅的绝缘强度大大加强，以致外加电压无法维持，电弧迅速熄灭。此外，栅片还能吸收电弧热量，使电弧迅速冷却。基于上述原因，电弧进入栅片后就会很快熄灭。由于栅片灭弧装置的灭弧效果在交流时要比直流时强得多，因此在交流电器中常采用栅片灭弧。

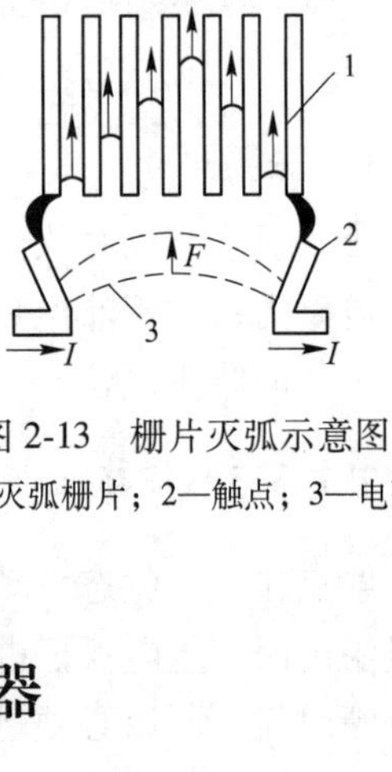

图2-13　栅片灭弧示意图

1—灭弧栅片；2—触点；3—电弧

任务2.2　电气控制中的常用电器

2.2.1　隔离器

隔离器是低压电器中结构比较简单、应用十分广泛的一类手动操作电器，品种主要有低压刀开关、熔断器式刀开关和组合开关三种。

隔离器主要是在电源断开后，将线路与电源明显地隔开，以保障检修人员的安全。熔断器式刀开关由刀开关和熔断器组合而成，故兼有两者的功能，即电源隔离和电路保护功能，可分断一定的负载电流。

2.2.1.1　刀开关

刀开关结构简图如图2-14所示，由静插座、操纵手柄、触刀、支座、绝缘底板等组成。刀开关的主要类型有带灭弧装置的大容量刀开关、带熔断器的开启式负荷开关（胶盖开关）、带灭弧装置和熔断器的封闭式负荷开关（铁壳开关）等。常用的产品有：HD11～HD14 和 HS11～HS13 系列刀开关，HK1、HK2 系列胶盖开关，HH3、HH4 系列铁壳开关。刀开关的主要技术参数有：长期工作所承受的最大电压，即为额定电压；长期通过的最大允许电流，即为额定电流；分断能力等。

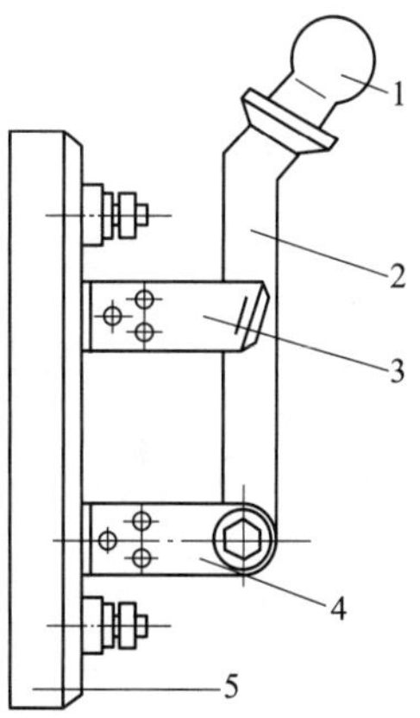

图 2-14　刀开关结构简图

1—静插座；2—操纵手柄；3—触刀；4—支座；5—绝缘底板

刀开关

新产品有 HD18、HD17、HS17 等系列刀形隔离开关，HG1 系列熔断器式隔离开关等。选用刀开关时，刀的极数要与电源进线相数相等；刀开关的额定电压应大于所控制的线路额定电压，刀开关的额定电流应大于负载的额定电流。表 2-1 列出了 HK1 系列胶盖开关的技术参数。刀开关的图形、文字符号如图 2-15 所示。

表 2-1　HK1 系列胶盖开关的技术参数

额定电流值/A	极数	额定电压值/V	可控制电动机最大容量值/kW		触刀极限分断能力（$\cos\varphi=0.6$）/A	触刀极限分断能力/A	配用熔丝规格			
							熔丝成分/%			熔丝直径/mm
			220V	380V			w(Pb)	w(Sn)	w(Sb)	
15	2	220	—	—	30	500	98	1	1	1.45～1.59
30	2	220	—	—	60	1000				2.30～2.52
60	2	220	—	—	90	1500				3.36～4.00
15	2	380	1.5	2.2	30	500				1.45～1.59
30	2	380	3.0	4.0	60	1000				2.30～2.52
60	2	380	4.4	5.5	90	1500				3.36～4.00

2.2.1.2　组合开关

组合开关的刀片是转动式的，操作比较轻巧，它的动触头（刀片）和静触头装在封闭的绝缘件内；采用叠装式结构，其层数由动触头数量决定，动触头装在操作手柄的转轴上，随转轴旋转而改变各对触头的通断状态。组合开关的结构和图形、文字符号如图 2-16 所示。

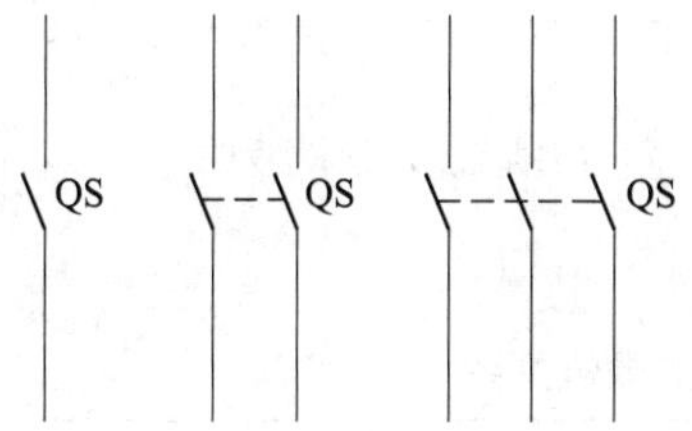

(a)　(b)　(c)

图 2-15　刀开关的图形、文字符号

（a）单极；（b）双极；（c）三极

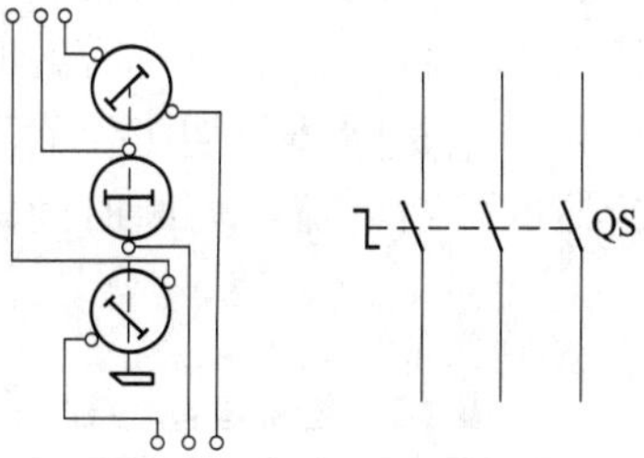

(a)　(b)

图 2-16　组合开关的结构（a）和图形、文字符号（b）

转换开关

组合开关的主要参数有额定电压、额定电流、极数等，其中额定电流有 10A、25A、60A 等几级。常用产品有 HZ5、HZ10 系列和新型组合开关 HZ15 等系列，HZ10 系列组合开关的技术数据见表 2-2。

表 2-2 HZ10 系列组合开关的技术数据

<table>
<tr><th rowspan="3">型号</th><th rowspan="3">额定
电压/V</th><th rowspan="3">额定
电流/A</th><th rowspan="3">极数</th><th colspan="2">极限操作
电流/A</th><th colspan="2">可控制电动机最大
容量和额定电流</th><th colspan="4">额定电压及电流下的通断次数</th></tr>
<tr><th colspan="2"></th><th colspan="2"></th><th colspan="2">AC cosφ</th><th colspan="2">直流时间常数/s</th></tr>
<tr><th>接通</th><th>分断</th><th>容量
/kW</th><th>额定电流
/A</th><th>≥0. 8</th><th>≥0. 3</th><th>≤0. 0025</th><th>≤0. 01</th></tr>
<tr><td rowspan="2">HZ10-10</td><td rowspan="5">DC 220，
AC 380</td><td>6</td><td>单极</td><td rowspan="2">94</td><td rowspan="2">62</td><td rowspan="2">3</td><td rowspan="2">7</td><td rowspan="4">20000</td><td rowspan="4">10000</td><td rowspan="4">20000</td><td rowspan="4">10000</td></tr>
<tr><td>10</td><td rowspan="4">2，3</td></tr>
<tr><td>HZ10-25</td><td>25</td><td>155</td><td>108</td><td>5. 5</td><td>12</td></tr>
<tr><td>HZ10-60</td><td>60</td><td rowspan="2">—</td><td rowspan="2">—</td><td rowspan="2">—</td><td rowspan="2">—</td></tr>
<tr><td>HZ10-100</td><td>100</td><td>10000</td><td>5000</td><td>10000</td><td>5000</td></tr>
</table>

组合开关一般在电气设备中用于非频繁地接通和分断电路、接通电源和负载、测量三相电压，以及控制小容量异步电动机的正反转和星-三角降压启动等。

2. 2. 2 熔断器

2. 2. 2. 1 工作原理和保护特性

熔断器是一种最简单有效的保护电器，它具有分断能力强、安装体积小、使用维护方便等优点，广泛用于供电线路和电气设备的短路保护中。熔断器由熔体和安装熔体的熔断管（或座）等部分组成。熔体是熔断器的核心，通常用低熔点的铅锡合金、锌、铜、银的丝状或片状材料制成，新型的熔体通常设计成灭弧栅状和具有变截面片状结构。当通过熔断器的电流超过一定数值并经过一定的时间后，电流在熔体上产生的热量使熔体某处熔化而分断电路，从而保护了电路和设备。

熔断器熔体熔断的电流值与熔断时间的关系称为熔断器的保护特性曲线，也称为熔断器的安-秒（I-t）特性，如图 2-17 所示。由该特性曲线可以看出，流过熔体的电流越大，熔断所需的时间越短。熔体的额定电流 I_{fN} 是熔体长期工作而不致熔断的电流。熔断器的熔断电流与熔断时间的数值关系见表 2-3。

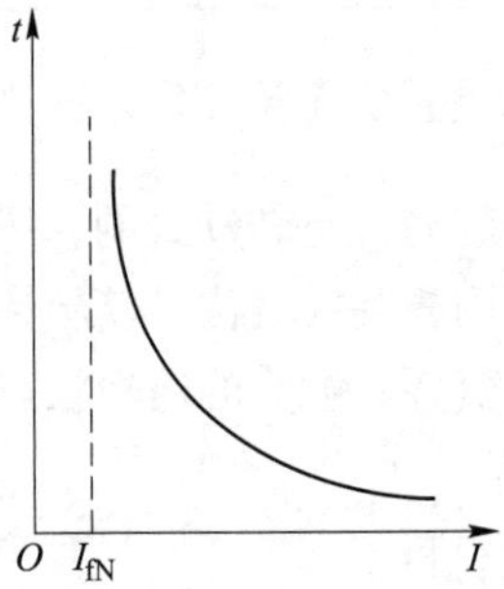

图 2-17 熔断器的安-秒特性

熔断器

表 2-3 熔断器的熔断电流与熔断时间的数值关系

熔断电流	(1. 25~1. 3) I_N	1. 6I_N	2I_N	2. 5I_N	3I_N	4I_N
熔断时间	∞	1h	40s	8s	4. 5s	2. 5s

2.2.2.2　种类及技术数据

熔断器按其结构形式分为插入式、螺旋式、有填料密封管式、无填料密封管式等，品种规格多。在电气控制系统中经常选用螺旋式熔断器，它有明显的分断指示和不用任何工具就可取下或更换熔体等优点。最近推出的新产品有 RL6、RL7 系列，可以替代老产品 RL1、RL2 系列。RLS2 系列是快速熔断器，用于保护半导体硅整流元件及晶闸管，可替代老产品 RLS1 系列。RT12、RT15、NGT 等系列是有填料密封管式熔断器，瓷管两端铜帽上焊有联结板，可直接安装在母线排上，RT12、RT15 系列带有熔断指示器，熔断时红色指示器弹出。RT14 系列熔断器带有撞击器，熔断时撞击器弹出，既可作熔断信号指示，也可触动微动开关以切断接触器线圈电路，接触器断电，实现三相电动机的断相保护。

熔断器的主要技术参数如下：

（1）额定电压，是指熔断器长期工作时和分断后能够承受的电压，其值一般等于或大于电气设备的额定电压；

（2）额定电流，是指熔断器长期工作时，设备部件温升不超过规定值时所能承受的电流，即在一个额定电流等级的熔管内可以分几个额定电流等级的熔体，但熔体的额定电流最大不能超过熔断管的额定电流；

（3）极限分断能力，是指熔断器在规定的额定电压和功率因素（或时间常数）的条件下，能分断的最大电流值，在电路中出现的最大电流值一般指短路电流值。

2.2.2.3　熔断器的选择

熔断器的选择主要包括熔断器类型、额定电压、熔断器额定电流和熔体额定电流的确定。熔断器的类型主要由电控系统整体设计确定，熔断器的额定电压应大于或等于实际电路的工作电压；熔断器额定电流应大于或等于所装熔体的额定电流。表 2-4 列出了 RL6、RLS2、RT12、RT14 等系列的技术数据。

表 2-4　RL6、RLS2、RT12、RT14 等系列熔断器的技术数据

型号	额定电压/V	额定电流/A		分断能力/kA
		熔断器	熔体	
RL6-25	约 500	25	2，4，6，10，16，20，25	50
RL6-63		63	35，50，63	
RL6-100		100	80，100	
RL6-200		200	125，160，200	
RLS2-30	约 500	30	16，20，25，30	50
RLS2-63		63	32，40，50，63	
RLS2-100		100	63，80，100	
RT12-20	约 415	20	2，4，6，10，16，20	80
RT12-32		32	20，25，32	
RT12-63		63	32，40，50，63	
RT12-100		100	63，80，100	

续表 2-4

型号	额定电压/V	额定电流/A		分断能力/kA
		熔断器	熔体	
RT14-20	约 380	20	2，4，6，10，16，20	100
RT14-32		32	2，4，6，10，16，20，25，32	
RT14-63		63	10，16，20，25，32，40，50，63	

确定熔体电流是选择熔断器的主要任务，具体来说有下列几条原则。

（1）对于照明线路或电阻炉等电阻性负载，熔体的额定电流应大于或等于电路的工作电流，即 $I_{fN} \geqslant I$，其中 I_{fN} 为熔体的额定电流，I 为电路的工作电流。

（2）保护一台异步电动机时，考虑电动机冲击电流的影响，熔体的额定电流按式(2-6)计算：

$$I_{fN} \geqslant (1.5 \sim 2.5) I_N \tag{2-6}$$

式中　I_N——电动机的额定电流。

（3）保护多台异步电动机时，若各台电动机不同时启动，则应按式（2-7）计算：

$$I_{fN} \geqslant (1.5 \sim 2.5) I_{Nmax} + \sum I_N \tag{2-7}$$

式中　I_{Nmax}——容量最大的一台电动机的额定电流；

$\sum I_N$——其余电动机额定电流的总和。

（4）为防止发生越级熔断，上、下级（即供电干、支线）熔断器间应有良好的协调配合。为此，应使上一级（供电干线）熔断器的熔体额定电流比下一级（供电支线）大 1~2 个级差。熔断器的图形、文字符号如图 2-18 所示。

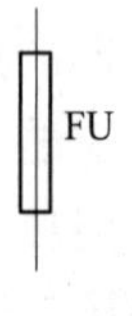

图 2-18　熔断器的图形、文字符号

2.2.3　继电器

继电器是一种根据某种输入信号的变化，使其自身的执行机构动作的自动控制电器。它具有输入电路（又称为感应元件）和输出电路（又称为执行元件），当感应元件中的输入量（如电压、电流、温度、压力等）变化到某一定值时继电器动作，执行元件便接通和断开控制电路。

2.2.3.1　继电器分类

（1）按输入信号，可分为电压继电器、电流继电器、功率继电器、速度继电器、压力继电器、温度继电器等。

（2）按工作原理，可分为电磁式继电器、感应式继电器、电动式继电器、电子式继电器、热继电器等。

（3）按用途，可分为控制继电器与保护继电器。

（4）按输出形式，可分为有触点继电器和无触点继电器。

2.2.3.2　继电器特性

继电器主要特性是输入输出特性，即继电特性。

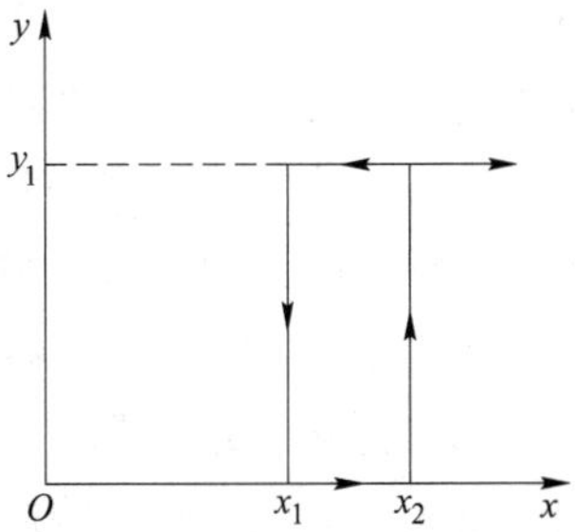

图 2-19　继电特性曲线

继电特性曲线如图 2-19 所示。当继电器输入量 x 由零增至 x_1 以前，输出量 y 为 0；当输入量 x 增加到 x_2 时，继电器吸合，输出量为 y_1；若 x 再增大，y_1 值保持不变。当 x 减小到 x_1 时，继电器释放，输出量由 y_1 降至 0。x 再减小，y 值均为 0。图 2-19 中，x_2 称为继电器吸合值，欲使继电器吸合，输入量必须大于或等于此值；x_1 称为继电器释放值，欲使继电器释放，输入量必须小于或等于此值。$k=x_1/x_2$ 称为继电器的返回系数，它是继电器的重要参数之一。k 值是可以调节的，不同场合要求不同的 k 值。例如，一般继电器要求低的返回系数，k 值应在 0.1~0.4，这样当继电器吸合后，输入量波动较大时不致引起误动作。欠电压继电器则要求高的返回系数，k 值应在 0.6 以上。如果某继电器 $k=0.66$，吸合电压为额定电压的 90%，则电压低于额定电压的 60%时，继电器释放，起到欠电压保护的作用。

2.2.3.3　重要参数

继电器另一个重要参数是吸合时间和释放时间。吸合时间是指从线圈接收电信号到衔铁完全吸合所需的时间；释放时间是指从线圈失电到衔铁完全释放所需的时间。一般继电器的吸合时间与释放时间为 0.05~0.15s，快速继电器为 0.005~0.05s，它的大小影响着继电器的操作频率。

无论继电器的输入量是电量还是非电量，继电器工作的最终目的总是控制触头的分断或闭合，而触头又是控制电路通断的，就这一点来说接触器与继电器是相同的。但是它们又有区别，主要表现在以下两个方面。

（1）所控制的线路不同。继电器用于控制电信线路、仪表线路、自控装置等效电流电路及控制电路；接触器用于控制电动机等大功率、大电流电路及主电路。

（2）输入信号不同。继电器的输入信号可以是各种物理量，如电压、电流、时间、压力、速度等，而接触器的输入量只有电压。

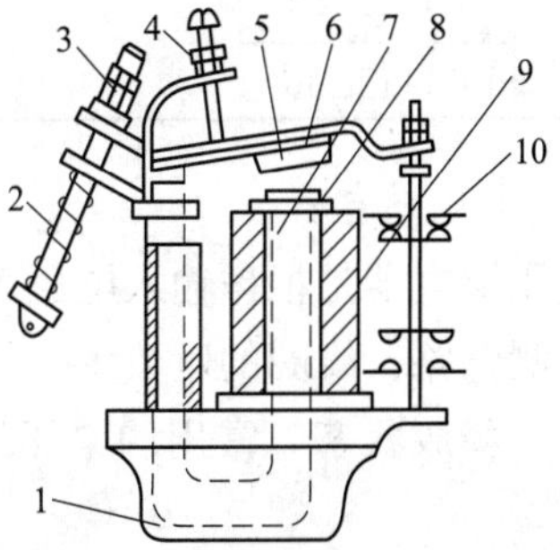

图 2-20　电磁式继电器的典型结构

1—底座；2—反力弹簧；3，4—调节螺钉；5—非磁性垫片；6—衔铁；7—铁芯；8—极靴；9—电磁线圈；10—触头

2.2.3.4　电磁式继电器

在低压控制系统中采用的继电器大部分是电磁式继电器，电磁式继电器的结构与原理和接触器基本相同。电磁式继电器的典型结构如图 2-20 所示。按吸引线圈电流的类型，可分为直流电磁式继电器和交流电磁式继电器。按其在电路中的连接方式，可分为电流继电器、电压继电器和中间继电器等。

A　电流继电器

电流继电器反映的是电流信号。使用时，电流继电器的线圈串联于被测电路中，根据电流的变化而动作。为降低负载效应和对被测量电路参数的影响，线圈匝数少，导线粗，阻抗小。电流继电器除用于电流型保护的场合外，还经常用于按电流原则控制的场合。电流继电器有欠电流继电器和过电流继电器两种。

（1）欠电流继电器。线圈中通以30%~65%的额定电流时继电器吸合，当线圈中的电流降至额定电流的10%~20%时继电器释放。当电路由于某种原因使电流降至额定电流的20%以下时，欠电流继电器释放，发出信号，从而改变电路状态。

（2）过电流继电器。其结构、原理与欠电流继电器相同，只不过吸合值与释放值不同，过电流继电器吸引线圈的匝数很少。直流过电流继电器的吸合值为70%~300%额定电流，交流过电流继电器的吸合值为110%~400%额定电流。应当注意，过电流继电器在正常情况下（即电流在额定值附近时）是释放的，当电路发生过载或短路故障时，过电流继电器才吸合，吸合后立即使所控制的接触器或电路分断，然后自己也释放。由于过电流继电器具有短时工作的特点，所以交流过电流继电器不用装短路环。

常用的交直流电流继电器有JT4、JL14等系列，表2-5为JL14系列交直流电流继电器的技术参数。

表2-5　JL14系列交直流电流继电器技术参数

<table>
<tr><th>电流种类</th><th>型号</th><th>吸引线圈额定电流/A</th><th>吸合电流调整范围</th><th>触头组合形式</th><th>用途</th><th>备注</th></tr>
<tr><td rowspan="2">直流</td><td>JL14-□□Z
JL14-□□ZS</td><td rowspan="4">1.0,1.5,2.5,5.0,10,15,25,40,60,100,150,300,600,1200,1500</td><td>(70%~300%)I_N</td><td>3常开，3常闭
2常开，1常闭</td><td rowspan="4">在控制电路中过电流或欠电流保护用</td><td rowspan="4">可替代JT3-1、JT4-J、JT4-S、JL3、JL3-J、JL3-S等老产品</td></tr>
<tr><td rowspan="1">JL14-□□ZO</td><td>(30%~65%)I_N或释放电流在(10%~20%)I_N范围</td><td>1常开，2常闭
1常开，1常闭</td></tr>
<tr><td rowspan="2">交流</td><td>JL14-□□J
JL14-□□JS</td><td rowspan="2">(110%~400%)I_N</td><td>2常开，2常闭
1常开，1常闭</td></tr>
<tr><td>JL14-□□JG</td><td>1常开，1常闭</td></tr>
</table>

B　电压继电器

电压继电器是根据输入电压大小变化而动作的继电器。使用时，电压继电器的线圈并接于被测电路，线圈的匝数多、导线细、阻抗大。继电器根据所接线路电压值的变化，处于吸合或释放状态。常用的电压继电器按用途分为欠（零）电压继电器和过电压继电器两种。

常用的电压继电器有JT4系列。JT4系列交流电磁式继电器的技术参数见表2-6。

电路正常工作时，欠电压继电器吸合；当电路电压减小到某一整定值（30%~50%）U_N时，欠电压继电器释放，对电路实现欠电压保护。

表 2-6　JT4 系列交流电磁式继电器技术参数

型号	动作电压或动作电流	动作误差	吸引线圈规格	消耗功率	触头数量
JT4-□□型零电压（或中间）继电器	吸引电压在线圈额定电压的60%～85%范围内调节，释放电压在线圈额定电压的10%～35%范围内调节	±10%	110V，127V，220V，380V	75V·A	2 常开、2 常闭或 1 常开、1 常闭
JT4-□□L 型过电流继电器	吸引电流在线圈额定电流的 110%～350%范围内调节		5A，10A，15A，20A，40A，80A，150A，300A，600A	5W	
JT4-□□S 型（手动）过电流继电器					
JT4-22A 型过电流继电器	吸引电压在线圈额定电压的 105%～120%范围内调节		110V，220V，380V	75V·A	2 常开、2 常闭

电路正常工作时，过电压继电器不动作；当电路电压超过某一整定值（105%～120%）U_N 时，过电压继电器吸合，对电路实现过电压保护。

零电压继电器是当电路电压降低到（5%～25%）U_N 时释放，对电路实现欠电压保护。

C　中间继电器

中间继电器实质上是电压继电器，其触头数量多（一般有 8 对），容量也大，主要起到中间扩展和放大（触头数目和电流容量）的作用。

常用的中间继电器有 JZ7 和 JZ8 等系列。表 2-7 为 JZ7 系列中间继电器的技术参数。

中间继电器

表 2-7　JZ7 系列中间继电器技术参数

型号	触点额定电压/V	触点额定电流/A	触点对数		吸引线圈电压/V	额定操作频率/次·h^{-1}	线圈消耗功率/V·A	
			常开	常闭			启动	吸持
JZ7-44	500	5	4	4	12，36，127，220，380（交流 50Hz 时）	1200	75	12
JZ7-62	500	5	6	2			75	12
JZ7-80	500	5	8	0			75	12

D　电磁式继电器的整定

继电器在投入运行前，必须把它的返回系数调整到控制系统所要求的范围以内。一般整定方法有以下两种。

（1）调整释放弹簧的松紧程度。释放弹簧越紧，反作用力越大，则吸合值和释放值都增加，返回系数上升，反之返回系数下降；这种调节为精调，可以连续调节。若弹簧太紧电磁吸力不能克服反作用力，有可能吸不上；弹簧太松，反作用力太小，又不能可靠释放。

（2）改变非磁性垫片的厚度。非磁性垫片越厚，衔铁吸合后磁路的气隙和磁阻增大，释放值增大，使返回系数增大；反之，释放值减小，返回系数减小。采用这种调整方式，吸合值基本不变；这种调节为粗调，不能连续调节。

E　电磁式继电器的选择

电磁式继电器主要包括电流继电器、电压继电器和中间继电器。选用时主要依据继电器所保护或所控制对象对继电器提出的要求，如触头的数量、种类，返回系数，控制电路的电压、电流、负载性质等。由于继电器触头容量小，所以经常将触头并联使用。有时为增加触头的分断能力，也可以把触头串联起来使用。

F　电磁式继电器的图形符号和文字符号

电磁式继电器的图形符号和文字符号如图 2-21 所示。电流继电器的文字符号为 KI，电压继电器的文字符号为 KV，中间继电器的文字符号为 KA。

2.2.3.5　时间继电器

在电气控制系统中，需要有瞬时动作的继电器，也需要有延时动作的继电器。时间继电器就是利用感测部件接收外界信号实现触头延时动作的自动电器，经常用于时间控制原则进行控制的场合。其种类按工作原理不同分为电磁式、空气式、电子式和电动机式。时间继电器按延时方式不同有通电延时，即接收输入信号后延迟一定的时间，输出信号才发生变化，当输入信号消失后输出瞬时复原；断电延时，即接收输入信号时，瞬时产生相应的输出信号，当输入信号消失后延迟一定的时间，输出才复原。

A　直流电磁式

在直流电磁式电压继电器的铁芯上加上阻尼铜套，即可构成时间继电器，其结构如图 2-22 所示。它是利用电磁阻尼原理产生延时的，由电磁感应定律可知，在继电器线圈通断电过程中铜套内将感应电势，并通过感应电流，此电流产生的磁通总是反对原磁通变化的。当继电器通电时，由于衔铁处于释放位置，气隙大，磁阻大，磁通小，铜套阻尼作用相对也小，因此衔铁吸合时延时不显著（一般忽略不计）。当继电器断电时，磁通变化量大，铜套阻尼作用也大，使衔铁延时释放而起到延时作用。因此，这种继电器仅用作断电延时，它的延时范围很小，一般不超过 5.5s，而且准确度较低，一般只用于要求不高的断电延时的场合。直流电磁式时间继电器 JT3 系列的技术参数见表 2-8。

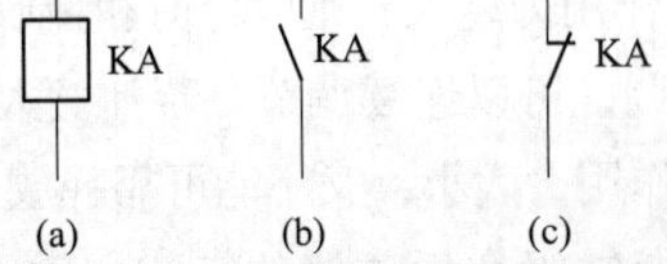

图 2-21　电磁式继电器图形和文字符号
（a）线圈；（b）常开触头；（c）常闭触头

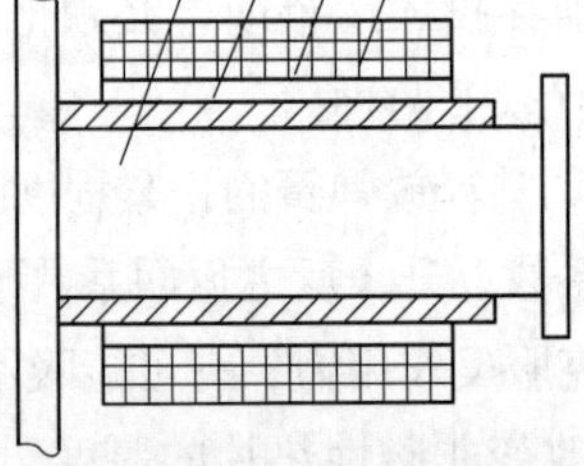

图 2-22　铁芯阻尼铜套结构示意图
1—铁芯；2—阻尼铜套；3—绝缘层；4—线圈

表 2-8　JT3 系列直流电磁式时间继电器技术参数

序号	延时方法	型号	延时/s	备注
1	将线圈断路	JT3-□□/1 JT3-□□/3 JT3-□□/5	0.3~0.9 0.8~3.0 2.5~5.0	
2	将线圈短路	JT3-□□/1 JT3-□□/3 JT3-□□/5	0.3~1.5 1.0~3.5 3.0~5.5	应在线圈回路中串接电阻，以防电源短路

B　空气阻尼式

空气阻尼式时间继电器是利用空气阻尼原理获得延时的，其结构由电磁系统、延时机构和触头三部分组成。时间继电器动作原理如图 2-23 所示。

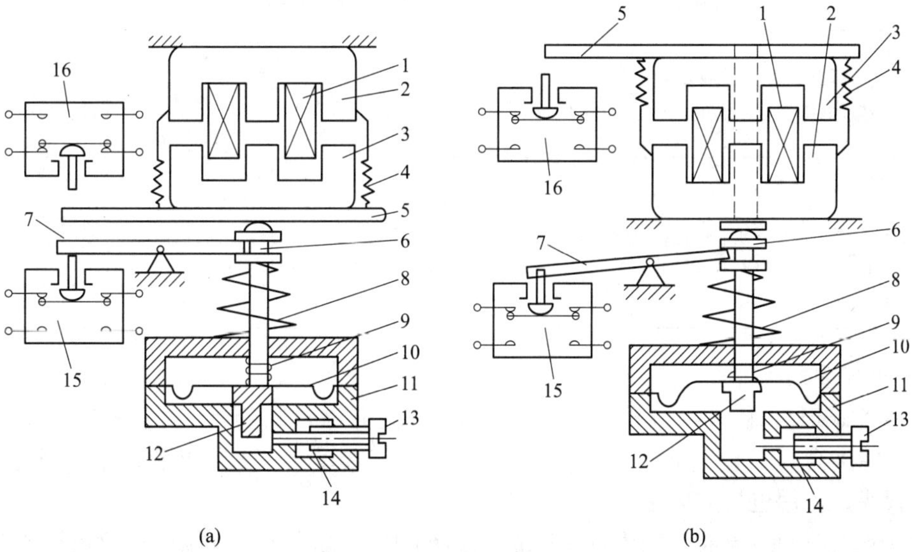

图 2-23　时间继电器动作原理示意图

（a）通电延时型；（b）断电延时型

1—线圈；2—铁芯；3—衔铁；4—反力弹簧；5—推板；6—活塞杆；7—杠杆；8—塔形弹簧；9—弱弹簧；10—橡皮膜；11—空气室壁；12—活塞；13—调节螺杆；14—进气孔；15，16—微动开关

电磁系统为双 E 直动式，触头用微动开关，延时机构采用气囊式阻尼器。电磁机构可以是直流的，也可以是交流的；既有通电延时型的，也有断电延时型的。只要改变电磁机构的安装方向，便可实现不同的延时方式；当衔铁位于铁芯和延时机构之间时为通电延时，如图 2-23（a）所示；当铁芯位于衔铁和延时机构之间时为断电延时，如图 2-23（b）所示。现以通电延时型为例，介绍其工作原理。

当线圈 1 得电后，衔铁 3 吸合，活塞杆 6 在塔形弹簧 8 的作用下带动活塞 12 及橡皮膜 10 向上移动，由于橡皮膜 10 下方的空气较稀薄形成负压，活塞杆 6 只能缓慢上移，其移动的速度决定了延时的长短。调整调节螺杆 13，改变进气孔 14 的大小，可以调整延时时间；进气孔大，移动速度快，延时短；进气孔小，移动速度慢，延时较长。在活塞杆向上移动的过程中，杠杆 7 随之做逆时针旋转。当活塞杆移动到与已吸合的衔铁接触时，活塞杆停止移动。同时，杠杆 7 压动微动开关 15，使微动开关的常闭触头断开、常开触头闭合，起到通电延时的作用。延时时间为线圈通电到微动开关触头动作之间的时间间隔。

当线圈 1 断电后，电磁吸力消失，衔铁 3 在反力弹簧 4 的作用下释放，并通过活塞杆 6 带动活塞 12 的肩部所形成的单向阀，迅速地从橡皮膜 10 上方的气室缝隙中排出，因此杠杆 7 和微动开关 15 能在瞬间复位。线圈 1 通电和断电时，微动开关 16 在推板 5 的作用下能够瞬时动作，所以是时间继电器的瞬动触头。

空气阻尼式时间继电器的特点是：延时范围较大（0.4～180.0s），结构简单，寿命长，价格低；但其延时误差较大，无调节刻度指示，难以确定整定延时值。在对延时精度要求较高的场合，不宜使用这种时间继电器。

常用的 JS7-A 系列空气阻尼式时间继电器的基本技术参数见表 2-9。

表 2-9　JS7-A 系列空气阻尼式时间继电器的技术参数

型号	吸引线圈电压/V	触头额定电压/V	触头额定电流/A	延时/s	延时触头				瞬动触头	
					通电延时		断电延时		常开	常闭
					常开	常闭	常开	常闭		
JS7-1A	24，36，110，127,220,380,420	380	5	0.4～60，0.4～180	1	1		—	—	—
JS7-2A					1	1		—	1	1
JS7-3A					—	—	1	1	—	—
JS7-4A					—	—	1	1	1	1

C　晶体管式

晶体管式时间继电器也称为半导体式时间继电器，具有延时范围长（最长可达 3600s）、精度高（一般为 5%左右）、体积小、耐冲击震动、调节方便和寿命长等优点；它的发展很快，使用也日益广泛。

晶体管式时间继电器是利用 RC 电路中电容电压不能跃变，只能按指数规律逐渐变化的原理，即电阻尼特性获得延时的。所以，只要改变充电回路的时间常数即可改变延时时间。由于调节电容比调节电阻困难，所以多用调节电阻的方式来改变延时时间。

常用的产品有 JSJ、JS13、JS14、JS15、JS20 型等，现以 JSJ 型为例说明晶体管式时继电器的工作原理。图 2-24 为 JSJ 型晶体管式时间继电器的原理图。

JSJ 型晶体管式时间继电器的工作原理为：接通电源后，变压器负边 18V 负电源通过 K 的线圈、R_5 使 V_5 获得偏流而导通，从而 V_6 截止。此时 K 的线圈中只有较小的电流，不足以使 K 吸合，所以继电器 K 不动作。同时，变压器负边 12V 的正电源经 V_2 半波整流后，经过可调电阻 R_1、R、继电器常闭触头 K 向电容 C 充电，使 a 点电位逐渐升高。当 a 点电位高于 b 点电位并使 V_3 导通时，在 12V 正电源作用下 V_5 截止，V_6 通过 R_3 获得偏流而导通。V_6 导通后继电器线圈 K 中的电流大幅度上升，达到继电器的动作值时使 K 动作，其常闭打开，断开 C 的充电回路，常开闭合，使 C 通过 R_4 放电，为下次充电做准备。继电器 K 的其他触头则分别接通或分断其他电路。当电源断电后，继电器 K 释放。所以，这种时间继电器是通电延时型的，断电延时只有几秒钟，电位器 R_1 用来调节延时范围。

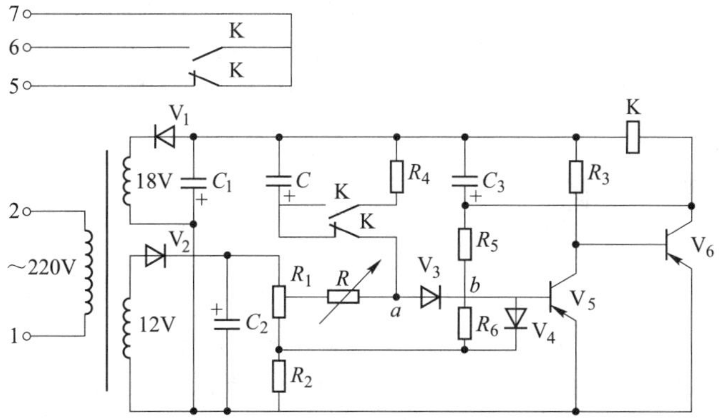

图 2-24　JSJ 型晶体管式时间继电器的原理图

表 2-10 为 JSJ 型晶体管式时间继电器的基本技术参数。

表 2-10　JSJ 型晶体管式时间继电器的技术参数

型号	电源电压/V	外电路触头			延时/s	延时误差
		数量	交流容量	直流容量		
JSJ-01	24, 48, 110（直流）; 36, 110, 127, 220 及 380(交流)	一常开 一常闭 转换	380V 0.5A	110V 1A （无感负载）	0.1~1.0	±3%
JSJ-10					0.2~10	
JSJ-30					1~30	
JSJ-1					60	
JSJ-2					120	±6%
JSJ-3					180	
JSJ-4					240	
JSJ-5					300	

D　电动机式

电动机式时间继电器是用微型同步电动机带动减速齿轮系获得延时的，分为通电延时型和断电延时型两种。它由微型同步电动机、电磁离合系统、减速齿轮机构及执行机构组成，常用的有 JS10、JS11 系列和 7PR 系列。

电动机式时间继电器的延时范围宽，其延时可达 0~72h，分为不同级别。由于同步电动机的转速恒定，减速齿轮精度较高，延时准确度高达 1%。同时，延时值不受电源电压波动和环境温度变化的影响。由于具有上述优点，就电动机式时间继电器的延时范围和准确度而言，是电磁式、空气阻尼式、晶体管式时间继电器无法相比的。

电动机式时间继电器的主要缺点是结构复杂、体积大、寿命低、价格贵，准确度受电源频率的影响等。所以，电动机式时间继电器的不宜轻易选用，只有在要求延时范围较宽和精度较高的场合才选用。

E　时间继电器的选用

首先应考虑工艺和控制要求，再根据对延时方式选用通电延时型和断电延时型。当要求的准确度低和延时时间较短时，可选用电磁式（只能断电延时）或空气阻尼式；当要求的延时准确度较高、延时时间较长时，可选用晶体管式；或晶体管式不能满足要求时，再考虑使用电动机式。总之，选用时除考虑延时范围和准确度外，还要考虑可靠性、经济性、工艺安装尺寸等提出的要求。时间继电器的图形符号及文字符号如图 2-25 所示。

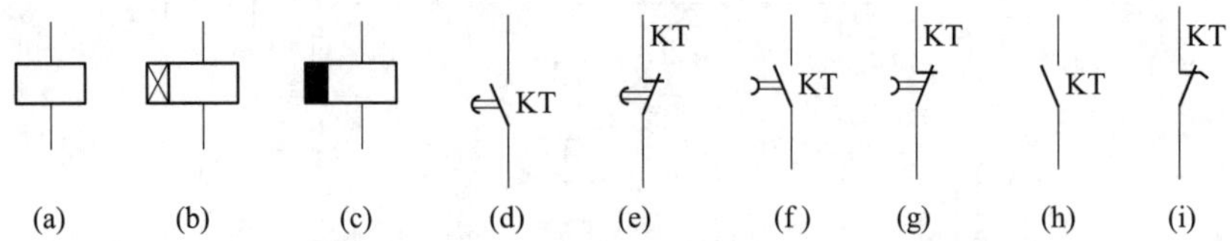

图 2-25　时间继电器的图形符号及文字符号

（a）线圈一般符号；（b）通电延时线圈；（c）断电延时线圈；（d）延时闭合常开触头；（e）延时断开常闭触头；（f）延时断开常开触头；（g）延时闭合常闭触头；（h）瞬动常开触头；（i）瞬动常闭触头

2.2.3.6　热继电器

热继电器是一种利用电流的热效应原理，在出现电动机不能承受的过载时切断电动机电路，为电动机提供过载和断相保护的保护电器。

A　热继电器的结构及工作原理

热继电器的结构如图 2-26 所示。双金属片是热继电器的感测元件，由两种线膨胀系数不同的金属片用机械碾压而成。线膨胀系数大的称为主动层，小的称为被动层。在加热以前，双金属片长度基本一致。当串接在电动机定子电路中的热元件有电流通过时，热元件产生的热量使双金属片伸长。由于线膨胀系数不同，且它们紧密结合在一起，所以双金属片就会发生弯曲。电动机正常运行时双金属片的弯曲程度不足以使热继电器动作，当电动机过载时，电流增大，加上时间效应，双金属片接受的热量就会增加，从而使弯曲程度加大，最终双金属片推动导板使热继电器的触头动作，切断电动机的控制电路。

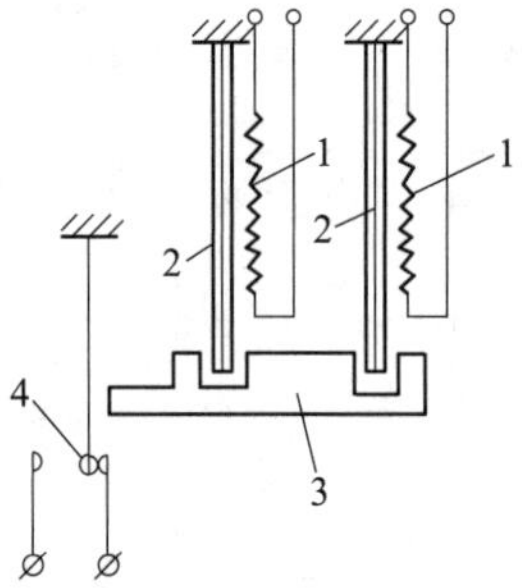

图 2-26　热继电器的结构
1—热元件；2—双金属片；
3—导板；4—触头

热继电器

B　热继电器的型号及选用

我国目前生产的热继电器主要有 JR10、JR14、JR15、JR16 等系列。按热元件数量分为两相结构和三相结构，三相结构中有三相带断相保护和不带断相保护装置两种。JR16 系列热继电器的结构如图 2-27 所示。

C　差动式断相保护装置工作原理

图 2-28 为带有差动式断相保护装置的热继电器动作原理示意图。图 2-28（a）为通电前的位置；图 2-28（b）是三相均通过额定电流时的情况，此时 3 个双金属片受热相同，同时向左弯曲，内、外导板一起平行左移一段距离，但移动距离尚小，未能使常闭触头断开，电路继续保持通电状态；图 2-28（c）为三相均匀过载的情况，此时三相双金属片都因过热向左弯曲，推动内、外导板向左移动较大距离，经补偿双金属片和推杆，并借助片簧和弓簧使常闭触头断开，从而达到切断控制回路保护电动机的目的；图 2-28（d）为电

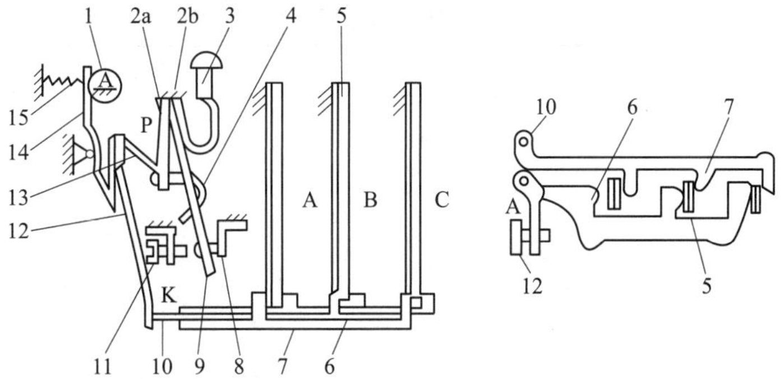

(a)　　(b)

图 2-27　JR16 系列热继电器的结构示意图

（a）结构示意图；（b）差动式断相保护示意图

1—电流调节凸轮；2a，2b—簧片；3—手动复位按钮；4—弓簧；5—双金属片；
6—外导板；7—内导板；8—常闭静触头；9—动触头；10—杠杆；11—复位调节螺钉；
12—补偿双金属片；13—推杆；14—连杆；15—压簧

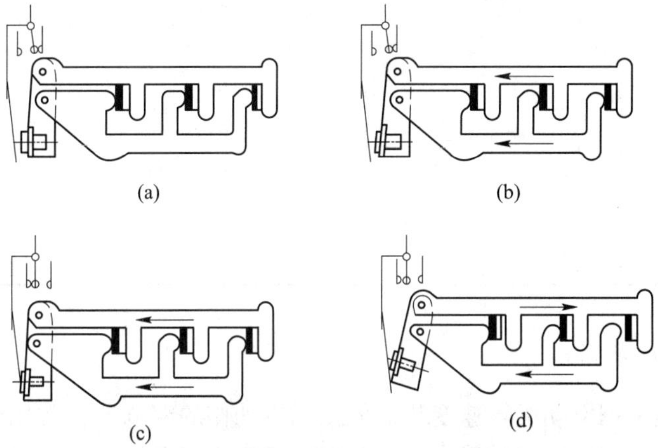

(a)　(b)　(c)　(d)

图 2-28　差动式断相保护装置动作原理

（a）通电以前；（b）三相通有额定电源；（c）三相均匀过载；（d）电动机发生一相断线故障

动机发生一相断线故障（右边的一相）的情况，此时该相双金属片逐渐冷却，向右移动，带动内导板右移，而其余两相双金属片因继续通电受热而左移，并使外导板仍然左移，内、外导板产生差动；通过杠杆的放大作用，使常闭触点断开，从而切断控制回路。热继电器的图形符号及文字符号如图 2-29 所示。

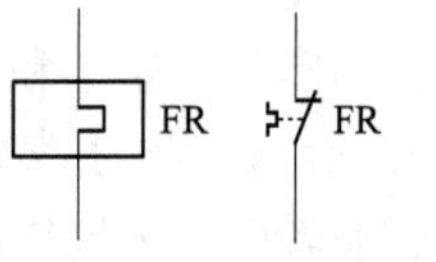

(a)　(b)

图 2-29　热继电器的图形符号及文字符号

（a）热元件；

（b）常闭触头

D　选择热继电器的原则

根据电动机的额定电流确定热继电器的型号及热元件的额定电流等级。热继电器热元件的额定电流原则上按被控电动机的额定电流选取，即热元件额定电流应接近或略大于电动机的额定电流。JR16、JR20 系列是目前广泛使用的热继电器，表 2-11 为 JR16 系列热继电器的主要技术参数。

表 2-11　JR16 系列热继电器的主要技术参数

型号	额定电流/A	热元件规格	
		额定电流/A	电流调节范围/A
JR16-20/3 JR16-20/3D	20	0. 35 0. 5 0. 72 1. 1 1. 6 2. 4 3. 5 5. 0 7. 2 11. 0 16. 0 22	0. 25～0. 35 0. 32～0. 5 0. 45～0. 72 0. 68～1. 1 1. 0～1. 6 1. 5～2. 4 2. 2～3. 5 3. 5～5. 0 6. 8～11 10. 0～16 14～22
JR16-60/3 JR16-60/3D	60 100	22 32 45 63	14～22 20～32 28～45 45～63
JR16-150/3 JR16-150/3D	150	63 85 120 160	40～63 53～85 75～120 100～160

2. 2. 3. 7　速度继电器

速度继电器是根据电动机转速变化而做出相应动作的继电器，常用于电动机反接制动的电路中。速度继电器根据电磁感应原理制成，常用于笼型异步电动机的反接制动控制线路中，也称为反接制动继电器。当电动机制动转速下降到一定值时，由速度继电器切断电动机控制电路。其结构如图 2-30 所示。

速度继电器的工作原理实质上是一种利用速度原则对电动机进行控制的自动电器，它主要由转子、定子和触头组成。转子是一个圆柱形永久磁铁，定子是一个笼型空心圆环，由硅钢片叠成，并装有笼型的绕组。速度继电器的转轴与被控电动机的轴相连接，当电动机轴旋转时，速度继电器的转子随之转动。这样就在速度继电器的转子和圆环内的绕组便切割旋转磁场，产生使圆环偏转的转矩，偏转角度是和电动机的转速成正比的。当偏转到一定角度时，与圆环连接的摆锤推动触头，使常闭触头分断；当电动机转速进一步升高后，摆锤继续偏转，使动触头与静触头的常开触头闭合。当电动机转速下降时，圆环偏转角度随之下降，动触头在簧片作用下复位（常开触头打开，常闭触头闭合）。速度继电器有两组触头（各有一对常开触头和常闭触头），可分别控制电动机正反转的反接制动。常用的速度继电器有 JY1 型和 JFZ0 型，一般速度继电器的动作速度为 120r/min，触头的复位速度为 100r/min。在连续工作制中，能可靠地工作在 300～3600r/min，允许操作频率不超过 30 次/h，速度继电器应根据电动机的额定转速进行选择。速度继电器的图形符号及文字符号如图 2-31 所示。

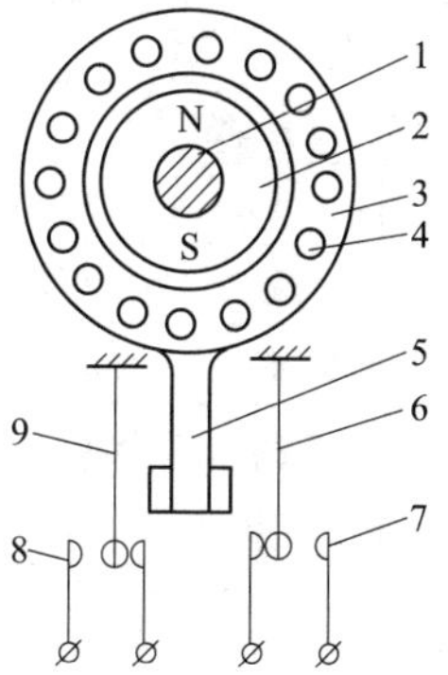

图 2-30　速度继电器的结构
1—转轴；2—转子；3—定子；4—绕组；5—摆锤；
6，9—簧片；7，8—静触点

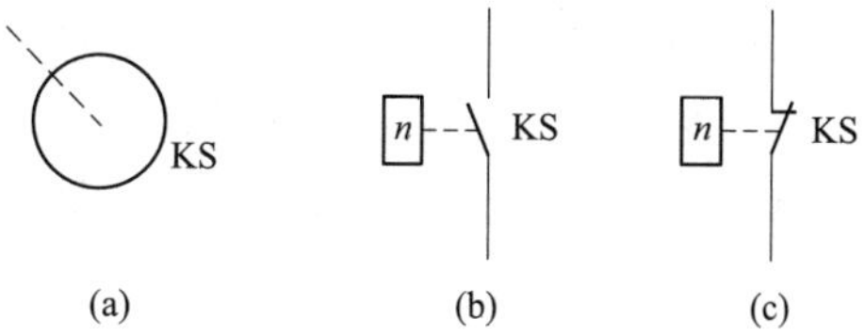

图 2-31　速度继电器的图形符号及文字符号
（a）转子；（b）常开触头；（c）常闭触头

任务 2.3　控制线路中的主令电器

主令电器是属于控制电器，用来发布命令、改变控制系统工作状态的电器；它可以直接作用于控制电路，也可以通过电磁式电器的转换对电路实现控制。主令电器应用广泛，种类繁多，本节仅介绍几种常用的主令电器。

2.3.1　控制按钮

控制按钮又称为按钮开关，简称按钮，是最常用的主令电器，在低压控制电路中用于手动发出控制信号，其典型结构如图 2-32 所示。按用途和结构的不同，分为启动按钮、停止按钮和复合按钮等。启动按钮带有常开触头，手指按下按钮帽，常开触头闭合；手指松开，常开触头复位。启动按钮的按钮帽采用绿色。停止按钮带有常闭触头，手指按下按钮帽，常闭触头断开；手指松开，常闭触头复位。停止按钮的按钮帽采用红色。复合按钮带有常开触头和常闭触头，手指按下按钮帽，先断开常闭触头再闭合常开触头；手指松开，常开触头和常闭触头先后复位。为了便于识别各个按钮的作用，避免误动作，通常在按钮帽上做出不同标记或涂上不同颜色，一般红色表示停止，绿色表示启动等。

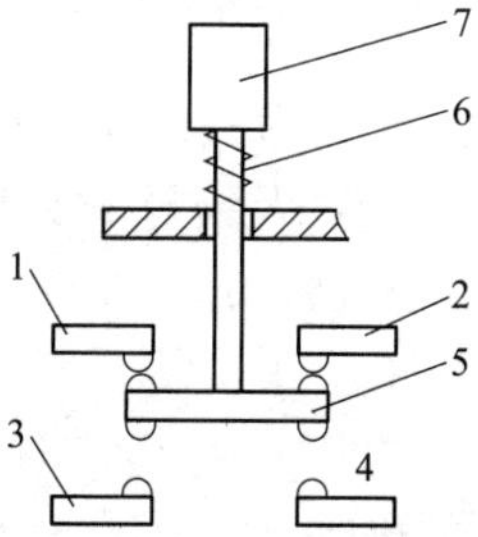

图 2-32　按钮的结构
1，2—常闭触头；3，4—常开触头；
5—桥式触头；6—复位弹簧；
7—按钮帽

按钮

在机床电气设备中，常用的按钮有 LA18、LA19、LA20、LA25 系列。LA25 系列按钮的主要技术参数见表 2-12。

表 2-12 LA25 系列按钮的技术参数

型号	触头组合	按钮颜色	型号	触头组合	按钮颜色
LA25-10	一常开	白绿黄蓝橙黑红	LA25-33	三常开、三常闭	白绿黄蓝橙黑红
LA25-01	一常闭		LA25-40	四常开	
LA25-11	一常开、一常闭		LA25-04	四常闭	
LA25-20	二常开		LA25-41	四常开、一常闭	
LA25-02	二常闭		LA25-14	一常开、四常闭	
LA25-21	二常开、一常闭		LA25-42	四常开、二常闭	
LA25-12	一常开、二常闭		LA25-24	二常开、四常闭	
LA25-22	二常开、二常闭		LA25-50	五常开	
LA25-30	三常开		LA25-05	五常闭	
LA25-03	三常闭		LA25-51	五常开、一常闭	
LA25-31	三常开、一常闭		LA25-15	一常开、五常闭	
LA25-13	一常开、三常闭		LA25-60	六常开	
LA25-32	三常开、二常闭		LA25-06	六常闭	
LA25-23	二常开、三常闭				

按钮型号的含义如下：

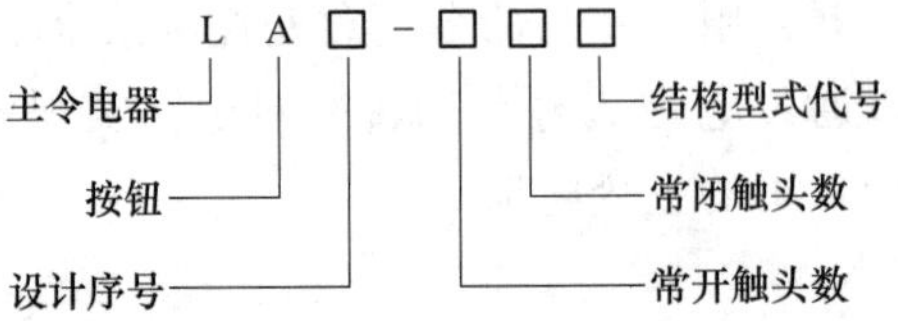

其中结构型式代号的含义为：K 为开启式，S 为防水式，J 为紧急式，X 为旋钮式，H 为保护式，F 为防腐式，Y 为钥匙式，D 为带灯按钮。按钮的图形、文字符号如图 2-33 所示。

2.3.2 行程开关

生产机械中常需要控制某些运动部件的行程或运动一定行程使其停止，或在一定行程内自动返回或自动循环，这种控制机械行程的方式称为“行程控制”或“限位控制”。

行程开关又称为限位开关，是实现行程控制的小电流（5A 以下）主令电器，它是利用生产机械运动部件的碰撞来发出指令，即将机械信号转换为电信号，通过控制其他电器来控制运动部件的行程大小、运动方向或进行限位保护。行程开关主要用于检测工作机械的位置，发出命令以控制其运动方向或行程长短。行程开关也称为位置开关，行程开关按结构分为机械结构的接触式有触点行程开关和电气结构的非接触式接近开关。

接触式行程开关依靠移动物体碰撞行程开关的操动头而使行程开关的常开触头接通和常闭触头分断，从而实现对电路的控制作用，行程开关的图形、文字符号如图 2-34 所示。

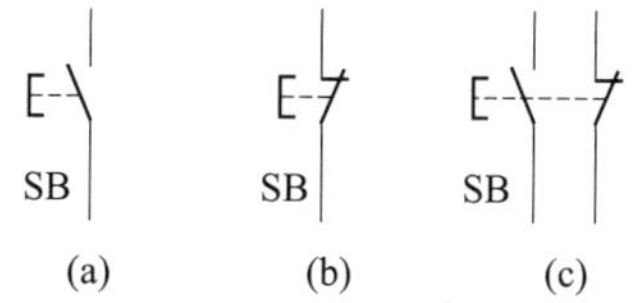

图 2-33　按钮的图形、文字符号

（a）常开按钮；（b）常闭按钮；（c）复合按钮

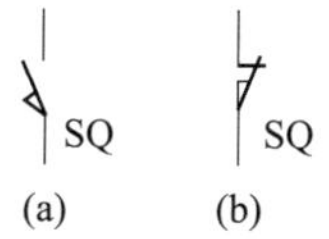

图 2-34　行程开关的图形、文字符号

（a）常开触头；（b）常闭触头

行程开关

行程开关的结构如图 2-35 所示。行程开关按外壳防护形式分为开启式、防护式及防尘式；按动作速度分为瞬动和慢动（蠕动）；按复位方式分为自动复位和非自动复位；按接线方式分为螺钉式、焊接式及插入式；按操作形式分为直杆式（柱塞式）、直杆滚轮式（滚轮柱塞式）、转臂式、方向式、叉式、铰链杠杆式等；按用途分为一般用途行程开关、起重设备用行程开关及微动开关等多种。常用的行程开关有 LX10、LX21、JLXK1 等系列，JLXK1 系列行程开关的技术参数见表 2-13。

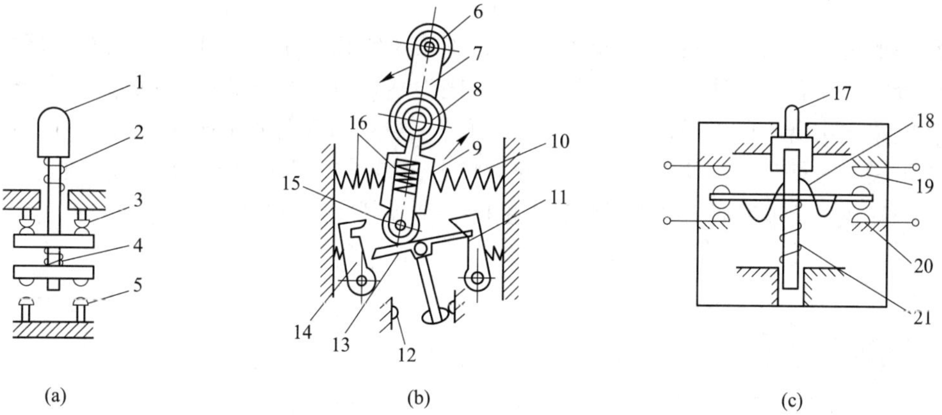

图 2-35　行程开关的结构图

（a）直动式行程开关；（b）滚轮式行程开关；（c）微动行程开关

1—顶杆；2，8，10，16—弹簧；3，20—常闭触点；4—触点弹簧；5，19—常开触点；6—滚轮；7—上轮臂；9—套架；11，14—压板；12—触点；13—触点推杆；15—小滑轮；17—推杆；18—弯形片状弹簧；21—复位弹簧

表 2-13　JLXK1 系列行程开关的技术数据

型号	额定电压/V		额定电流/A	触头数量		结构形式
	交流	直流		常开	常闭	
JLXK1-111	500	440	5	1	1	单轮防护式
JLXK1-211	500	440	5	1	1	双轮防护式
JLXK1-111M	500	440	5	1	1	单轮密封式
JLXK1-211M	500	440	5	1	1	双轮密封式
JLXK1-311	500	440	5	1	1	直动防护式
JLXK1-311M	500	440	5	1	1	直动密封式
JLXK1-411	500	440	5	1	1	直动滚轮防护式
JLXK1-411M	500	440	5	1	1	直动滚轮密封式

2.3.3 凸轮控制器与主令控制器

2.3.3.1 凸轮控制器

凸轮控制器用于起重设备和其他电力拖动装置，以控制电动机的启动、正反转、调速和制动。凸轮控制器的结构如图 2-36 所示。

转动手柄时，转轴带动凸轮一起转动，转到某一位置时，凸轮顶动滚子，克服弹簧压力使动触头顺时针方向转动，脱离静触头而分断电路。在转轴上叠装不同形状的凸轮，可以使若干个触头组按规定的顺序接通或分断。

目前国内生产的有 KT10、KT14 等系列交流凸轮控制器和 KTZ2 系列直流凸轮控制器。凸轮控制器的图形、文字符号如图 2-37 所示。由于其触点的分合状态与操作手柄的位置有关，因此，在电路图中除画出触点圆形符号之外，还应有操作手柄与触点分合状态的表示方法。其表示方法有两种：一种方法是在电路图中画虚线和画“·”，如图 2-37（a）所示，即用虚线表示操作手柄的位置，用有无“·”表示触点的闭合和打开状态。比如，在触点图形符号下方的虚线位置上画“·”，则表示当操作手柄处于该位置时，该触点是处于闭合状态；若在虚线位置上未画“·”，则表示该触点是处于打开状态。另一种方法是，在电路图中既不画虚线也不画“·”，而是在触点图形符号上标出触点编号，再用接通表表示操作手柄于不同位置时的触点分合状态，如图 2-37（b）所示。在接通表中用有无“×”来表示操作手柄不同位置时触点的闭合和断开状态。

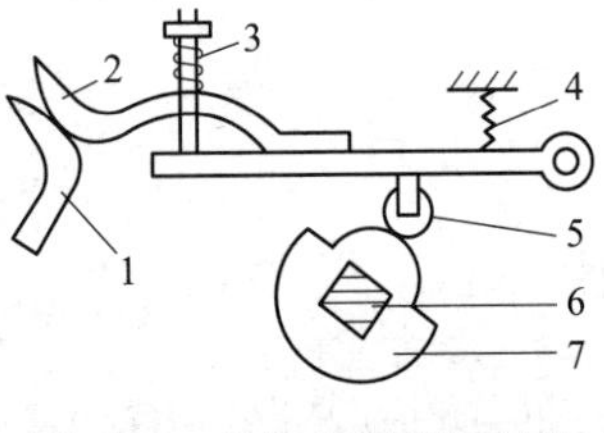

图 2-36 凸轮控制器的结构

1—静触头；2—动触头；3—触头弹簧；4—弹簧；5—滚子；6—转轴；7—凸轮

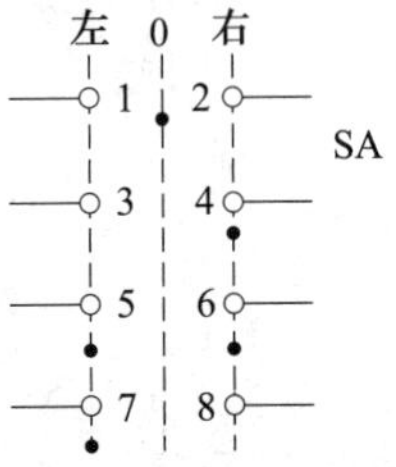

(a)

触点	位置		
—	左	0	右
1～2		×	
3～4			×
5～6	×		×
7～8	×		

(b)

图 2-37 凸轮控制器的图形、文字符号

（a）画“·”标记表示；（b）接通表表示

2.3.3.2 主令控制器

当电动机容量较大时，工作繁重，操作频繁；当调整性能要求较高时，往往采用主令控制器操作。由主令控制器的触头来控制接触器，再由接触器来控制电动机。这样，触头的容量可大大减小，操作更为简便。

主令控制器是按照预定程序转换控制电路的主令电器，其结构和凸轮控制器相似，只是触头的额定电流较小。

主令控制器通常是与控制屏相配合来实现控制的，因此要根据控制屏的型号选择主令控制器。目前，国内生产的有 LK14～LK16 系列的主令控制器。LK14 系列主令控制器的技术参数见表 2-14。

表 2-14　LK14 系列主令控制器的技术参数

型号	额定电压/V	额定电流/A	控制回路数	外形尺寸/mm×mm×mm
LK14-12/90	380	15	12	227×220×300
LK14-12/96				
LK14-12/97				

主令控制器的图形符号和文字符号与凸轮控制器类似。

2.3.4　接近开关

接近开关又称为无触点行程开关，它不仅能代替有触点行程开关来完成行程控制和限位保护，还可以用于高频计数、测速、检测零件尺寸、加工程序的自动衔接等。

接近开关按工作原理分有：高频振荡型，感应电桥型，永久磁铁型等。

在这里我们介绍较为常用的高频振荡型接近开关，它是由 LC 振荡电路、放大电路和输出电路三部分组成的。

高频振荡型接近开关的基本工作原理是：当被测物（金属体）接近到一定距离时，不需接触，就能发出动作信号。常用的有 LJ1、LJ2 和 LXJO 等系列。

图 2-38（a）是 LJ1-24 型接近开关外形，图 2-38（b）是它的感应头。图 2-39 为这种接近开关原理图。

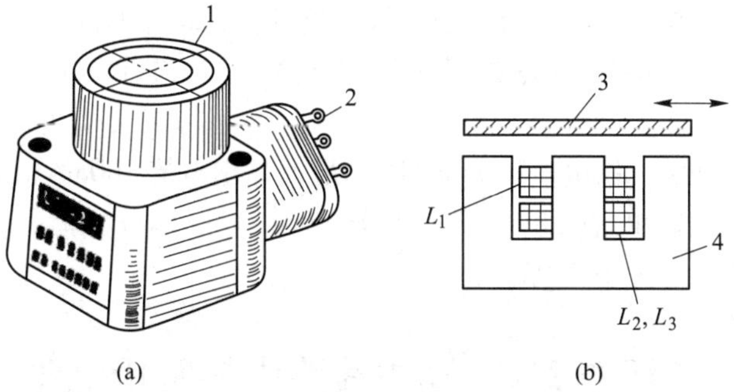

图 2-38　LJ1-24 型接近开关

（a）外形；（b）感应头

1—感应头；2—接线端；3—金属片；4—磁芯

图 2-39 中左边为变压器反馈式振荡器，是接近开关的主要部分，其中 L_1、C_3 组成选频电路，L_2 是反馈线圈，L_3 是输出线圈，这三个线圈绕在同一铁芯上，组成变压器式的感应头。图 2-39 中右边部分为开关电路，R_9 上的电压是接近开关的输出电压。

当无金属体接近感应头时，由于直流电源对 L_1、C_3 充电，L_2 把信号反馈到晶体管 VT_1 的基极，使振荡器产生高频振荡。L_3 获得的高频电压，经二极管 VD_1 整流 C_4 滤波后，在 R_5 上产生的直流电压作用在晶体管 VT_2 基极，使 VT_2 饱和导通（VT_2 的 c、e 极近似短路），其集电极电位接近于零。这个低电位经 R_7 耦合，使晶体管 VT_3 的基极电位也接近于零，因而 VT_3 截止（VT_3 的 c、e 极近似断路）。由于 R_9 上的电压降很小，故输出端 2 的电位接近于 24V 的高电位。输出端 1 和 2 电位差为零，接在输出端的继电器线圈释放。

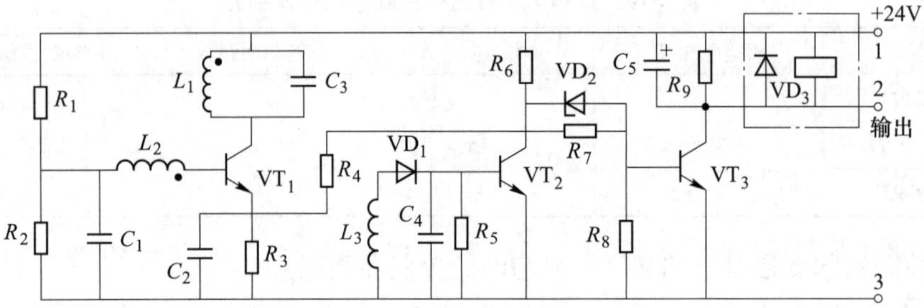

图 2-39　LJ1-24 型接近开关原理图

当有金属体接近感应头时，金属体进入高频磁场感生涡流而消耗能量；当金属体到达某一位置时，振荡器无法补偿涡流损耗而被迫停振。L_3 上无高频电压，VT_2 因而截止，VT_2 集电极电位升高，电源电压通过 R_6、R_7 及 VD_2、R_8，在 R_8 上产生分压，使得 VT_3 获得基极电流而饱和导通，输出端 2 的电位降低到接近于零，输出端 1 和 2 电位差接近电源电压，继电器线圈得电。

通过继电器线圈得电与否，使其触头闭合或分断，来控制某个电路的通断。

图 2-39 中 R_4 是反馈电阻，起着加快接近开关动作速度的作用。当金属体接近时，振荡电路停振，R_4 将 VT_2 上升的集电极电压反馈到 VT_1 的发射极，加快 VT_1 截止，使振荡迅速可靠地停振。当金属体离去时，R_4 将 VT_2 下降的集电极电压反馈到 VT_1，加快 VT_1 导通，使振荡器迅速起振。这样，有利于加快接近开关的动作时间。

图 2-39 中 VD_2 起着加速起振作用（不做详述），二极管 VD_3 是继电器线圈的续流二极管（不能接反）。

LJ1-24 型接近开关，供电电压为 +24V，最大输出电流 100mA，动作距离约 2. 5mm。

金属体到位时，输出端输出电压不小于 22V；金属体离去后，输出电压小于 50mV，开关的重复定位精度不大于 0. 03mm。

任务 2. 4　动力线路中的常用电器

2. 4. 1　断路器

断路器又称为自动空气开关，它可用来分配电能，不频繁地启动异步电动机，对电源线路及电动机等实行保护。当发生严重的过载或短路及欠电压等故障时能自动切断电路，其功能相当于熔断器式断路器与过流、欠压、热继电器等的组合，而且在分断故障电流后一般不需要更换零部件，因而获得了广泛的应用。

2. 4. 1. 1　结构及工作原理

断路器的结构如图 2-40 所示，主要由触头、灭弧系统、各种脱扣和操作结构等组成。

断路器的工作原理：手动合闸后，动、静触点闭合，脱扣联杆 9 被锁扣 7 的锁钩钩住，它又将合闸联杆 5 钩住，将触点保持在闭合状态。发热元件 14 与主电路串联，有电流流过时产生热量使热脱扣器 6 的下端向左弯曲；发生过载时，热脱扣器 6 弯曲到将脱扣

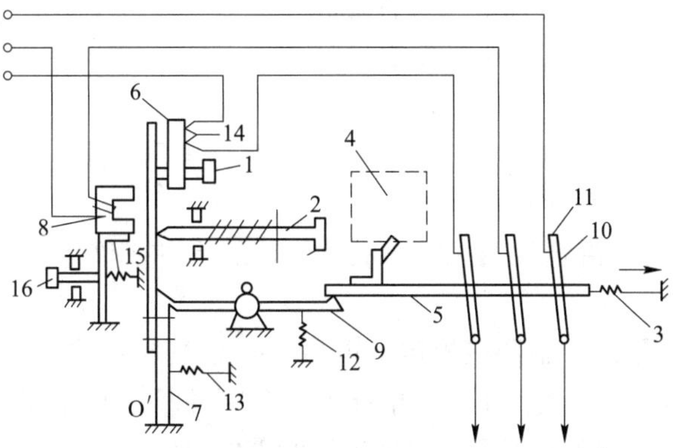

低压断路器

图 2-40　断路器的结构

1—热脱扣器整定按钮；2—手动脱扣按钮；3—脱扣弹簧；4—手动合闸机构；5—合闸联杆；
6—热脱扣器；7—锁扣；8—电磁脱扣器；9—脱扣联杆；10，11—动、静触点；
12，13—弹簧；14—发热元件；15—电磁脱扣弹簧；16—调节旋钮

锁钩推离开脱扣联杆 9，从而松开合闸联杆 5，动、静触点 10、11 受脱扣弹簧 3 的作用而迅速分开。电磁脱扣器 8 有一个匝数很少的线圈与主电路串联。当发生短路时，它使铁芯脱扣器上部的吸力大于弹簧的反力，脱扣锁钩向左转动，最后也使触点断开。如果要求手动脱扣时，按下手动脱扣按钮 2 就可使触点断开。脱扣器可以对脱扣电流进行整定，只要改变热脱扣器所需要的弯曲程度和电磁脱扣器铁芯机构的气隙大小就可以了。热脱扣器和电磁脱扣器互相配合，热脱扣器担负主电路的过载保护，电磁脱扣器担负短路故障保护。当断路器由于过载而断开后，应等待 2~3min 才能重新合闸，以使热脱扣器回复原位。

断路器的主要触点由耐压电弧合金（如银钨合金）制成，采用灭弧栅片加陶瓷罩来灭弧。

2.4.1.2　类型及其主要参数

A　断路器的类型

（1）万能式断路器：又称为敞开式断路器，具有绝缘衬底的框架结构底座，所有的构件组装在一起；用于配电网络的保护，主要型号有 DW10 和 DW15 两个系列。

（2）装置式断路器：又称为塑料外壳式断路器，具有模压绝缘材料制成的封闭型外壳将所有构件组装在一起；用作配电网络的保护，以及成为电动机、照明电路与电热器等控制开关，主要型号有 DZ5、DZ10、DZ20 等系列。

（3）快速断路器：具有快速电磁铁和强有力的灭弧装置，最快动作时间可在 0.02s 以内；用于半导体整流元件和整流装置的保护，主要型号有 DS 系列。

（4）限流断路器：利用短路电流产生巨大的吸力，使触点迅速断开，能在交流短路电流尚未达到峰值之前就把故障电路切断。它用于短路电流相当大（高达 70kA）的电路中，主要型号有 DWX15 和 DZX10 两种系列。

另外，中国引进的国外断路器产品有德国的 ME 系列，SIEMENS 的 3WE 系列，日本的 AE、AH、TG 系列，法国的 C45、S060 系列，美国的 H 系列等。这些引进产品都有较高的技术经济指标，通过这些国外先进技术的引进，使中国断路器的技术水平达到一个新

的阶段，为中国今后开发和完善新一代智能型断路器打下了良好的基础。断路器的图形、文字符号如图 2-41 所示。

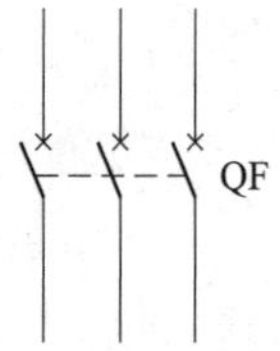

图 2-41　断路器的图形、文字符号

B　断路器的主要参数

（1）额定电压：是指断路器在长期工作时的允许电压。通常，它等于或大于电路的额定电压。

（2）额定电流：是指断路器在长期工作时的允许持续电流。

（3）通断能力：是指断路器在规定的电压、频率及规定的线路参数（交流电路为功率因素，直流电路为时间常数）下，所能接通和分断的断路电流值。

（4）分断时间：是指断路器切断故障电流所需的时间。

2. 4. 1. 3　断路器的选择

（1）断路器的额定电流和额定电压应大于或等于线路、设备的正常工作电压和工作电流。

（2）断路器的极限通断能力应大于或等于电路最大短路电流。

（3）欠电压脱扣器的额定电压等于线路的额定电压。

（4）过电流脱扣器的额定电流大于或等于线路的最大负载电流。

使用断路器来实现短路保护比熔断器优越，因为当三相电路短路时，很可能只有一相的熔断器熔断，造成单相运行。对于低压断路器来说，只要造成短路都会使开关跳闸，将三相同时切断。另外，还有其他自动保护作用。但其结构复杂、操作频率低、价格较高，因此适用于要求较高的场合，如电源总配电盘。

2. 4. 2　接触器

交流接触器

对于大容量的电动机、负载、操作频繁的电路或需要远距离操作和自动控制时，手动控制电器显然不能满足要求，必须采用自动电器。接触器是一种用于频繁地接通或断开交直流主电路、大容量控制电路等大电流电路的自动切换电器。在功能上接触器除能自动切换外，还具有手动开关所缺乏的远距离操作功能和失压（或欠压）保护功能，但没有自动开关所具有的过载和短路保护功能。接触器生产方便、成本低，主要用于控制电动机、电热设备、电焊机、电容器组件等，是电力拖动自动控制线路中应用最广泛的电器元件。

接触器按其主触点控制的电路中电流种类分类，有直流接触器和交流接触器。它们的线圈电流种类既有与各自主触点电流相同的，但也有不同的。例如，对于重要场合使用的交流接触器，为了工作可靠，其线圈可采用直流励磁方式。按其主触点的极数（即主触点的个数）来分，则直流接触器有单极和双极两种；交流接触器有三极、四极和五极三种。其中，交流接触器用于单相双回路控制可采用四极，对于多速电动机的控制或自耦降压启动控制可采用五极的交流接触器。图 2-42 为交流接触器结构示意图。

2. 4. 2. 1　交流接触器

交流接触器用于控制电压 380V、电流 600A 的 50Hz 交流电路；铁芯为双 E 型，由硅钢片叠成，在静铁芯端面上嵌入短路环。对于 CJ0、CJ10、CJ20 系列交流接触器，大都采用衔铁做直线运动的双 E 直动式或螺管式电磁机构；CJ12、CJ12B 系列交流接触器，则采用衔铁绕轴转动的拍合式电磁机构。线圈做成短而粗的形状，线圈与铁芯之间留有空隙以增加铁芯的散热效果。接触器的触头用于分断或接通电路。图 2-43 为交流接触器结构图。

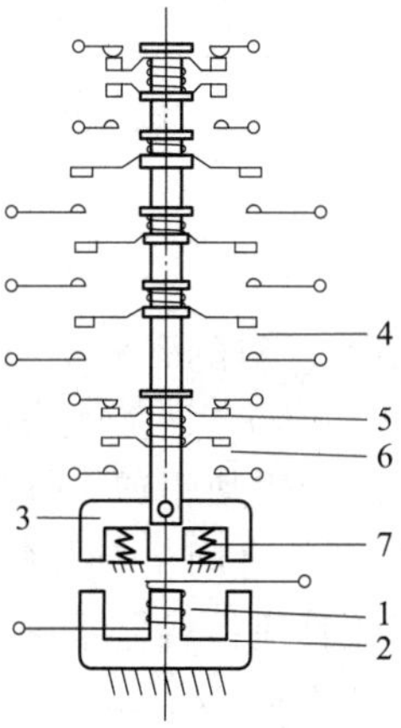

图 2-42　接触器结构示意图
1—电磁铁线圈；2—静铁芯；3—动铁芯；
4—主触头；5—常闭辅助触头；
6—常开辅助触头；7—恢复弹簧

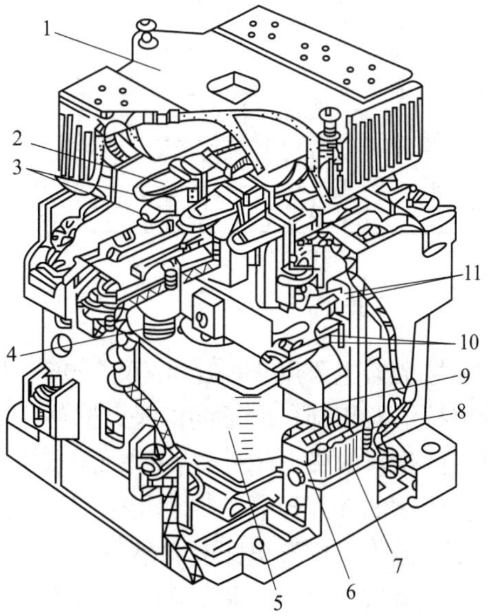

图 2-43　交流接触器结构图
1—灭弧罩；2—触头压力弹簧片；3—主触头；4—反作用弹簧；
5—线圈；6—短路环；7—静铁芯；8—弹簧；9—动铁芯；
10—辅助常开触头；11—辅助常闭触头

交流接触器一般有 3 对主触头，2 对辅助触头。主触头用于接通或分断主电路，主触头和辅助触头一般采用双断点的桥式触头，电路的接通和分断由两个触头共同完成。由于这种双断点的桥式触头具有电动力吹弧的作用，所以 10A 以下的交流接触器一般无灭弧装置，而 10A 以上的交流接触器则采用栅片灭弧罩灭弧。

交流接触器工作时，在线圈上的交流电压大于线圈额定电压值的 85%时，接触器能够可靠地吸合。

交流接触器的工作原理为：线圈上施加交流电压后在铁芯中产生磁通，该磁通对衔铁产生克服复位弹簧拉力的电磁吸力，使衔铁带动触头动作。触头动作时，常闭先断开，常开后闭合，主触头和辅助触头同时动作。当电压降到某一数值时，铁芯中的磁通下降，吸力减小到不足以克服复位弹簧的反力时，衔铁就在复位弹簧的反力作用下复位，使主触头和辅助触头的常开触头断开，常闭触头恢复闭合，这就是接触器的失压保护功能。

常用的交流接触器有 CJ10 系列，可取代 CJ0、CJ8 等老产品，CJ12、CJ12B 系列可取代 CJ1、CJ2、CJ3 等老产品，其中 CJ10 是统一设计产品。表 2-15 为 CJ10 系列交流接触器的技术参数。

表 2-15　CJ10 系列交流接触器的技术参数

型号	额定电压/V	额定电流/A	可控制的三相异步电动机的最大功率/kW			额定操作频率/次·h^{-1}	线圈消耗功率/V·A		机械寿命/万次	电气寿命/万次
			220V	380V	500V		启动	吸持		
CJ10-5		5	1.2	2.2	2.2		35	6		
CJ10-10		10	2.0	4	4		65	11		
CJ10-20		20	5.5	10	10		140	22		
CJ10-40	380 500	40	11	20	20	600	230	32	00	50
CJ10-60		60	17	30	30		485	95		
CJ10-100		100	30	50	50		760	105		
CJ10-150		150	43	75	75		950	110		

2.4.2.2　直流接触器

直流接触器主要用于电压 440V、电流 600A 以下的直流电路，其结构与工作原理基本上与交流接触器相同。所不同的是，除触头电流和线圈电压为直流外，其他触头大都采用滚动接触的指形触头，辅助触头则采用点接触的桥形触头。铁芯由整块钢或铸铁制成，线圈制成长而薄的圆筒形。为保证衔铁可靠地释放，常在铁芯与衔铁之间垫有非磁性垫片。由于直流电弧不像交流电弧有自然过零点，所以更难熄灭，因此直流接触器常采用磁吹式灭弧装置。直流接触器的常见型号有 CZ0 系列，可取代 CZ1、CZ2、CZ3 等系列。CZ0 系列直流接触器的技术参数见表 2-16。

表 2-16　CZ0 系列直流接触器的技术数据

型号	额定电压/V	额定电流/A	额定操作频率/次·h^{-1}	主触头形式及数目		辅助触头形式及数目		吸引线圈额定电压/V	吸引线圈消耗功率/W
				常开	常闭	常开	常闭		
CZ0-40/20		40	1200	2	—	2	2		22
CZ0-40/02		40	600	—	2	2	2		24
CZ0-100/10		100	1200	1	—	2	2		24
CZ0-100/01		100	600	—	1	2	1		24
CZ0-100/20		100	1200	2	—	2	2		30
CZ0-150/10		150	1200	1	—	2	2	24，48，110，220，440	30
CZ0-150/01	440	150	600	—	1	2	1		25
CZ0-150/20		150	1200	2	—	2	2		40
CZ0-250/10		250	600	1	—	5（其中 1 对常开，另 4 对可任意组合成常开或常闭）			31
CZ0-250/20		250	600	2	—				40
CZ0-400/10		400	600	1	—				28
CZ0-400/20		400	600	2	—				43
CZ0-600/10		600	600	1	—				50

2.4.2.3　主要技术参数及型号的含义

A　技术参数

（1）额定电压：接触器铭牌上的额定电压是指主触头的额定电压，交流有 127V、220V、380V、500V 等，直流有 110V、220V、440V 等。

（2）额定电流：接触器铭牌上的额定电流是指主触头的额定电流，有 5A、10A、20A、40A、60A、100A、150A、250A、400A 和 600A。

（3）吸引线圈的额定电压：交流有 36V、110V、127V、220V、380V，直流有 24V、48V、220V、440V。

（4）电气寿命和机械寿命：接触器的电气寿命用不同使用条件下无须修理或更换零件的负载操作次数表示。接触器的机械寿命用其在需要正常维修或更换机械零件前，包括更换触头，所能承受的无载操作循环次数表示。

（5）额定操作频率：是指接触器的每小时操作次数。

B　接触器的型号含义

图 2-44 为接触器型号的图形符号含义。

C　接触器的图形符号及文字符号

接触器的图形符号及文字符号如图 2-45 所示。

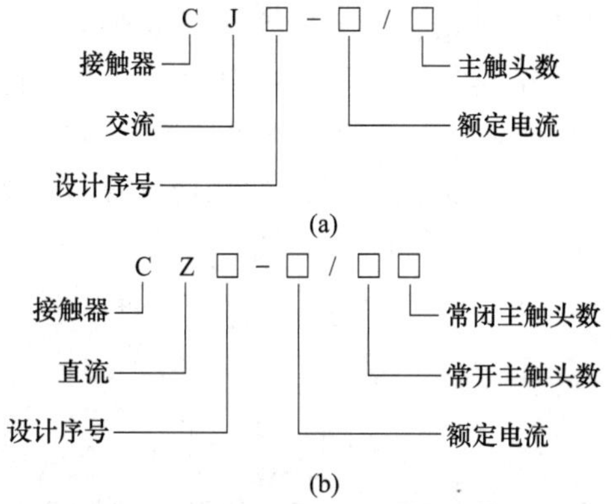

图 2-44　接触器型号的图形符号含义

（a）交流接触器；（b）直流接触器

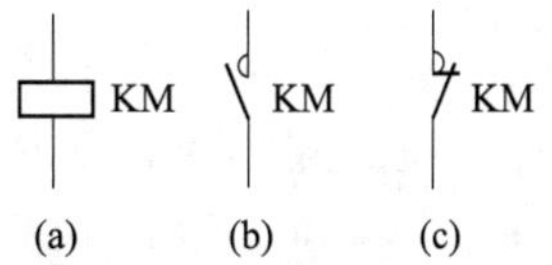

图 2-45　图形符号及文字符号

（a）线圈；（b）常开触头；（c）常闭触头

2.4.2.4　接触器的选择

A　接触器的类型选择

根据接触器所控制的负载性质，选择直流接触器或交流接触器。

B　额定电压的选择

接触器的额定电压应大于或等于所控制线路的电压。

C　额定电流的选择

接触器的额定电流应大于或等于所控制电路的额定电流。对于电动机负载可按经验式（2-8）计算：

$$I_c = \frac{P_N}{KU_N} \tag{2-8}$$

式中 I_c——接触器主触头电流，A；

P_N——电动机额定功率，kW；

U_N——电动机额定电压，V；

K——经验系数，一般取 1.0~1.4。

D　吸引线圈额定电压选择

根据控制回路的电压选用接触器。

E　触头数量、种类选择

在选择触头数量、种类时，应对电动机或负载，是否操作频繁，或需要远距离操作和自动控制等需求来确定，同时还要考虑失压（或欠压）保护功能。由于接触器成本比较低，因此主要用于控制电动机、电热设备、电焊机等，是电力拖动控制线路中应用最广泛的电器元件。

任务 2.5　低压电器智能化和发展趋势

随着计算机技术及应用的飞速发展，智能化技术用到了低压电器中，这种智能型低压电器控制的核心是具有单片计算机功能的微处理器。智能型低压电器的功能不但覆盖了全部相应的传统电器和电子电器的功能，而且还扩充了测量、显示、控制、参数设定、报警、数据记忆及通信等功能。随着技术的发展，智能电器在性能上更是大大优于传统电器和电子电器。除了通用的单片计算机外，各种专用的集成电路如漏电保护等专用集成电路、专用运算电路等的采用，减轻了 CPU 的工作负荷，提高了系统的相应速度。另外，系统集成化技术、新型的智能化和集成化传感器的采用，使智能化电气产品的整体性提高一个档次。尤其是可通信智能电器产品的使用，适应了当前网络化的需要，有良好的发展前景。

2.5.1　智能化接触器

智能化接触器的主要特征是装有智能化电磁系统，并具有与数据总线及与其他设备之间相互通信的功能，其本身还具有对运行工况自动识别、控制和执行的能力。

智能化接触器一般由基本的电磁接触器及附件构成。附件包括智能控制模块、辅助触头组、机械联锁机构、报警模块、测量显示模块、通信接口模块等，所有智能化功能都集成在一块以微处理器或单片机为核心的控制板上。从外形结构上看，与传统产品不同的是智能化接触器在出线端位置增加了一块带中央处理器及测量线圈的机电一体化的线路板。

2.5.1.1　智能化电磁系统

智能化接触器的核心是具有智能化控制的电磁系统，对接触器的电磁系统进行动态控制。由接触器的工作原理可知，其工作过程可分为吸合过程、保持过程、分断过程三部分，是一个变化规律十分复杂的动态过程。电磁系统的动作质量依赖于控制电源电压、阻尼机构和反力弹簧等，并不可避免地存在不同程度的动、静铁芯的“撞击”“弹跳”等现象，甚至造成“触头熔焊”和“线圈烧损”等，即传统的电磁接触器的动作具有被动的“不确定”性。智能化接触器是对接触器的整个动态工作过程进行实时控制，根据动作过程中检测到的电磁系统的参数，如线圈电流、电磁吸力、运动位移、速度和加速度、正常吸合门槛电压和释放电压等参数，进行实时数据处理，并依此选取事先存储在控制芯片中相应控制方案以实现“确定”的动作，从而同步吸合、保持和分断三个过程，保证触头开断过程的电弧量最小，实现三个过程的最佳实时控制。检测元件主要是采用了高精度的电压互感器和电流互感器，但这种互感器与传统的互感器有所区别，如电流互感器是通过测量一次侧电流周围产生的磁通量并使之转化为二次侧的开路电压，依此确定一次侧的电流，再通过计算得出 I^2 及 I^2t 值，从而获取与控制对象相匹配的保护特性，并具有记忆、判断功能，能够自动调整、优化保护特性。经过对被控制电路的电压和电流信号的检测、判别和变换过程，实现对接触器电磁线圈的智能化控制，并可实现过载、断相或三相不平衡、短路、接地故障等保护功能。

2.5.1.2　双向通信与控制接口

智能化接触器能够通过通信接口直接与自动控制系统的通信网络相连，通过数据总线可输出工作状态参数、负载数据和报警信息等；另外，可接收上位控制计算机及可编程序控制器（PLC）的控制指令，其通信接口可以与当前工业上应用的大多数低压电器数据通信规约兼容。目前智能化接触器的产品尚不多，已面世的产品在一定程度上代表了当今智能化接触器技术发展的方向，如日本富士电机公司的 NewSC 系列交流接触器、美国西屋公司的“A”系列智能化接触器及 ABB 公司的 AF 系列智能化接触器等。

2.5.2　智能型断路器

智能型断路器是指具有智能化控制单元的低压断路器。智能型断路器与普通断路器一样，也有基本框架（绝缘外壳）、触头系统和操作机构；所不同的是，普通断路器上的脱扣器现在换成了具有一定人工智能的控制单元，或者称为智能型脱扣器。这种智能型控制单元的核心是具有单片机功能的微处理器，其功能不但覆盖了全部脱扣器的保护功能（如短路保护、过流过热保护、漏电保护、缺相保护等），而且还能够显示电路中的各种参数（电流、电压、功率、功率因素等）。各种保护功能的动作参数也可以显示、设定和修改；保护电路动作时的故障参数，可以存储在非易失存储器中以便查询；还扩充了测量、控制、报警、数据记忆及传输、通信等功能，其性能大大优于传统的断路器产品。

2.5.3　集成化技术的应用

随着集成电路技术的不断提高，微处理器和单片机的功能越来越强大，成为智能型可通信断路器的核心控制技术。专用集成电路和漏电保护、缺相保护专用集成电路、专用运算电路等的采用，不仅能减轻 CPU 的工作负荷，而且能够提高系统的相应速度。另外，断路器要完成上述的保护功能，就要有相应的各种传感器。要求传感器要有较高的精度、较宽的动态范围，同时又要求体积小，输出信号便于与智能控制电路接口。因此，新型的智能化、集成化传感器的采用，可使智能化电气开关的整体性能提高一个档次。智能化断路器是以微处理器为核心的机电一体化产品，使用了系统集成化技术。它包括供电部分（常规供电、电池供电、电流互感器自供电），传感器，控制部分，调整部分及开关本体。各个部分之间相互关联又相互影响，如何协调与处理好各组成部分之间的关系，使其既满足所有的功能，又不超出现有技术条件所允许的范围（体积、功耗、可靠性、电磁兼容性等），就是系统集成技术的主要内容。

智能化断路器的工作原理框图如图2-46所示。单片机对各路电压和电流信号进行规定的检测。当电压过高或过低时发出缺相脱扣信号。当缺相功能有效时，若三相电流不平衡超过设定值，发出缺相脱扣信号，同时对各相电流进行检测，根据设定的参数实施三段式（瞬动、短延时、长延时）电流热模拟保护。

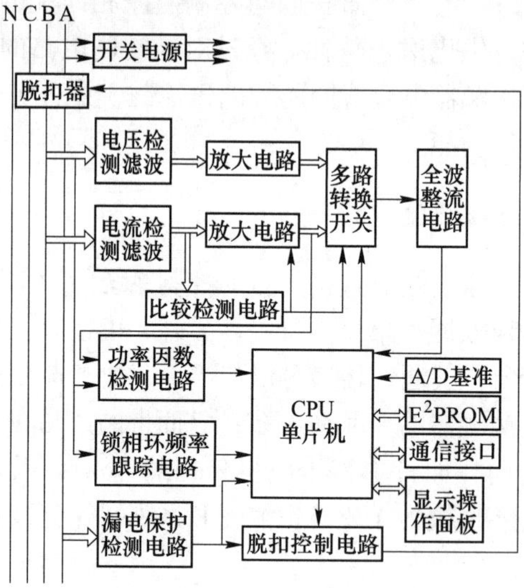

图2-46　智能化断路器的工作原理框图

目前，国内生产智能型断路器的厂家还不多，其中有的是国内协作生产的，如贵州长征电器九厂的MA40B系列智能型万能式断路器、上海人民电器厂的RMW1系列智能型空气断路器；有的是引进技术生产的，如上海施耐德配电电器有限公司引进法国梅兰日兰公司的技术和设备生产的M系列万能式断路器、厦门ABB低压电器设备有限公司引进ABB SACE公司的技术设备生产的F系列的万能式断路器等。

习　题

2-1　电动机主电路中已安装有熔断器，为什么还要安装热继电器，它们的作用是否相同？

2-2　什么是主令电器，常用的主令电器有哪些？

2-3　时间继电器和中间继电器在电路中各起什么作用？

2-4　接触器的作用是什么，根据结构特征如何区分交、直流接触器？

项目 3　电器元件的选择和电动机的保护

项目 3 课件

正确合理地选择电器元件，是使控制线路安全、可靠工作的重要保证。电器元件的选择，主要是根据电器产品目录上的各项技术指标来进行的。电动机除了能满足生产机械的加工工艺要求外，要想长期安全地正常运行，必须有各种保护措施。保护环节是电气控制系统不可缺少的组成部分，可靠的保护装置可以防止对电动机、电网、电气控制设备及人身安全的损害。电动机的安全保护环节有短路保护、过载保护、过流保护、欠压保护及弱磁保护等。

任务 3.1　电器元件的选择

正确合理地选择电器元件，是使控制线路安全、可靠工作的重要保证。电器元件的选择，主要是根据电器产品目录上的各项技术指标来进行的，下面对常用电器的选用做一简单的介绍。

3.1.1　接触器的选择

正确选择接触器就是要使所选用的接触器的技术参数应能满足控制线路对它提出的要求，选择接触器可按下列步骤进行。

3.1.1.1　接触器种类

根据接触器所控制的负载性质选择：直流负载用直流接触器，交流负载用交流接触器，对频繁动作的交流负载，可选用带直流电磁线圈的交流接触器。

3.1.1.2　接触器额定电压

接触器主触点的额定电压要根据主触点所控制负载电路的额定电压来确定。例如，所控制的负载为 380V 的三相鼠笼型异步电动机，则应选用额定电压为 380V 以上的交流接触器。

3.1.1.3　接触器额定电流

一般情况下，接触器主触点的额定电流应大于或等于负载或者电动机的额定电流，计算公式为：

$$I_N \geqslant \frac{P_N \times 10^3}{KU_N} \tag{3-1}$$

式中　I_N——接触器主触点额定电流；

K——经验常数，一般取 1.0~1.4；

P_N——被控制电动机额定功率；

U_N——被控制电动机额定线电压。

如果接触器用于电动机的频繁启动、制动或正反转的场合，一般可将其额定电流降低一个等级来选用。常用的额定电流等级为 5A、10A、20A、40A、60A、100A、150A、250A、400A、600A 等，具体电流等级随选用的系列不同而不同。

3.1.1.4　接触器电磁线圈的额定电压

接触器电磁线圈的额定电压应等于控制回路的电源电压。其电压等级为：交流线圈 36V、110V、127V、220V、380V，直流线圈 24V、48V、110V、220V、440V 等。

为了保证安全，一般接触器电磁线圈均选用较低的电压值，如 110V、127V，并由控制变压器供电。但如果控制电路比较简单，所用接触器的数量较少时，为了省去变压器，可选用 380V、220V 电压。

3.1.1.5　接触器触点数目

根据控制线路的要求而定。交流接触器通常有 3 对常开主触点和 4~6 对辅助触点，直流接触器通常有 2 对常开主触点和 4 对辅助触点。

3.1.1.6　接触器额定操作频率

一般交流接触器为 600 次/h，直流接触器为 1200 次/h。

3.1.2　继电器的选择

选择继电器时，应主要考虑电源种类、触点的额定电压和额定电流、线圈的额定电压或额定电流，触点组合方式及数量、吸合时间与释放时间等因素。下面介绍几种常用继电器的选择原则。

3.1.2.1　电磁式继电器的选择

A　电流继电器

根据负载所要求的保护作用，电流继电器分为过电流继电器和欠电流继电器两种类型。

过电流继电器选择的主要参数是额定电流和动作电流，其额定电流应大于或等于被保护电动机的额定电流，动作电流应根据电动机工作情况按其启动电流的 1.1~1.3 倍整定。一般绕线型异步电动机的启动电流按 2.5 倍额定电流考虑，笼型异步电动机的启动电流按 5~7 倍额定电流考虑。选择过电流继电器的动作电流时，应留有一定的调节余地。

欠电流继电器一般用于直流电动机及电磁吸盘的弱磁保护。选择的主要参数是额定电流和释放电流，其额定电流应大于或等于额定励磁电流，释放电流整定值应低于励磁电路正常工作范围内可能出现的最小励磁电流，可取最小励磁电流的 0.85 倍。选择欠电流继电器的释放电流时，应留有一定的调节余地。

B　电压继电器

根据在控制电路中的作用，电压继电器分为过电压继电器和欠电压（零电压）继电器两种类型。

过电压继电器选择的主要参数是额定电压和动作电压，其动作电压可按系统额定电压的 1.1~1.5 倍整定。欠电压继电器常用一般电磁式继电器或小型接触器充任，其选用只要满足一般要求即可，对释放电压值无特殊要求。

3.1.2.2　热继电器的选择

热继电器主要用于电动机的过载保护，通常选用时按电动机型式、工作环境、启动情况及负载性质等几方面综合加以考虑。

A　热继电器结构型式

当电动机绕组为Y接法时，可选用两相结构的热继电器，如果电网电压严重不平衡、工作环境恶劣，可选用三相结构的热继电器；当电动机绕组为△接法时，则应选用带断相保护装置的三相结构热继电器。

B　热继电器额定电流

对于长期正常运行的电动机，热继电器热元件额定电流取电动机额定电流的 0.95~1.05 倍；对于过载能力较差的电动机，热继电器热元件额定电流取电动机额定电流的 0.6~0.8 倍。

对于不频繁启动的电动机，要保证热继电器在电动机启动过程中不产生误动作。若电动机启动电流为其额定电流的 6 倍，并且启动时间不超过 6s 时，则可按电动机的额定电流来选择热继电器。

对于重复短时工作制的电动机，首先要确定热继电器的允许操作频率，可根据电动机的启动参数（启动时间、启动电流等）和通电持续率选择。

3.1.2.3　时间继电器的选择

时间继电器的类型很多，选用时应从以下几方面考虑。

（1）电流种类和电压等级。电磁阻尼式和空气阻尼式时间继电器，其线圈的电流种类和电压等级应与控制电路的相同；电动机式和晶体管式时间继电器，其电源的电流种类和电压等级应与控制电路的相同。

（2）延时方式。根据控制电路的要求选择延时方式，即通电延时型和断电延时型。

（3）触点型式和数量。根据控制电路的要求选择触点型式（延时闭合或延时断开）及数量。

（4）延时精度。电磁阻尼式时间继电器适用于精度要求不高的场合，电动机式或电子式时间继电器适用于延时精度要求高的场合。

（5）操作频率。操作频率不宜过高，否则会影响电寿命，甚至会导致延时动作失调。

3.1.2.4　中间继电器的选择

选用中间继电器时，线圈的电流种类和电压等级应与控制电路一致；同时，触点的数量、种类及容量也要根据控制电路的需要选定。如果一个中间继电器的触点数量不够用，可以将两个中间继电器并联使用，以增加触点的数量。

3.1.3　熔断器的选择

3.1.3.1　一般熔断器的选择

一般熔断器的选择主要是熔断器类型、额定电压、额定电流等级及熔体的额定电流。

A　熔断器类型

熔断器类型根据线路要求、使用场合及安装条件选择，其保护特性应与被保护对象的过载能力相匹配。对于容量较小的照明及电动机，一般是考虑它们的过载保护，可选用熔体熔化系数小一些的熔断器，如熔体为铅锡合金的 RC1A 系列熔断器。对于容量较大的照明及电动机，除过载保护外，还应考虑短路时的分断短路电流能力，若短路电流较小时，可选用低分断能力的熔断器，如熔体为锌质的 RM10 系列熔断器；若短路电流较大时，可选用高分断能力的 RL1 系列熔断器；若短路电流相当大时，可选用有限流作用的 RT0 及 RT12 系列熔断器。

B　熔断器额定电压及额定电流

熔断器的额定电压应大于或等于线路的工作电压，额定电流应大于或等于所装熔体的额定电流。

C　熔断器熔体额定电流

（1）对于如照明线路或电热设备等没有冲击电流的负载，应选择熔体的额定电流等于或稍大于负载的额定电流，即：

$$I_{RN} \geqslant I_N \tag{3-2}$$

式中　I_{RN}——熔体额定电流；

I_N——负载额定电流。

（2）对于长期工作的单台电动机，要考虑电动机启动时不应熔断，即：

$$I_{RN} \geqslant (1.5 \sim 2.5) I_N \tag{3-3}$$

轻载时系数取 1.5，重载时系数取 2.5。

（3）对于频繁启动的电动机，在频繁启动时熔断器不应熔断，即：

$$I_{RN} \geqslant (3 \sim 3.5) I_N \tag{3-4}$$

（4）对于多台电动机长期共用一个熔断器，熔体额定电流选择为：

$$I_{RN} \geqslant (1.5 \sim 2.5) I_{N\max} + \sum I_N \tag{3-5}$$

式中　$I_{N\max}$——容量最大的电动机额定电流；

$\sum I_N$——除容量最大的电动机外，其余电动机额定电流之和。

D　熔断器的选用原则

对于配电系统，在多级熔断器保护中，为防止发生越级熔断，使上、下级熔断器间有良好的配合，选用熔断器时应注意上一级（干线）熔断器的熔体额定电流比下一级（支线）的额定电流大 1~2 个级差。

3.1.3.2　快速熔断器的选择

A　快速熔断器熔体的额定电流

选择熔体额定电流时应当注意，快速熔断器熔体的额定电流是以有效值表示的，而硅整流元件和晶闸管的额定电流则是以平均值表示的。

当快速熔断器接入交流侧时，熔体的额定电流选为：

$$I_{RN} \geqslant k_1 I_{ZMAX} \tag{3-6}$$

式中　I_{ZMAX}——可能使用的最大整流电流；

k_1——与整流电路的形式及导电情况有关的系数，若选用保护硅整流元件时 k_1 取值见表 3-1，若保护晶闸管时 k_1 取值见表 3-2。

表 3-1　不同整流电路时的 k_1 值

整流电路形式	单相半波	单相全波	单相桥式	三相半波	三相桥式	双星形六相
k_1 值	1.57	0.785	1.11	0.575	0.816	0.29

表 3-2　不同整流电路及不同导通角时的 k_1 值

晶闸管导通角		180°	150°	120°	90°	60°	30°
整流电路形式	单相半波	1.57	1.66	1.88	2.22	2.78	3.99
	单相桥式	1.11	1.17	1.33	1.57	1.97	2.82
	三相桥式	0.816	0.828	0.865	1.03	1.29	1.88

当快速熔断器接入整流桥臂时，熔体额定电流选为：

$$I_{RN} \geqslant 1.5 I_{GN} \tag{3-7}$$

式中　I_{GN}—— 硅整流元件或晶闸管的额定电流（平均值）。

B　快速熔断器额定电压

快速熔断器分断电流的瞬间，最高电弧电压可达到电源电压的 1.5~2.0 倍。因此，硅整流元件或晶闸管的反向峰值电压必须大于此电压值才能安全工作，即：

$$U_F \geqslant k_2 \sqrt{2} U_{RE} \tag{3-8}$$

式中　U_F——硅整流元件或晶闸管的反向峰值电压；

U_{RE}——快速熔断器额定电压；

k_2——安全系数，一般取为 1.5~2.0。

3.1.4　开关电器的选择

3.1.4.1　刀开关的选择

刀开关主要根据使用场合、电源种类、电压等级、电机容量及所需级数选择。

首先根据刀开关在线路中的作用和安装位置选择其结构形式，若用于隔断电源时，需选用无灭弧罩的产品；若用于分断负载时，则需选用有灭弧罩、且用杠杆来操作的产品。然后根据线路电压和电流来选择，刀开关的额定电压应大于或等于所在线路的额定电压；额定电流应大于负载的额定电流，当负载为异步电动机时，其额定电流应取电动机额定电流的 1.5 倍以上。刀开关的极数应与所在电路的极数相同。

3.1.4.2　组合开关的选择

组合开关主要根据电源种类、电压等级、所需触点数及电动机容量进行选择。选择时应掌握以下原则：

（1）组合开关的通断能力并不是很高，因此不能用它来分断故障电流，对用于控制电动机可逆运行的组合开关，必须在电动机完全停止转动后才允许反方向接通；

（2）组合开关接线方式很多，使用时应根据需要正确地选择相应规格的产品；

（3）组合开关的动作频率不宜太高（一般不宜超过300次/h），所控制负载的功率因数也不能低于规定值，否则组合开关就要降低容量使用；

（4）组合开关本身不带过载、短路、欠压保护，如果需要这类保护，必须另设其他保护电器。

3.1.4.3　低压断路器的选择

低压断路器主要根据保护特性要求、分断能力、电网电压类型及等级、负载电流、操作频率等方面进行选择。

（1）额定电压和额定电流。低压断路器的额定电压和额定电流应大于或等于线路的额定电压和额定电流。

（2）热脱扣器。热脱扣器整定电流应与被控制电动机的额定电流或负载的额定电流一致。

（3）过电流脱扣器。过电流脱扣器瞬时动作整定电流由式（3-9）确定：

$$I_Z \geqslant KI_S \tag{3-9}$$

式中　I_Z——瞬时动作整定电流值；

I_S——线路中的尖峰电流，若负载是电动机，则I_S即为启动电流；

K——考虑整定误差和启动电流允许变化的安全系数，当动作时间大于20ms时取$K=1.35$，当动作时间小于20ms时取$K=1.7$。

（4）欠电压脱扣器：欠电压脱扣器的额定电压应等于线路的额定电压。

3.1.4.4　电源开关连锁机构

电源开关连锁机构与相应的断路器和组合开关配套使用，用于接通电源、断开电源和柜门开关连锁，以达到在切断电源后才能打开门、将门关闭后才能接通电源的效果，从而起到安全保护作用。电源开关连锁机构有DJL系列和JDS系列。

3.1.5　控制变压器的选择

控制变压器一般用于降低控制电路或辅助电路的电压，提高控制电路的安全可靠性。控制变压器主要根据一次侧、二次侧的电压等级及所需要的变压器容量选择。

控制变压器一次侧电压应与所接的交流电源电压相符合，二次侧电压应与控制电路、辅助电路的电器线圈额定电压相符合。控制变压器容量的选择分为以下两种情况。

（1）变压器长期运行时，最大工作负载时变压器的容量应大于或等于最大工作负载所需要的功率，计算公式为：

$$P_T \geqslant K_T \sum P_{XC} \tag{3-10}$$

式中　P_T——控制变压器所需容量；

$\sum P_{XC}$——控制电路最大负载时工作的电器所需的总功率，其中 P_{XC} 为电磁器件的吸持功率；

K_T——控制变压器容量储备系数，一般取 $K_T = 1.10 \sim 1.25$。

（2）控制变压器容量应满足已吸合的电器在启动其他电器时仍能保持吸合状态，而启动电器也能可靠地吸合，计算公式为：

$$P_T \geqslant 0.6\sum P_{XC} + 1.5\sum P_{ST} \tag{3-11}$$

式中　$\sum P_{ST}$——同时启动的电器总吸收功率。

最后所需控制变压器的容量，应由式（3-10）和式（3-11）中所计算出的最大容量决定。

3.1.6　主令电器的选择

主令电器种类很多，应用很广泛。下面仅简单介绍两种常用主令电器的选择。

3.1.6.1　按钮的选择

按钮的选择应从以下几方面考虑。

（1）根据使用场合和具体用途选择按钮形式。如果按钮安装于控制柜的面板上，需采用开启式的；如果要显示工作状态，需采用带指示灯的；如果要避免误操作，需采用钥匙式的；如果要避免腐蚀性气体侵入，需采用防腐式的。

（2）根据控制作用选择按钮帽的颜色。按钮帽的颜色有红色、绿色、白色、黄色、蓝色、黑色、橙色等，一般启动或通用按钮采用绿色，停止按钮采用红色。

（3）根据控制回路的需要确定触头数量和按钮数量，如单钮、双钮、三钮、多钮等。

3.1.6.2　行程开关的选择

（1）根据使用场合和控制对象确定行程开关的种类：是一般用途行程开关还是起重设备用行程开关。例如，当生产机械运动速度不是太快时，可选用一般用途的行程开关；在工作频率很高、对可靠性及精度要求也很高时，可选用接近开关。

（2）根据生产机械的运动特性，确定行程开关的操作方式。

（3）根据使用环境条件确定行程开关的防护形式，如开启式或保护式。

任务 3.2　电动机的保护

3.2.1　短路保护

在电动机绕组的绝缘、导线的绝缘损坏，负载短路、接线错误等故障情况下，有可能产生短路现象。短路时产生的瞬时故障电流可能达到电动机额定电流的几十倍，会造成严重的绝缘破坏、导线熔化，因此在电动机中会产生强大的电动力而使绕组或机械部件损坏。

短路保护要求具有瞬动特性，即要求在很短时间内切断电源。当电动机正常起、制动时，短路保护装置不应误动作。

短路保护常用的方法是采用熔断器，将熔断器串接于被保护的电路中；还可以采用具有瞬时动作脱扣器的低压断路器或采用专门的短路保护装置，可以根据 3. 1 节介绍的选择原则选用和整定动作值。当主电路容量较小时，主电路中的熔断器可以同时作为控制电路的短路保护；当主电路容量较大时，则控制电路需要有单独的短路保护熔断器。图 3-1 为电动机常用保护类型示意图。

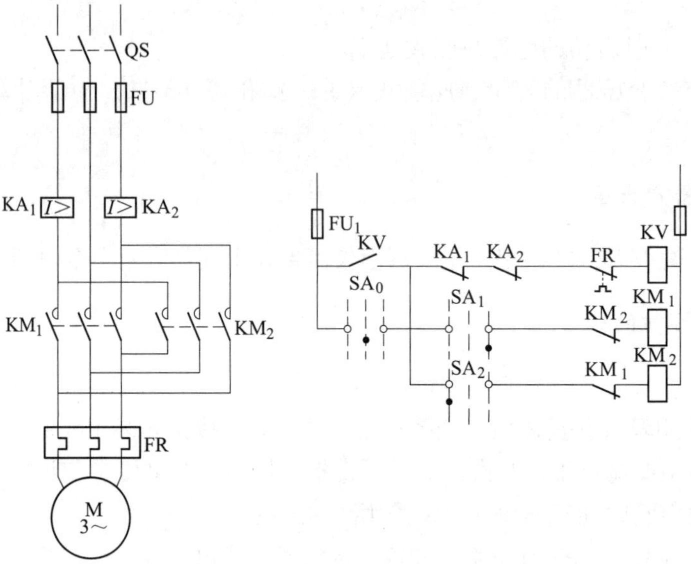

图 3-1　电动机常用保护类型示意图

3. 2. 2　过载保护

过载是指电动机工作电流超过其额定电流而使绕组发热。引起过载的原因很多，如负载的突然增加、电源电压降低、缺相运行等。电动机长期过载运行时，绕组温升将超过其允许值，电动机绝缘材料就要变脆，寿命缩短，甚至使电动机损坏。

电动机过载保护常用的元件是热继电器。热继电器具有反时限特性，即根据电流过载倍数的不同，其动作时间是不同的，过载电流越大，动作时间越短，而电动机为额定电流时，热继电器不动作。由于热惯性的原因，热继电器不会受电动机短时过载冲击电流或短路电流的影响而瞬时动作，所以在使用热继电器做过载保护的同时，还必须设有短路保护，并且选作短路保护的熔断器熔体的额定电流不应超过 4 倍热继电器发热元件的额定电流。过载保护电路如图 3-1 所示。

电动机过载保护还可以采用带长延时脱扣器的低压断路器或具有反时限特性的过电流继电器。采用带长延时脱扣器的低压断路器时，脱扣器的整定电流一般可取电动机的额定电流或稍大一些，并应考虑电动机实际启动时间的长短。采用过电流继电器时，应保证产生过电流的时间长于启动时间时，继电器才动作。

3. 2. 3　过流保护

过电流是指电动机的工作电流超过其额定值的运行状态，过电流常常是由于不正确的启动和负载转矩过大而引起的，其值比短路电流小。在电动机运行中，产生过电流比发生短路的可能性要大，特别是在频繁正反转、重复短时工作的电动机中更易出现。因此，过电流保护的动作值应比正常的启动电流稍大一些，以免影响电动机的正常运行。

过电流保护也要求保护装置能瞬时动作，即只要过电流值达到整定值，保护装置就应立即动作切断电源。过电流保护常用电路如图 3-1 所示，过电流继电器线圈串接在被保护的电路中，电路电流达到整定值时，过电流继电器动作，其常闭触点断开，接触器线圈断电。

过流保护还可以采用低压断路器、电动机保护器等。通常情况下，过流保护用于直流电动机或绕线型异步电动机，对鼠笼型异步电动机，短时的过流不会产生严重后果，所以不采用过流保护而采用短路保护。

3.2.4　欠压和失压保护

3.2.4.1　欠压保护

电动机正常运行时，若电源电压降低，由于电动机的负载功率没有改变，就使电机绕组的电流增加，使电动机转速下降、温度升高，严重时会使电动机停转。另外，电源电压低于一定限度时，会使控制线路中的一些电器（如交流接触器、继电器等）释放或处于抖动状态，造成控制线路工作不正常，甚至导致事故。因此，在电源电压降到允许值以下时，需要自动切断电源，这就是欠压保护。

欠压保护可以用欠压继电器，欠压继电器的释放电压整定值可以比较低；另外，还可用具有失压保护作用的接触器或具有欠电压脱扣器的断路器。图 3-1 为采用欠压继电器的保护电路，SA 为主令控制器，有三挡工作位置。

开始工作时，将 SA 置于中间挡位，则 SA_0 闭合，欠压继电器 KV 的线圈通电并自锁。将 SA 置于右边位置时，则 SA_0 断开、SA_1 闭合，接触器 KM_1 通电吸合，电动机正转。将 SA 置于左边位置时，SA_2 闭合，接触 KM_2 通电吸合，电动机反转。若在运行过程中，电源电压降低或消失，欠压继电器 KV 就会断电释放，接触器 KM_1 或 KM_2 也马上释放，电动机脱离电源而停转。当电源电压恢复时，由于 SA_0 和 KV 都是断开的，故 KV 和 KM_1（或 KM_2）都不能通电，电机不会自行启动。若使电动机重新启动，必须将 SA 置于中间位置，使 SA_0 闭合，KV 线圈通电并自锁，然后将 SA 值于右边或左边位置，电动机才能启动。

3.2.4.2　失压保护

当电动机接至额定频率的电源上正常工作时，如果电源电压因某种原因消失，那么在电源电压恢复时，电动机将自行启动，此时可能引起电动机或生产机械的损坏，甚至危害工作人员的安全。另外，多台电动机同时自行启动也会引起不允许的过电流和电网电压下降。为了防止电源电压失去后恢复供电时电动机的自行启动，需要进行失压保护，或称为零压保护。

失压保护可以用零压继电器。当控制电路中用按钮驱动接触器控制电动机的起停时，也可利用按钮的自动恢复作用和接触器失压保护功能来实现失压保护，而不必再用零压继电器。因为当电压消失时，接触器就自动释放，其主触点和自锁触点同时断开，切断电动机电源；当电压恢复正常时，必须重新按下启动按钮，才能使电动机启动。

3.2.5　断相保护

异步电动机在正常运行时，如果电源任一相断开，电动机将在缺相电源中低速运转或堵转，定子电流很大，是造成电动机绝缘及绕组烧毁的常见故障之一。因此，应进行断相保护，或称为缺相保护。

引起电动机断相的主要原因有：电动机定子绕组一相断线，电源一相断线，熔断器、接触器、低压断路器等接触不良或接头松动等。断相运行时，线路电流和电动机绕组连接因断相形式（电源断相、绕组断相等）的不同而不同；电动机负载越大，故障电流也越大。

断相保护的方法很多，可以用带断相保护的热继电器、电压继电器及电流继电器等，下面介绍一种固态断相保护器。图3-2为固态断相保护器的原理框图，它由检测电路、滤波电路、鉴别电路、放大电路、执行电路和稳压电源组成。

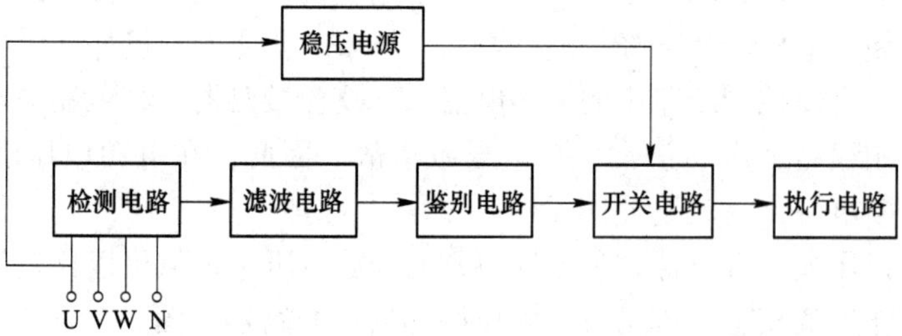

图3-2　固态断相保护器原理框图

图3-3为固态断相保护器的工作原理图。

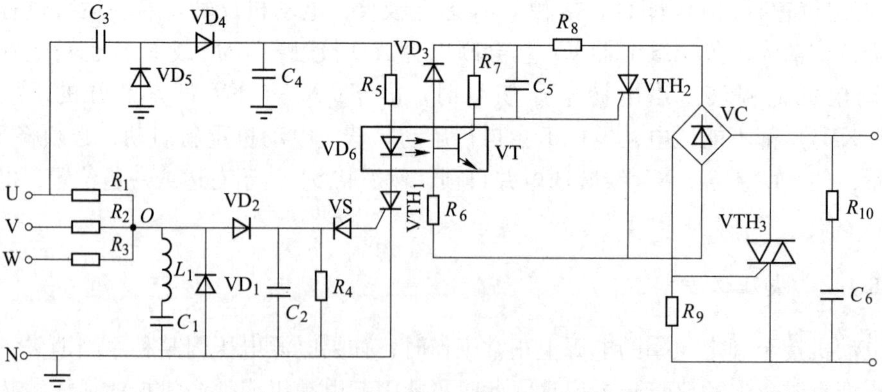

图3-3　固态断相保护器的工作原理图

三个完全相同的电阻 R_1、R_2、R_3 作星形连接，组成断相信号检测电路；其人工中性点 O 接 L_1、C_1 组成串联谐振式滤波电路；二极管 VD_1、VD_2 和稳压管 VD_3 组成断相信号鉴别电路；晶闸管 VS_1 和光电耦合器组成放大电路；晶闸管 VS_2、整流桥 VC、双向晶闸管

VD_8 组成执行电路；电容 C_3、C_4 和稳压管 VD_9、二极管 VD_{10}组成稳压电源。

当电动机正常运行时，人工中性点对地的谐波干扰电压近于零，电容 C_2 上也无整流电压，稳压管 VD_3 不会击穿，晶闸管 VS_1 不被触发导通，光耦的发光二极管 VD_4 无电流通过，其光敏三极管 VD_5 的输出端呈高阻状态，晶闸管 VS_2 触发导通，整流桥 VC、晶闸管 VS_2、电阻 R_9 便流过较大的电流，双向晶闸管 VD_8 被触发导通，外接的接触器正常吸合，电动机正常运转。

当电动机发生断相故障时，人工中性点对地可输出较高的偏移电压，经 VD_2 半波整流后对电容 C_2 充电，在很短时间内击穿稳压管 VD_3，使晶闸管 VS_1 触发导通，直流稳压电源经限流电阻 R_5 向发光二极管 VD_4 和晶闸管 VS_1 组成的串联电路输出电流，光敏三极管 VD_5 的输出端呈低阻状态，晶闸管 VS_2 截止，整流桥 VC、电阻 R_7、R_8、R_9 回路中仅流过很小的电流，双向晶闸管 VD_8 阻断，外接的接触器释放，电动机停转。

这种固态断相保护器能有效地滤除电源的谐波干扰，其电路内部不含有可动的电磁继电器，既无机械磨损，又无触点的回跳和抖动现象，故障率低。

3.2.6　弱磁保护

直流电动机在轻载运行时，若磁场减弱或消失，将会产生超速运行甚至飞车；直流电动机在重载运行时，若磁场减弱或消失，则电枢电流迅速增加，使电枢绕组绝缘因发热而损坏；因此，需要采取弱磁保护。弱磁保护是通过直流电动机励磁回路串入弱磁继电器（欠电流继电器）来实现的，如图 3-4 所示。

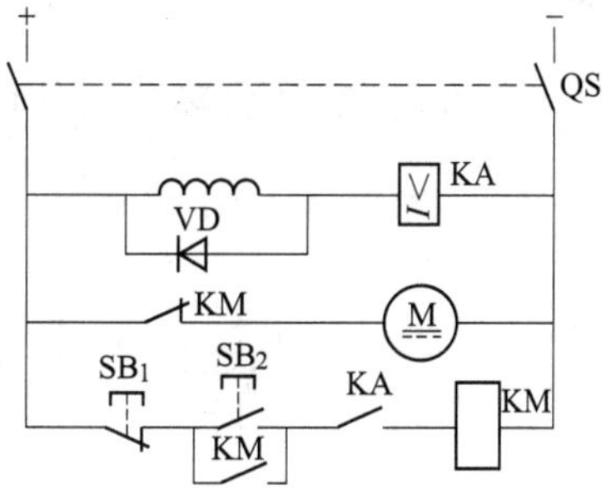

图 3-4　弱磁保护线路

当合上电源开关 QS 后，电动机励磁绕组中通以额定励磁电流，此电流使电流继电器 KA 动作，常开触点闭合。这时，按下启动按钮 SB_2，接触器 KM 线圈通电，其常开主触点闭合，电动机启动运行；若运行时励磁电流消失或减小很多时，电流继电器 KA 释放，常开触点断开，切断主回路接触器 KM 线圈的电源，使电动机脱离电源而停车。

3.2.7　智能综合保护

电动机综合保护是对电动机进行常见故障的保护。保护内容有：

（1）具有反时限特性的长延时过载保护；

（2）具有定时限的短延时短路保护；

（3）具有瞬时动作的短路保护；

（4）欠压保护和过压保护；

（5）漏电保护和断相保护。

智能综合保护是把单片机技术引入电动机综合保护中，这样可以提高对电动机的保护水平，使性能稳定可靠，显示直观、正确，操作方便，保护范围广。下面简单介绍一种以单片机为核心的智能综合保护装置，它可以实现短路、过载、欠压和过压、断相及漏电保护。

3.2.7.1　设计原理

智能综合保护装置的信号采集单元需要采集电动机的三相线电流来判断电机的短路、断相及过载故障，采集单相线电压来判断失压和过压故障，采集零序电流来判断漏电故障。其中，电压故障和漏电故障都是单相采集，容易实现，而由三相线电流判断的各种故障中，因故障产生的原因不一样，故障电流大小也不一样，对故障保护的动作时间要求就不一样。对于短路故障，要求迅速切断线路，无须延时；对于堵转和启动超时，故障电流小于短路电流，为保证电动机的正常启动，躲过启动电流，就需要存在延时保护；对于断相故障，原则上也希望尽快切除线路，但考虑到故障电流小于堵转或启动超时电流，为了能准确区分各种电动机故障，给维修带来方便，它的整定延时时间一般大于堵转或启动超时的延时时间；对于过载，要求过载倍数和过载时间必须满足反时限特性。

将采集到的电流、电压信号通过信号处理单元变换为直流电压信号送入 A/D 转换输入端，经 A/D 转换后再送入单片机系统，CPU 对采集的信号进行处理、分析、判断后发出相应的操作信号，实现相应的保护。

3.2.7.2　硬件电路及软件设计

图 3-5 为由 MCS-51 单片机控制的智能综合保护装置硬件电路框图。

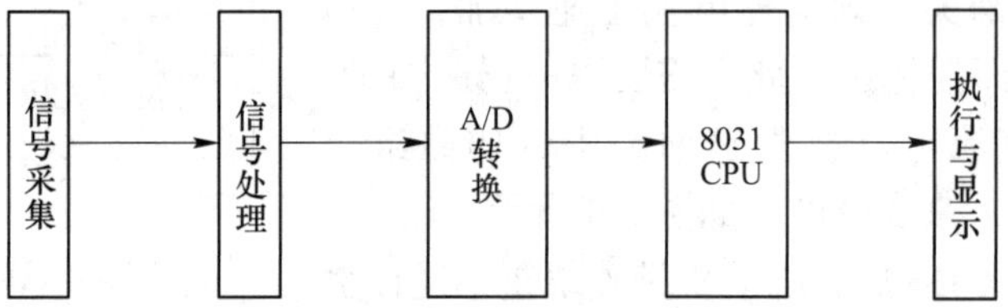

图 3-5　智能综合保护装置系统构成

信号采集单元的作用是定时采集三相线电流、一相线电压及零序电流信号，这些信号均为交流信号；处理单元的作用是将采集到的交流信号变换成能使 A/D 转换器接收的电压信号，例如三相线电流信号，首先通过二极管整流将交流电流转换为直流电压信号，再经过电位器的调节，转换为 0~5V 的直流电压；A/D 转换单元的作用是将输入端模拟电压信号转换为单片机能识别的数字量，单片机将数字量与对应的整定信号比较以决定何时发出操作信号；执行单元的作用是将单片机输出的低压直流信号隔离、驱动来控制晶闸管元件，再由晶闸管控制接触器和断路器的脱扣器，从而达到智能控制的目的。

软件程序实现数据采集、信号处理、显示控制及监控。数据采集和信号处理由 8031 定时器 T_0 完成，单片机依此对信号进行采集，每采集一个信号就进行比较判断，有故障就迅速做出反应。显示控制由定时器 T_1 完成，根据人眼的视觉要求，设置为 1s 更换一次显示内容。监控由单片机中断完成，监控电动机运行时的电压、电流及绕组温升，以便实时协调操作者和单片机各执行模块。

智能综合保护装置集成化程度高、抗干扰能力强、工作温度范围宽、耗电小、参数设置方便，具有友好、灵活的显示界面和按键设置，安装快捷，便于在各种生产环境中使用，是电动机保护装置最先进、最可靠的换代产品。

习　题

3-1　线圈电压为 220V 的交流接触器，误接入 380V 交流电源会发生什么问题，为什么？

3-2　熔断器有哪些用途，一般应如何选用，在电路中应如何连接？

3-3　热继电器与熔断器的作用有何不同？

3-4　电压和电流继电器在电路中各起什么作用，它们的线圈和触点各接于什么电路中？

3-5　常用的灭弧方法有哪些？

项目 4　电气控制线路的基本环节

项目 4 课件

在工农业、交通运输业等部门中，广泛使用着各种各样的生产机械，它们大都以电动机为动力进行拖动。电动机是通过某种控制方式进行控制的，最常见的是继电接触器控制方式，又称为电气控制。

将各种有触点的按钮、继电器、接触器等低压控制电器，用导线按一定的要求和方法连接起来，并能实现某种功能的线路称为电气控制线路。它的作用是：实现对电力拖动系统的启动、调速、反转和制动等运行性能的控制，实现对拖动系统的保护，满足生产工艺的要求；实现生产过程自动化；优点是电路图较直观形象，装置结构简单，价格便宜，抗干扰能力强，运行可靠，可以方便地实现简单和复杂、集中和远距离生产过程的自动控制。其缺点是采用固定接线形式，通用性和灵活性较差；采用有触点的开关电器，触点易发生故障。尽管如此，目前电气控制仍然是各类机械设备最基本的控制形式之一。

任务 4.1　电气控制线路的绘制

为了表达生产机械电气控制线路的结构、原理等设计意图，同时也便于进行电器元件的安装、调整、使用和维修，需要将电气控制线路中各种电器元件及其连接用规定的图形表达出来，这种图就是电气控制线路图。

电气控制线路图有电气原理图、电气元件布置图、电气安装接线图三种。各种图纸有其不同的用途和规定的画法，下面分别介绍。

4.1.1　电气控制线路常用的图形符号和文字符号

电气控制线路图是工程技术的通用语言，为了便于交流与沟通，在绘制电气线路图时，电器元件的图形、文字符号必须符合国家标准。近年来，随着我国经济改革开放，相应地引进了许多国外先进设备。为了便于掌握引进的先进技术和先进设备，便于国际交流和满足国际市场的需求，参照国际电工委员会（IEC）颁布的有关文件，制定了我国电气设备的国家标准，颁布了《电气简图用图形符号》（GB/T 4728）、《电气技术用文件的编制》（GB/T 6988）和《电气技术中的文字符号制订通则》（GB/T 7159），规定从 1990 年 1 月 1 日起，电气控制线路中的图形符号、文字符号必须符合最新的国家标准。表 4-1~表 4-3 列出了常用的电气图形符号和基本文字符号，实际使用时如需要更详细的资料，可查阅有关国家标准。

电气工程图中的文字符号分为基本文字符号和辅助文字符号。基本文字符号有单字母和双字母符号。单字母符号表示电气设备、装置和元件的大类，如 K 为继电器类元件这一大类；双字母符号表示由一个大类的单字母符号与另一个表示元器件某些特性的字母组成，如 KT 为继电器类元件中的时间继电器、KM 为继电器类元件中的接触器。辅助文字符号用来进一步表示电气元器件的功能、状态和特性。

表 4-1　常用电气图形符号和基本文字

名称		新标准 图形符号	新标准 文字符号
一般三相电源开关		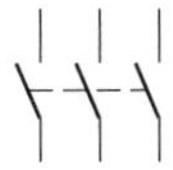	QK
低压断路器		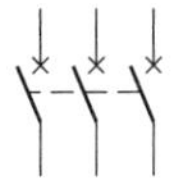	QF
位置开关	常开触点		SQ
	常闭触点		
	复合触点	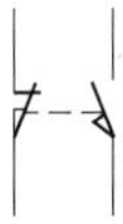	
熔断器			FU
按钮	启动		SB
	停止		
	复合		
接触器	线圈	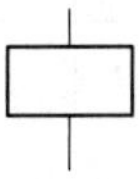	KM
	主触头		
	常开辅助触头		
	常闭辅助触头		

名称		新标准 图形符号	新标准 文字符号
速度继电器	常开触头		KS
	常闭触头	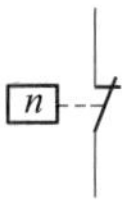	
时间继电器	线圈	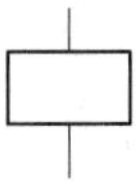	KT
	常开延时闭合触头	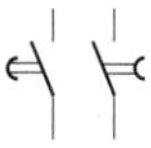	
	常闭延时打开触头	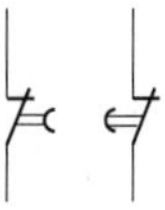	
	常闭延时闭合触头	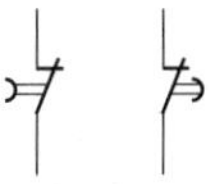	
	常开延时打开触头	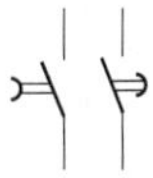	
热继电器	热元件	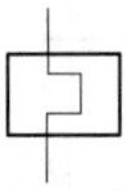	FR
	常闭触点		
继电器	中间继电器线圈	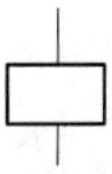	KA
	欠电压继电器线圈	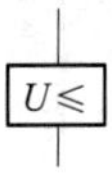	KV
	过电流继电器线圈	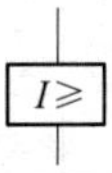	KI

续表 4-1

名称		新标准	
		图形符号	文字符号
继电器	常开触头		相应继电器符号
	常闭触头		
	欠电流继电器线圈	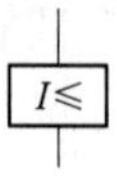	KI
转换开关		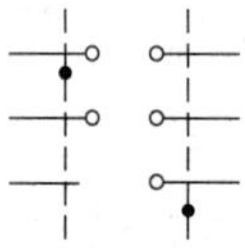	SA
制动电磁铁		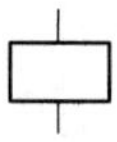	YB
电磁离合器		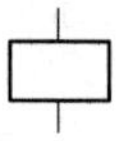	YC
电位器		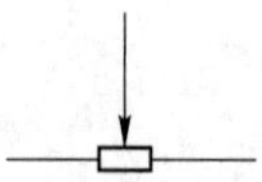	RP
桥式整流装置		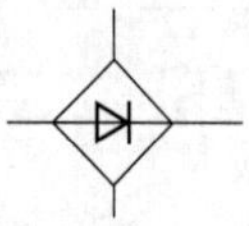	VC
照明灯		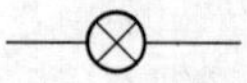	EL
信号灯		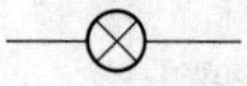	HL

名称	新标准	
	图形符号	文字符号
电阻器	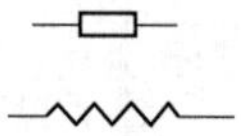	R
接插器	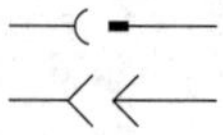	X
电磁铁	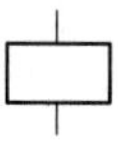	YA
电磁吸盘	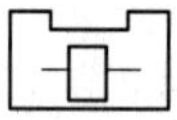	YH
串励直流电动机	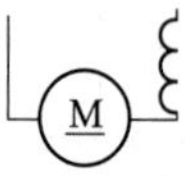	M
并励直流电动机	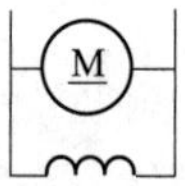	
他力直流电动机	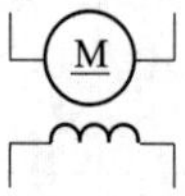	
复励直流电动机	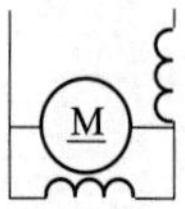	
直流发电机		G
三相笼型异步电动机		M

表 4-2　电气技术中常用基本文字符号

基本文字符号 单字母	基本文字符号 双字母	项目种类	设备、装置、元件举例
A	AT	组件部分	抽屉柜
B	BP	非电量到电量、变换器或电量到非电量变换器	压力变换器
	BQ		位置变换器
	BT		温度变换器
	BV		速度变换器
F	FU	保护器件	熔断器
	FV		限压保护器
H	HA	信号器件	声响指示器
	HL		指示灯
K	KA	继电器	瞬时接触继电器
			交流继电器
	KM	接触器	接触器
			中间继电器
	KP		极化继电器
	KR		簧片继电器
	KT		时间继电器
P	PA	测量设备 试验设备	电流表
	PJ		电度表
	PS		记录仪表
	PV		电压表
	PT		时钟、操作时间表
Q	QF	开关器作	断路器
	QM		电动机保护开关
	QS		隔离开关
R	RP	电阻器	电位器
	RT		热敏电阻器
	RV		压敏电阻器
S	SA	控制、记忆、信号电路的开关器件选择器	控制开关
	SB		接钮开关
	SP		压力传感器
	SQ		位置传感器
	ST		温度传感器
T	TA	变压器	电流互感器
	TC		电源变压器
	TM		电力变压器
	TV		电压互感器
X	XP	端子、插头、插座	插头
	XS		插座
	XT		端子板
Y	YA	电气操作的机械器件	电磁铁
	YV		电磁阀
	YB		电磁离合器

表 4-3　电气技术中常用辅助文字符号

序号	文字符号	名称	序号	文字符号	名称
1	A	电流	14	CW	顺时针
2	A	模拟	15	CCW	逆时针
3	AC	交流	16	D	延时（延迟）
4	A、AUT	自动	17	D	差动
5	ACC	加速	18	D	数字
6	ADD	附加	19	D	降
7	ADJ	可调	20	DC	直流
8	AUX	辅助	21	DEC	减
9	ASY	异步	22	E	接地
10	B、BRK	制动	23	F	快速
11	BK	黑	24	FB	反馈
12	BL	蓝	25	FW	正、向前
13	BW	向后	26	GN	绿

续表 4-3

序号	文字符号	名称	序号	文字符号	名称
27	H	高	47	R	右
28	IN	输入	48	R	反
29	INC	增	49	RD	红
30	IND	感应	50	R、RST	复位
31	L	左	51	RES	备用
32	L	限制	52	RUN	运转
33	L	低	53	S	信号
34	M	主	54	ST	启动
35	M	中	55	S、SET	置位、定位
36	M	中间线	56	STE	步进
37	M、MAN	手动	57	STP	停止
38	N	中性线	58	SYN	同步
39	OFF	断开	59	T	温度
40	ON	闭合	60	T	时间
41	OUT	输出	61	TE	无噪声（防干扰）接地
42	P	压力	62	V	真空
43	P	保护	63	V	速度
44	PE	保护接地	64	V	电压
45	PEN	保护接地与中性线公用	65	WH	白
46	PU	不接地保护	66	YE	黄

4.1.2 电气原理图

电气原理图

为了便于阅读与分析控制线路，根据简单清晰易懂的原则，采用电器元件展开的形式绘制而成。图中包括所有电器元件的导电部件和接线端点，并不按照电气元件的实际位置来绘制，也不反映电气元件的形状和大小。由于电气原理图结构简单，层次分明，便于研究和分析线路的工作原理等优点，所以无论在设计部门或生产现场都得到了广泛的应用。现以图 4-1 所示的某机床电气原理图为例，说明电气原理图的规定画法和应注意的事项。

4.1.2.1　电气原理图的绘制原则

（1）电气原理图分主电路和辅助电路两个部分。主电路就是从电源到电动机，强电流通过的电路，辅助电路包括控制回路、信号电路、保护电路和照明电路，辅助电路中通过的电流较小，主要由继电器和接触器的线圈、继电器的触头、接触器的辅助触头、按钮、照明灯、信号灯及控制变压器等电器元件组成。

（2）电气原理图中，各电器元件不绘出实际的外形图，而采用国家统一规定的图形符号和文字符号表示。

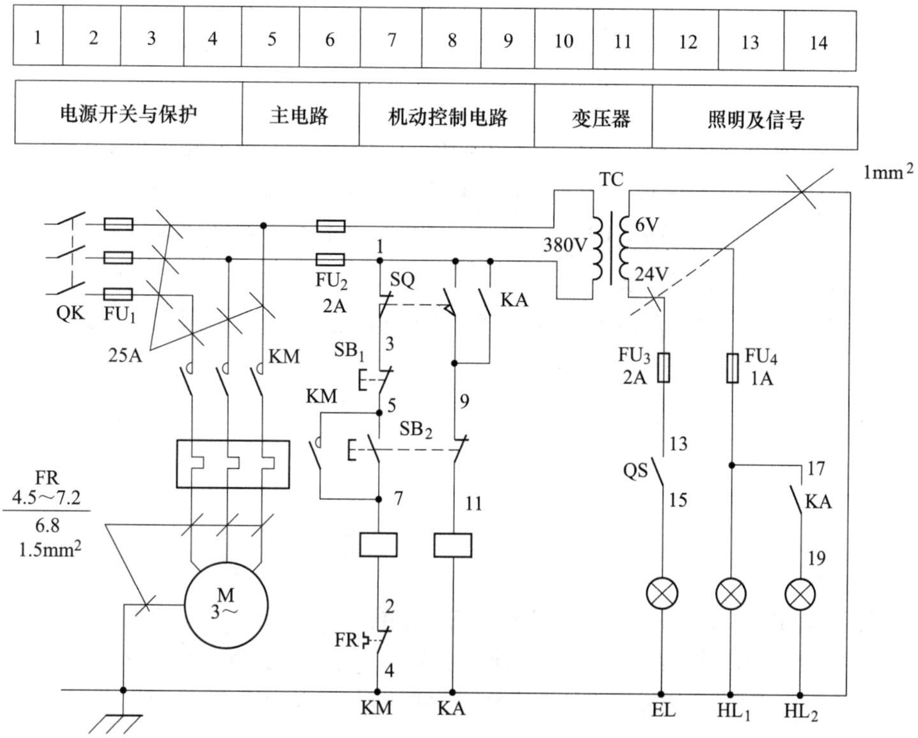

图 4-1　某机床电气原理图

（3）在电气原理图中，同一电器的不同部分（如线圈、触点）分散在图中，为了表示同一电器，要在电器的不同部分使用同一文字符号标明。对于几个同类电器，在表示名称的文字符号后用下标加上一个数字符号，以示区别。

（4）所有电器的可动部分均以自然状态绘出。所谓自然状态是指各种电器在没有通电和没有外力作用时的初始开闭状态。对于继电器、接触器的触点，按吸引线圈不通电时的状态绘出，控制器的手柄按处于零位时的状态绘出，按钮、位置开关触点按尚未被压合的状态绘出。

（5）在电气原理图中，无论是主电路还是辅助电路，各电气元件一般按动作顺序从上而下、从左到右依次排列，可水平布置或垂直布置。

（6）电气原理图上应尽可能减少线条和避免线条交叉。有直接电联系的交叉导线连接点，要用黑色圆点表示。

4.1.2.2　图面区域的划分

在图 4-1 中，图纸上方的数字编号 1、2、3 等是区域编号，它是为了便于检索电气线路，方便读图分析避免遗漏而设置的。图区编号也可以设置在图的下方。

4.1.2.3　符号位置的索引

符号位置的索引用图号、页号和图区号的组号索引法，索引代号的组成如下：

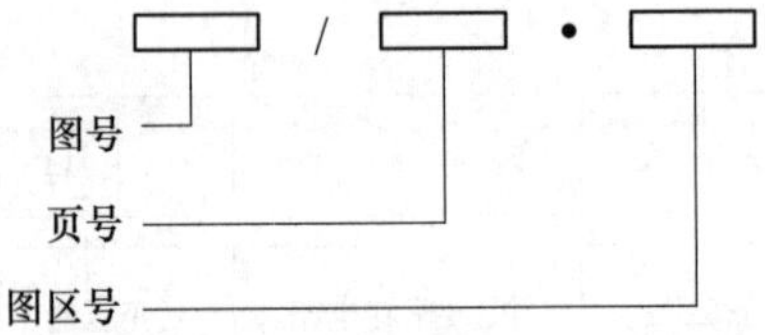

若某一元件相关的各符号元素出现在不同图号的图纸上，同时每个图号仅有一张图纸时，索引代号中的页号可省去；若某一元件相关的各符号元素出现在同一图号的图纸上，而该图号有几张图纸时，可省去图号；若某一元件相关的各符号元素出现在同一张图纸上的不同图区时，可省略图号和页号。

电气原理图中，接触器和继电器线圈与触点的从属关系由下面附图表示。

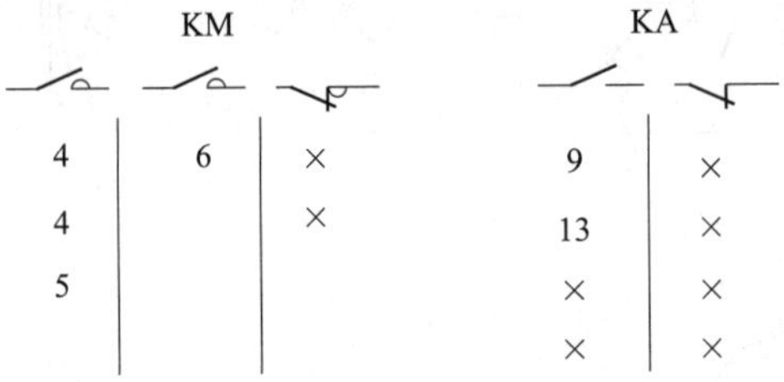

在原理图中相应线圈的下方，给出触点的文字符号，并在其下面注明相应触点的索引代号，对未使用的触点用“×”表示，有时也可采用上述省去触点的表示方法。在图 4-1 中，KM 线圈及 K 线圈下方的是接触器 KM 和继电器 K 相应触点的索引，其各栏的含义见表 4-4。

表 4-4　接触器和继电器相应触点的索引

器件	左栏	中栏	右栏
接触器 KM	主触点在图区号	辅助常开触点所在图区号	辅助常闭触点所在图区号
继电器 K	常开触点所在图区号	—	常闭触点所在图区号

4.1.3　电器元件布置图

电器元件布置图主要是用来表明电气设备上所有电器元件的实际位置，为生产机械电气控制设备的制造、安装、维修提供必要的资料。以机床的电器元件布置图为例，它主要由机床电气设备布置图、控制柜及控制板电气设备布置图、操纵台及悬挂操纵箱电气设备布置图等组成。电器元件布置图可按电气控制系统的复杂程度集中绘制或单独绘制。但在绘制这类图形时，机床轮廓线用细实线或点画线表示，所有可见到的及需要表示清楚的电气设备，均用粗实线绘制出简单的外形轮廓。

4.1.4　电气安装接线图

电气安装接线图是按照电器元件的实际位置和实际接线绘制的，根据电器元件布置最合理、连接导线最经济等原则设计的，它为安装电气设备、电器元件之间进行配线及检修电气故障等提供了必要的依据。图 4-2 是根据图 4-1 电气原理图绘制的接线图，它表示机床电气设备各个单元之间的接线关系，并标注出外部接线所需要的数据。根据机床设备的接线图就可以进行机床电气设备的总装接线。图 4-2 的虚线方框中部件的接线可根据电气原理图进行。对于某些较为复杂的电气设备，电器安装板上元件较多时，还可绘出安装板的接线图。对于简单设备，仅绘出接线图就可以了。实际工作中，接线图常与电气原理图结合起来使用。

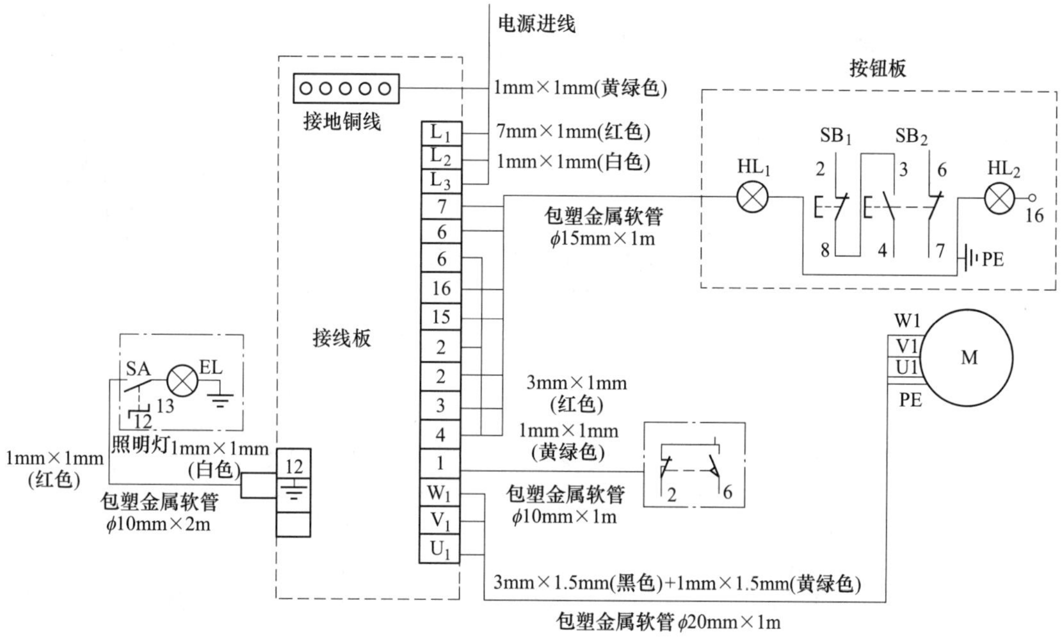

图 4-2　某机床电气接线图

图 4-2 表明了电气设备中电源进线、按钮板、照明灯、位置开关、电动机与机床安装板接线端之间的连接关系，也标注了所使用的包塑金属软管的直径和长度，连接导线的根数、截面积及颜色。如按钮板与电器安装板的连接，按钮板上有 SB_1、SB_2、HL_1 及 HL_2 四个元件，根据图 4-1 电气原理图，SB_1 和 SB_2 有一端相连为“3”，HL_1 与 HL_2 有一端相连为“地”。其余的 2、3、4、6、7、15、16 通过 $7mm×1mm^2$ 的红色线接到安装板上相应的接线端，与安装板上的元件相连；黄绿双色线是接到接地铜排上。所使用的包塑金属软管的直径为 φ15mm、长度为 1m。

任务 4.2　三相笼型异步电动机启动控制线路

三相笼型异步电动机有全压启动和降压启动两种方式，本节先介绍全压启动的控制线路。

4.2.1　三相笼型异步电动机全压启动的控制线路

在变压器容量允许的情况下，笼型异步电动机应尽可能采用全压启动控制。全压启动的优点是电气设备少、线路简单，这样可提高控制线路的可靠性和减少电器的维修量；缺点是启动电流大，引起供电系统电压波动，可能干扰其他用电设备的正常工作。

4.2.1.1　刀开关全压启动控制

异步电动机手动单向运转控制

刀开关全压启动控制线路如图 4-3 所示。

工作过程为：合上刀开关 QK，电动机 M 接通电源全压启动运行；打开刀开关 QK，电动机 M 断电停止运行。这种控制线路适用于小容量、启动不频繁的笼型电动机，如小型台钻、冷却泵、砂轮机等。熔断器在线路中起短路保护作用。

4.2.1.2　接触器全压启动控制

异步电动机点动运转控制原理

A　点动控制

点动控制线路如图 4-4 所示。主电路由刀开关 QK、熔断器 FU、交流接触器 KM 的主触点和电动机 M 组成；控制电路由启动按钮 SB 和交流接触器 KM 的线圈组成。

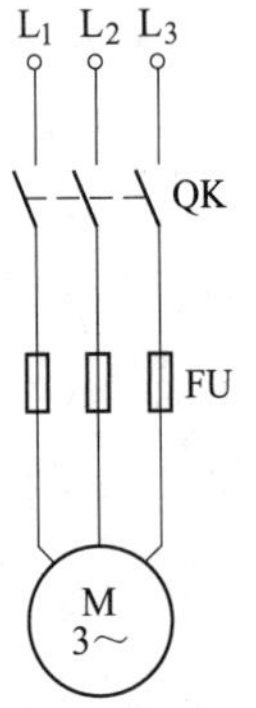

图 4-3　刀开关控制线路

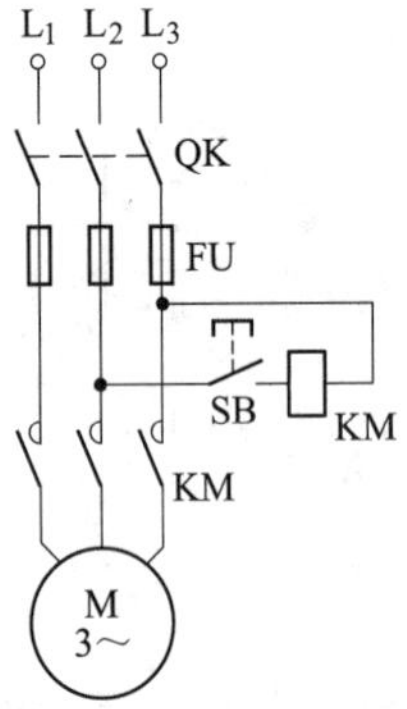

图 4-4　点动控制线路

工作过程如下。

(1) 启动：先合上刀开关 QK，按下启动按钮 SB，接触器 KM 线圈通电，KM 主触点闭合，电动机 M 通电全压启动运行。

(2) 停机：松开启动按钮 SB，KM 线圈断电，KM 主触点断开，电动机 M 停转。

由以上分析可知，按下启动按钮，电动机启动运行，松开启动按钮，电动机停转，这种控制称为点动控制。常用于机床的对刀调整和电动葫芦等。

B　连续控制

图 4-5 是一个常用的最简单、最基本的电动机连续运行控制线路，也称为长动控制线路。主电路由刀开关 QK、熔断器 FU、接触器 KM 的主触点、热继电器 FR 的发热元件和电动机 M 组成。控制电路由停止按钮 SB_1、启动按钮 SB_2、接触器 KM 的常开辅助触点和线圈、热继电器 FR 的常闭触点组成。

工作过程如下。

(1) 启动：合上 QK，按 SB_2，KM 线圈通电，KM 主触点闭合，电动机接通电源启动运行，同时 KM 辅助触点闭合，松开 SB_2，自锁或自保。

在连续控制中，当松开 SB_2 后，KM 的辅助常开触点闭合仍继续保持通电，从而保证电动机的连续运行；这种依靠接触器自身辅助常开触点而使线圈保持通电的控制方式，称为自锁或自保。起自锁或自保的触点称为自锁或自保触点。

（2）停机：按下 SB_1，KM 线圈断电，主触点及辅助常开触点断开，电动机 M 断电停转。

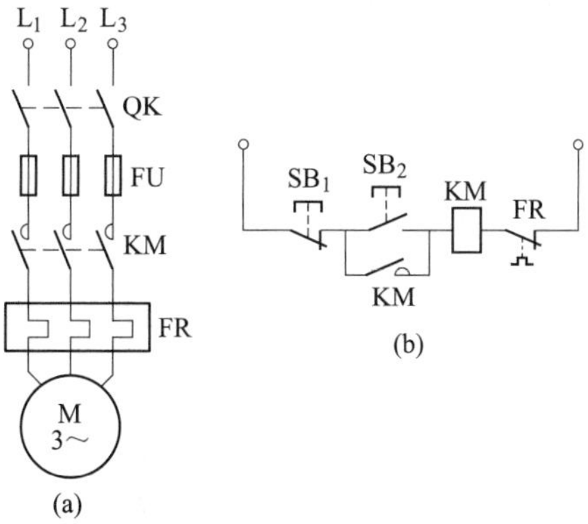

图 4-5　连续运行控制线路

（a）主电路；（b）辅助电路

异步电动机自锁控制电路

具有自锁保护自锁控制电路

线路的保护环节如下。

（1）短路保护：短路时熔断器 FU 的熔体熔断，切断电路起短路保护。

（2）过载保护：采用热继电器 FR。由于热继电器的热惯性比较大，即使发热元件流过几倍于额定值的电流，热继电器也不会立即动作。因为在电动机启动时间不会太长的情况下，热继电器是经得起电动机启动电流冲击而不动作的。只有在电动机长期过载时，热继电器才会动作，用它的常闭触点使控制电路断开。

（3）欠电压与失电压保护：依靠接触器 KM 的自锁环节来实现的。当电源电压低到一定程度或失电压时，接触器 KM 释放，电动机停止转动。当电源电压恢复正常时，接触器线圈也不会自行通电，只有在操作人员重新按下启动按钮后，电动机才能启动，这又称为零电压保护。

控制线路具备了欠电压和失电压保护功能之后，有如下三个方面的优点：

（1）防止电源电压严重下降时，电动机欠电压运行；

（2）防止电源电压恢复时，电动机自行启动而造成设备和人员事故；

（3）避免多台电动机同时启动造成电网电压的严重下降。

C　*点动与长动控制*

在生产实践中，有的生产机械需要点动控制；有的生产机械既需要点动控制，又需要长动控制。图 4-6 示出了几种实现点动的控制线路。

图 4-6（a）是实现点动的几种控制线路的主电路。

图 4-6（b）是最基本的点动控制电路。按下按钮 SB，接触器 KM 线圈通电，电动机启动运行；松开按钮 SB，接触器 KM 线圈断电释放，电动机停止运行。

图 4-6（c）是带手动开关 SA 的点动控制线路。当需要点动时将开关 SA 打开，由按钮 SB_2 来进行点动控制。当需要连续工作时合上开关 SA，将接触器 KM 的自锁触点接入，即可实现连续控制。

图 4-6（d）增加了一个复合按钮 SB_3 实现点动控制电路。需要点动控制时，按下按钮 SB_3，其常闭触点先断开自锁电路，再闭合常开触点，接通启动控制线路，接触器 KM 线圈通电，其主触点闭合，电动机 M 启动运行；当松开按钮 SB_3 时，接触器 KM 线圈断电，主触点断开，电动机停止运行。若需要电动机连续运行，则按下按钮 SB_2 即可，停机时需

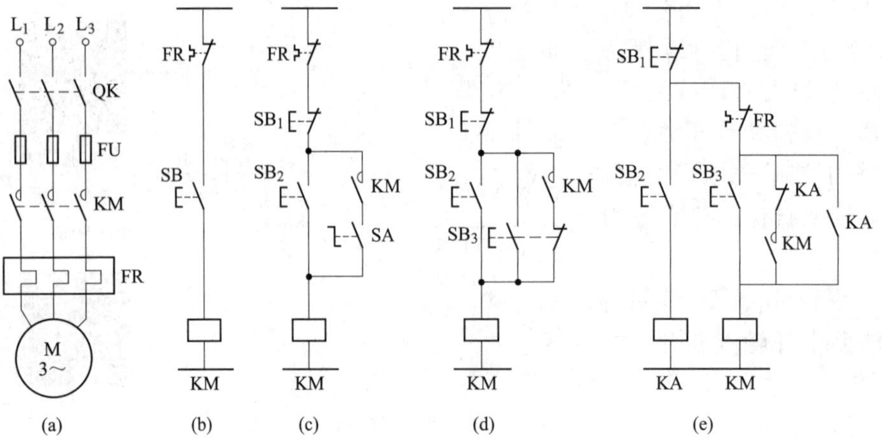

图 4-6　实现点动的几种控制线路

（a）主电路；（b）最基本的点动控制电路；（c）带手动开关 SA 的点动控制电路；（d）增加复合按钮的点动控制电路；（e）利用中间继电器的控制电路

异步电动机单向点动启动控制

按下停止按钮 SB_1。

图 4-6（e）是利用中间继电器实现点动的控制线路。利用点动启动按钮 SB_2 控制中间继电器 KA，KA 的常开触点并联在按钮 SB_3 两端控制接触器 KM，再控制电动机实现点动。当需要连续控制时按下按钮 SB_3 即可，但停机时需按下停止按钮 SB_1。

4.2.2　三相笼型异步电动机减压启动控制电路

Y-△减压启动控制电路

三相笼型异步电动机全压启动控制线路简单、经济、操作方便。但对于容量较大的笼型异步电动机（大于 10kW）来说，由于启动电流大，会引起较大的电网压降，所以一般采用减压启动的方法，以限制启动电流。减压启动虽然可以减小启动电流，但也降低了启动转矩，因此减压启动适用于空载或轻载启动。

三相笼型异步电动机的减压启动方法有定子绕组串接电阻（或电抗器）启动、自耦变压器减压启动、Y-△减压启动、延边三角形减压启动等。

4.2.2.1　定子绕组串接电阻降压启动控制

按时间原则控制定子绕组串接电阻降压启动控制线路如图 4-7 所示。启动时，在三相定子绕组中串接电阻 R，使电动机定子绕组电压降低，启动结束后再将电阻短接，电动机在额定电压下正常运行。

启动过程为：合电源开关 QK，按启动按钮 SB_1，接触器 KM_1 得电吸合并自锁，接触器 KM_1 的主触点闭合使电动机 M 串接电阻 R 启动；在接触器 KM_1 得电同时，时间继电器 KT 得电吸合，其延时闭合常开触点的延时闭合使接触器 KM_2 不能得电；经一段时间延时后，接触器 KM_2 得电动作并自锁，将主回路 R 短接，电动机在全压下进入稳定正常运行；同时 KM_2 的常闭触点断开 KM_1 和 KT 的线圈电路，使 KM_1 和 KT 释放，即将已完成工作任务的电器从控制线路中切除；其优点是节省电能和延长电器的使用寿命。

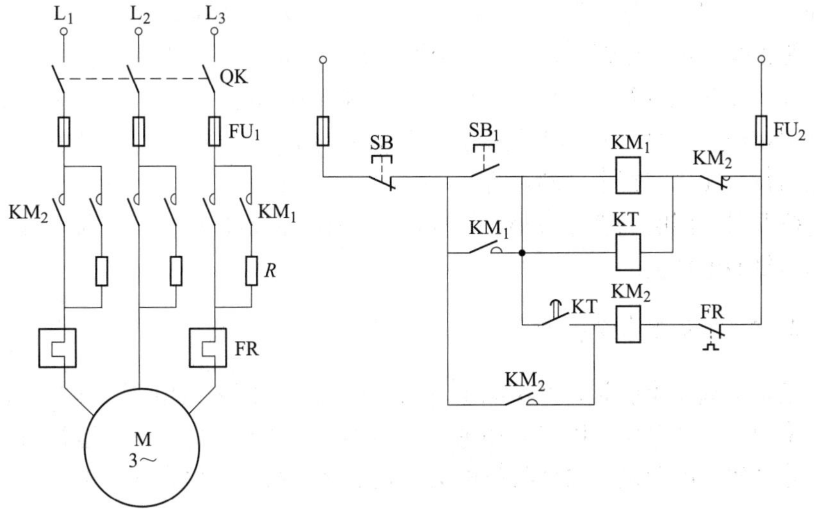

(a)　　　　　　　　(b)

图 4-7　串电阻降压启动控制线路

（a）主电路；（b）辅助电路

启动电阻一般采用由电阻丝绕制的板式电阻或铸铁电阻，电阻功率大，能够通过较大电流，但电能损耗较大。为了节省电能，可采用电抗器代替电阻，但其价格较贵，成本较高。

4.2.2.2　自耦变压器减压启动

启动时电动机定子绕组串入自耦变压器，定子绕组得到的电压为自耦变压器的二次电压，启动完毕，自耦变压器被切除，额定电压加于定子绕组，电动机以全压投入运行。按时间原则控制线路如图 4-8 所示。

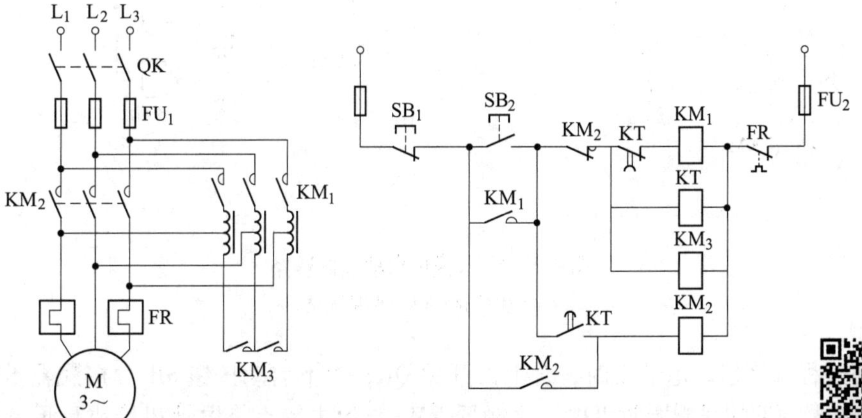

(a)　　　　　　　　(b)

图 4-8　自耦变压器控制线路

（a）主电路；（b）辅助电路

自耦变压器减压启动控制电路

启动过程为：合上刀开关 QK，按下启动按钮 SB_2，接触器 KM_1、KM_3 和时间继电器

KT 的线圈通电，接触器 KM_1 常开辅助触头闭合自锁，接触器 KM_1、KM_3 主触点闭合，将电动机定子绕组经自耦变压器接至电源开始降压启动。时间继电器经一定延时后，其延时常闭触点打开，使接触器 KM_1、KM_3 线圈断电，接触器 KM_1、KM_3 主触点断开，将自耦变压器从电网上切除。延时常开触点闭合，使接触器 KM_2 线圈得电，于是电动机直接接到电网上全压运行，完成了整个启动过程。

该控制线路对电网的电流冲击小，损耗功率也小，但是自耦变压器价格较贵，主要用于启动较大容量的电动机。

4.2.2.3　Y-△降压启动控制

电动机绕组接成三角形时，每相绕组承受的电压是电源的线电压（380V）；而接成星形时，每相绕组承受的电压是电源的相电压（220V）。因此，对于正常运行时定子绕组接成三角形的笼型异步电动机，启动时将电动机定子绕组接成星形，加在电动机每相绕组上的电压为额定电压的 $1/\sqrt{3}$，从而减小了启动电流（星形启动电流只是原来三角形接法的 $1/\sqrt{3}$）。待启动后按预先整定的时间换接成三角形接法，使电动机在额定电压下正常运行。按时间原则实现Y-△减压启动控制线路如图 4-9 所示。

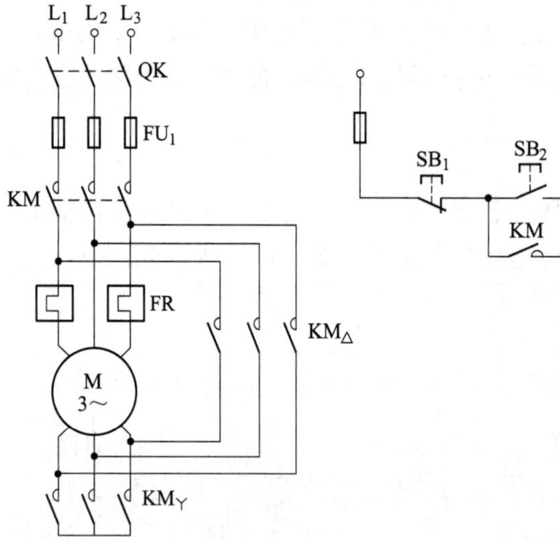

图 4-9　Y-△减压启动控制线路

（a）主电路；（b）辅助电路

启动过程为当启动电动机时，合上刀开关 QK，按下启动按钮 SB_2，接触器 KM、KM_Y 与时间继电器 KT 的线圈同时得电，接触器 KM_Y 与的主触点将电动机接成星形并经过 KM 的主触点接至电源，电动机降压启动。当 KT 的延时值到达时，KM_Y 与线圈失电，$KM_\triangle$ 线圈得电，电动机主电路换接为三角形接法，电动机投入正常运转。

该线路结构简单、价格低。其缺点是启动转矩也相应下降为原来三角形接法的 1/3，转矩特性差，因而本线路适用于电网电压 380V、额定电压 660/380V、Y-△接法的电动机轻载启动的场合。

4.2.2.4　延边三角形降压启动控制

上面介绍的Y-△启动控制有很多优点，但不足的是启动转矩太小，如要求兼具星形连接启动电流小、三角形连接启动转矩大的优点，则可采用延边三角形减压启动。延边三角形减压启动控制线路如图 4-10 所示。它适用于定子绕组特别设计的电动机，这种电动机共有 9 个出线头。延边三角形绕组的连接如图 4-11 所示。启动时将电动机定子绕组接成延边三角形，启动结束后再换成三角形接法，投入全电压正常运行。

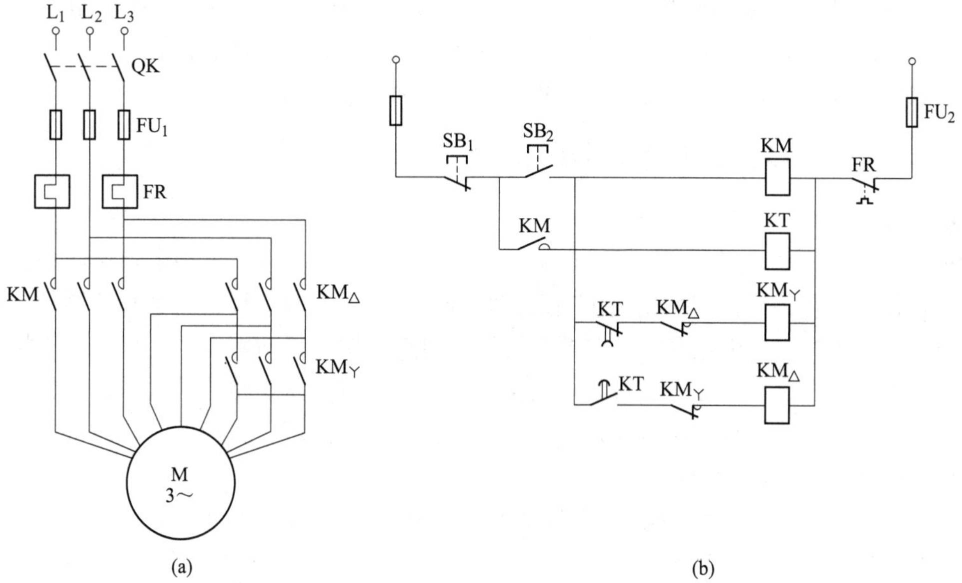

图 4-10　延边三角形减压启动控制线路

（a）主电路；（b）辅助电路

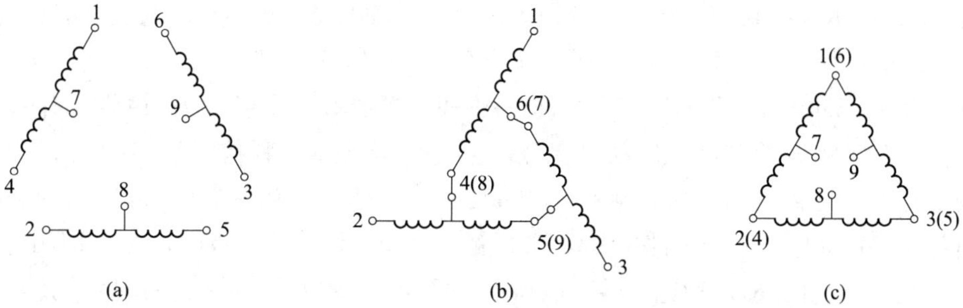

图 4-11　延边三角形绕组的连接

（a）原始状态；（b）延边三角形连接；（c）三角形连接

启动过程为：合上刀开关 QK，按下启动按钮 SB_2，接触器 KM、KM_Y与与时间继电器 KT 同时得电，电动机定子绕组接成延边三角形，并通过 KM 的主触点将绕组 1、2、3 分别接至三相电源进行降压启动。当 KT 的延时值到达时，接触器 KM_Y线圈失电，$KM_\triangle$线圈得电，定子绕组接成三角形，电动机加额定电压运行。延边三角形的启动与Y-△接法相比，兼顾了两者优点；与自耦变压器接法相比，结构简单，因而这种降压启动的方式得到越来越广泛的应用。

综合以上四种减压启动控制线路可见，一般均采用时间继电器，按照时间原则切换电压实现降压启动。由于这种线路工作可靠，受外界因素（如负载、飞轮转动惯量及电网电压）变化时的影响较小，线路及时间继电器的结构都比较简单，因而被广泛采用。

4.2.3　三相绕线转子电动机启动控制

三相绕线转子电动机的优点之一是可以在转子绕组中串接电阻或频敏变阻器进行启动，由此达到减小启动电流、提高转子电路的功率因数和启动转矩的目的。在一般要求启动转矩较高的场合，绕线转子异步电动机得到了广泛的应用。

4.2.3.1　转子绕组串接电阻启动控制

串接在三相转子电路中的启动电阻，一般都接成星形。在启动前，启动电阻全部接入电路，启动过程中电阻逐段地短接。电阻被短接的方式有三相电阻不平衡短接法和三相电阻平衡短接法两种，所谓不平衡短接是每相的启动电阻轮流被短接，而平衡短接是三相的启动电阻同时被短接。使用凸轮控制器来短接电阻宜采用不平衡短接法，因为凸轮控制器中各对触点闭合顺序一般是按不平衡短接法来设计的，故控制线路简单，如桥式起重机就是采用这种控制方式。使用接触器来短接电阻时宜采用平衡短接法。下面介绍使用接触器控制的平衡短接法启动控制。

转子绕组串接电阻启动控制线路如图 4-12 所示。该线路按照电流原则实现控制，利用电流继电器根据电动机转子电流大小的变化控制电阻的分级切除。$KI_1 \sim KI_3$ 为欠电流继电器，其线圈串接于转子电路中。$KI_1 \sim KI_3$ 这三个电流继电器的吸合电流值相同，而释放电流值不同，KI_1 的释放电流最大先释放，KI_2 次之，KI_3 的释放电流值最小最后释放。电动机刚启动时启动电流较大，$KI_1 \sim KI_3$ 同时吸合动作，使全部电阻投入。随着电动机转速升高电流减小，$KI_1 \sim KI_3$ 依次释放，分别短接电阻，直到将转子串接的电阻全部短接。

启动工作过程为：合上刀开关 QK→按下启动按钮 SB_2→接触器 KM 通电，电动机 M 转子电路串入全部电阻（$R_1+R_2+R_3$）启动→中间继电器 KA 通电，为接触器 $KM_1 \sim KM_3$ 通电做准备→随着转速的升高，启动电流逐步减小，首先 KI_1 释放→KI_1 常闭触点闭合→KM_1 通电，转子电路中 KM_1 常开触点闭合→切除第一级电阻 R_1→然后 KI_2 释放→KI_2 常闭触点闭合→KM_2 通电，转子电路中 KM_2 常开触点闭合→切除第二级电阻 R_2→KI_3 最后释放→KI_3 常闭触点闭合→KM_3 通电；转子电路中 KM_3 常开触点闭合→切除最后一级电阻 R_3，电动机启动过程结束。

控制线路中设置中间继电器 KA，是为了保证转子串入全部电阻后电动机才能启动。若没有 KA，当启动电流由零上升在尚未到达电流继电器的吸合电流值时，$KI_1 \sim KI_3$ 不能吸合，将使接触器 $KM_1 \sim KM_3$ 同时通电，转子电路中的电阻（$R_1+R_2+R_3$）全部被切除，则电动机直接启动。设置 KA 后，在 KM 通电后才能使 KA 通电，KA 常开触点闭合，此时启动电流已达到欠电流继电器的吸合值，其常闭触点全部断开，使 $KM_1 \sim KM_3$ 均处于断电状态，确保转子电路中串入全部电阻，防止了电动机直接启动。

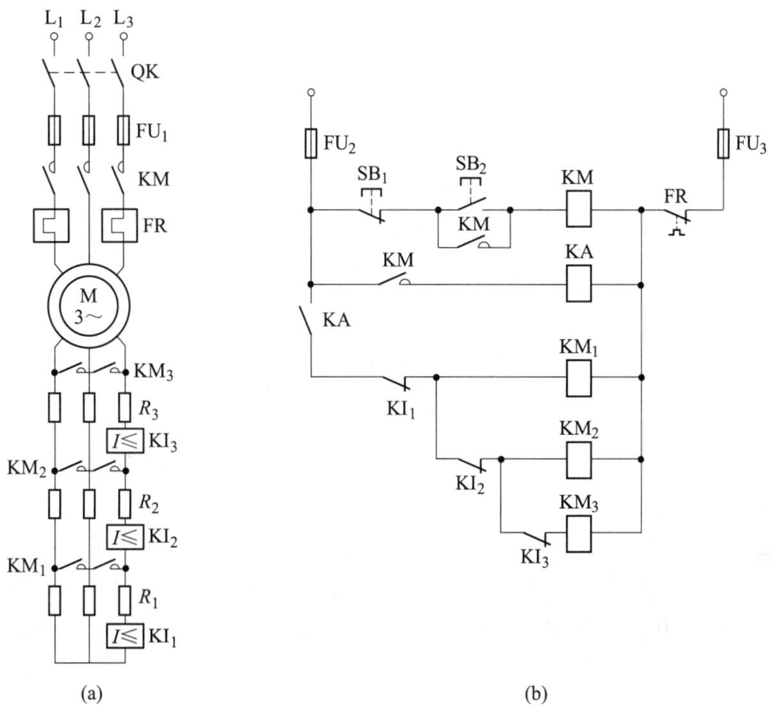

图 4-12　转子绕组串电阻启动控制线路
（a）主电路；（b）辅助电路

4.2.3.2　转子绕组串接频敏变阻器启动控制

在绕线转子电动机的转子绕组串接电阻启动过程中，由于逐级减小电阻，启动电流和转矩突然增加，故产生一定的机械冲击力。同时，由于串接电阻启动线路复杂，工作不可靠，而且电阻本身比较笨重，能耗大，使控制箱体积较大。

从 20 世纪 60 年代开始，我国开始推广应用自行研制的频敏变阻器。频敏变阻器的阻抗能够随着转子电流频率的下降自动减小，所以它是绕线转子异步电动机较为理想的一种启动设备，常用于较大容量的绕线式异步电动机的启动控制。

频敏变阻器实质上是一个铁芯损耗非常大的三相电抗器。它由数片 E 形钢板叠成，有铁芯和线圈两个部分，分为三相三柱式，每个铁芯柱上套有一个绕组，三相绕组连接成星形，将其串接于电动机转子电路中，相当于转子绕组接入一个铁损较大的电抗器，频敏变阻器的等效电路如图 4-13 所示。图中 R_d 为绕组直流电阻，R 为铁损等效电阻，L 为等效电感，R、L 值与转子电流频率有关。

在启动过程中，转子电流频率是变化的。刚启动时，转速等于 0，转差率 $s=1$，转子电流的频率 f_2 与电源频率 f_1 的关系为 $f_2=sf_1$，所以刚启动时 $f_2=f_1$，频敏变阻器的电感和电阻为最大，转子电流受到抑制。随着电动机转速的升高而 s 减小，f_2 下降，频敏变阻器的阻抗也随之减小。所以，绕线转子电动机转子串接频敏电阻器启动时，随着电动机转速的升高，变阻器阻抗也自动逐渐减小，实现了平滑的无级启动，这种启动方式在桥式起重机和空气压缩机等电气设备中获得广泛的应用。

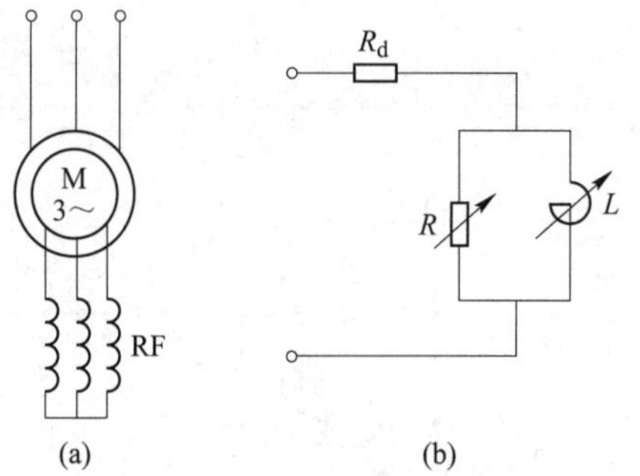

图 4-13　频敏变阻器的等效电路

（a）主电路；（b）辅助电路

转子绕组串接频敏变阻器的启动控制线路如图 4-14 所示。该线路可以实现自动和手动控制，自动控制时将开关 SC 扳到“自动”位置，手动控制时将开关 SC 扳到“手动”位置。在主电路中，TA 为电流互感器，其作用是将主电路中的大电流变换成小电流进行测量。另外，在启动过程中，为避免因启动时间较长而使热继电器 FR 误动作，因而在主电路中，用 KA 的常闭触点将 FR 的发热元件短接，启动结束投入正常运行时 FR 的发热元件才接入电路。

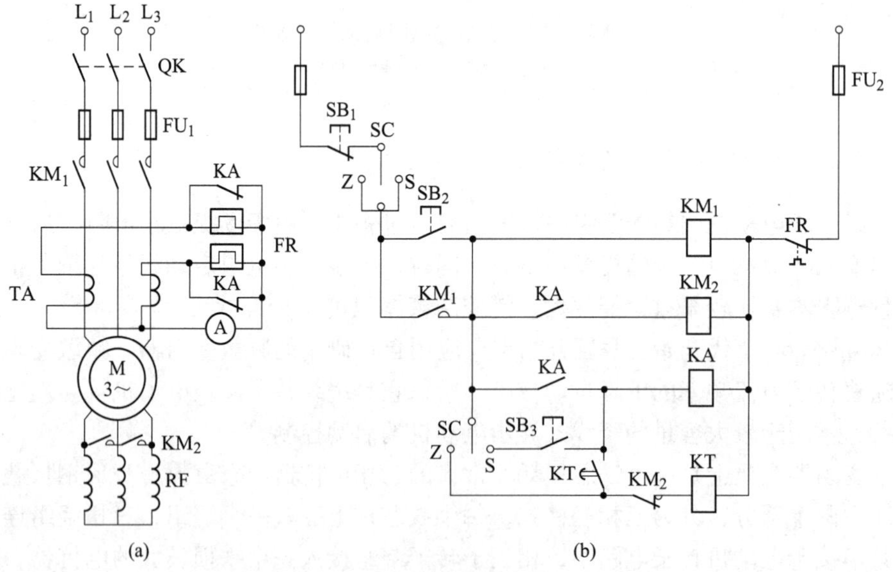

图 4-14　转子绕组串接频敏变阻器的启动控制线路

（a）主电路；（b）辅助电路

启动过程如下。

（1）自动控制：将转换开关 SC 置于“Z”位置→合上刀开关 QK→按下启动按钮 SB_2→接触器 KM_1 和时间继电器 KT 同时得电→接触器 KM_1 主触点闭合→电动机 M 转子电路串入频敏变阻器启动。时间继电器设置时间到达时延时常开触点闭合→中间继电器 KA 得到自锁→KA 的常开触点闭合→接触器 KM_2 通电→KM_2 主触点闭合→切除频敏变阻器→

时间继电器 KT 断电，启动过程结束。

（2）手动控制：将转换开关 SC 置于“S”位置→按下启动按钮 SB_2→接触器 KM_1 通电→KM_1 主触点闭合，电动机 M 转子电路中串入频敏变阻器启动→待电动机启动结束。按下启动按钮 SB_3→中间继电器通电并自锁→接触器 KM_2 通电→KM_2 主触点闭合，将频敏变阻器切除，启动过程结束。

任务 4.3　三相异步电动机的正反转控制

在实际应用中，往往要求生产机械能够实现可逆运行，如工作台前进与后退、主轴的正转和反转、吊钩的上升与下降等。这就要求电动机可以正反向工作，由三相异步电动机转动原理可知，若将接至电动机的三相电源进线中的任意两相对调，即可使电动机反转，所以可逆运行控制线路实质上是两个方向相反的单向运行线路，如图 4-15（b）所示。

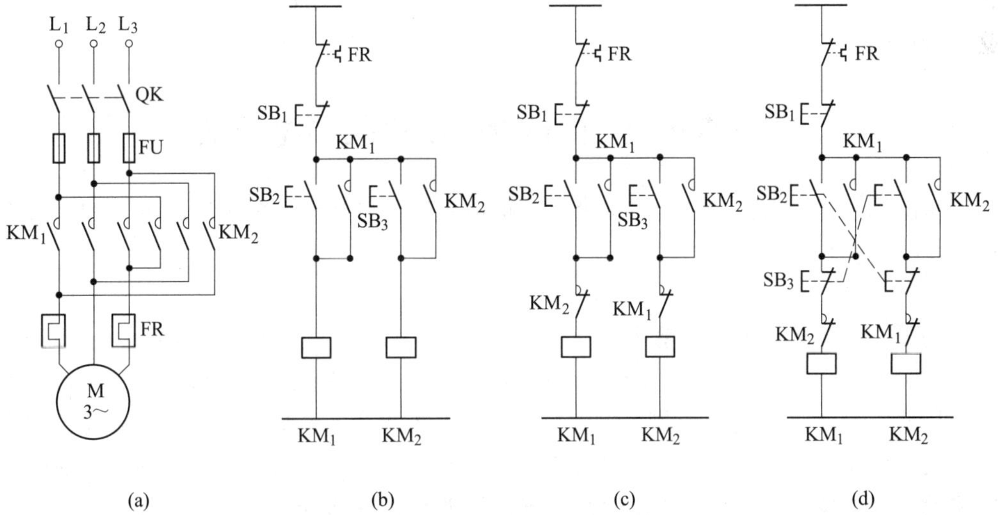

图 4-15　可逆运行控制线路

（a）可逆运行控制线路主电路；（b）两个方向相反的单向运行线路；

（c）“正-停-反”控制线路；（d）“正-反-停”控制线路

若采用如图 4-15（b）控制线路，当误操作同时按下正反向启动按钮 SB_2 和 SB_3 时，将造成相间短路故障。为了避免误操作引起电源相间短路，在这两个各相反方向的单向运行电路中加设了必要的互锁。按电动机可逆操作顺序的不同，有“正-停-反”和“正-反-停”两种控制线路。

4.3.1　电动机“正-停-反”控制

异步电动机联锁正反转控制电路

电动机“正-停-反”控制线路如图 4-15（c）所示。该图为利用两个接触器的常闭触点 KM_1、KM_2 起相互控制作用，即一个接触器通电时，利用其常闭辅助触点的断开来锁住对方线圈的电路。这种利用两个接触器的常闭辅助触点互相控制的方式，称为“电气互锁”，或称为“电气联锁”。而两对起互锁作用的常闭触点称为互锁触点。另外，该线路只能实现“正-停-反”或者“反-停-正”控制，即电动机在正转或反转时必须按下停止按钮后，再反向或正向启动。

4.3.2　电动机“正-反-停”控制

在生产实际中，为了提高劳动生产率，减少辅助工时，往往要求直接实现正反转的变换控制。常利用复合按钮组成“正-反-停”的互锁控制，其控制线路如图 4-15（d）所示。复合按钮的常闭触点同样起到互锁的作用，这种互锁称为“机械互锁”或称为“机械联锁”。

在这个线路中，正转启动按钮 SB_2 的常开触点用来使正向接触器 KM_1 的线圈瞬时通电，其常闭触点则串联在反转接触器 KM_2 线圈的电路中，用来使之释放。反转启动按钮 SB_3 也按 SB_2 同样安排。当按下 SB_2 或 SB_3 时，首先是常闭触点断开，然后才是常开触点闭合。这样在需要改变电动机运转方向时，就不必按 SB_1 停止按钮了，可直接操作正反转按钮实现电动机正反转的改变。该线路既有接触器常闭触点的“电气互锁”，又有复合按钮常闭触点的“机械互锁”，即具有双重互锁。该线路操作方便，安全可靠，故应用广泛。

任务 4.4　三相异步电动机的调速控制

异步电动机调速常用来改善机床的调速性能和简化机械变速装置。根据三相异步电动机的转速公式：

$$n = 60f_1(1 - s)/p \tag{4-1}$$

三相异步电动机的调速方法为改变电动机定子绕组的磁极对数 p、转差率 s、电源频率 f_1。改变转差率调速，又可分为绕线转子电动机在转子电路串接电阻调速、绕线转子电动机串级调速、异步电动机交流调压调速、电磁离合器调速。改变电源频率 f_1 调速，即变频调速。变频调速就是通过改变电动机定子绕组供电的频率来达到调速的目的。当前电气调速的主流是使用变频器，下面分别介绍几种常用的异步电动机调速控制线路。

4.4.1　三相异步电动机的变级调速控制

三相笼型电动机采用改变磁极对数调速。改变定子极数时，转子极数也同时改变，笼型转子本身没有固定的极数，它的极数随定子极数而定。

改变定子绕组极对数的方法有：

（1）安装一套定子绕组，改变它的连接方式就得到不同的极对数；

（2）定子槽里安装两套极对数不一样的独立绕组；

（3）定子槽里安装两套极对数不一样的独立绕组，而每套绕组本身又可以改变其连接方式，得到不同的极对数。

多速电动机一般有双速、三速、四速之分。双速电动机定子安装有一套绕组，三速和四速电动机则安装有两套绕组。双速电动机三相绕组连接图如图 4-16 所示。应注意，当三角形或星形连接时，$p=2$（低速），各相绕组互为 240°电角度；当双星形连接时，$p=1$（高速），各相绕组互为 120°电角度。为保持变速前后转向不变，改变磁极对数时必须改变电源时序。

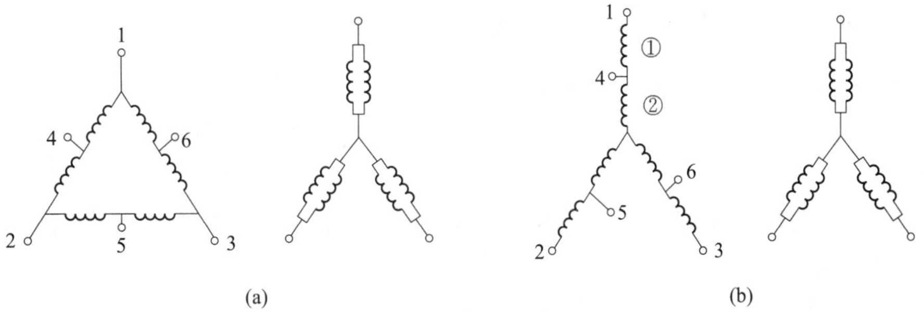

图 4-16　双速电动机三相绕组连接图
（a）三角形与双星形连接法；（b）星形与双星形连接法

双速电动机调速控制线路如图 4-17 所示。图中 SC 为转换开关，置于“低速”位置时，电动机连接成三角形，低速运行；SC 置于“高速”位置时，电动机连接成双星形，高速运行。

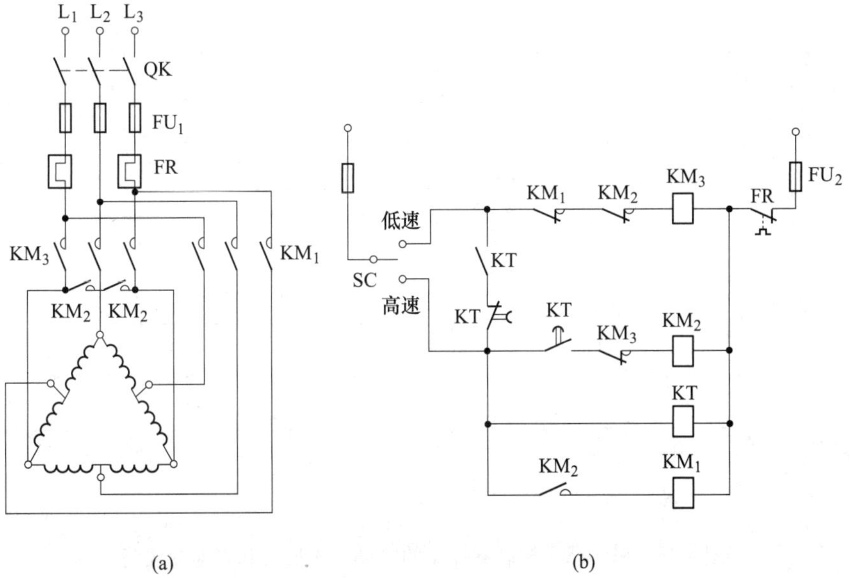

图 4-17　双速电动机调速控制线路
（a）主电路；（b）辅助电路

启动过程如下。

（1）低速运行：合刀开关 QK，SC 置于低速位置→接触器 KM_3 通电→KM_3 主触点闭合→电动机 M 连接成三角形低速启动运行。

（2）高速运行：SC 置于“高速”位置→时间继电器 KT 通电→接触器 KM_3 通电→电动机 M 先连接成三角形低速启动→KT 设置延时值到达时，KT 延时常闭触点打开→KM_3 断电→KT 延时常开触点闭合→接触器 KM_2 通电→接触器 KM_1 通电→电动机连接成双星形高速运行。电动机实现低速启动高速运行的控制，目的是限制启动电流。

4.4.2　绕线转子电动机串接电阻的调速控制

绕线转子电动机可采用转子串接电阻的方法调速。随着转子所串电阻的增大，电动机转速降低，转差率增大，使电动机工作在不同的人为特性上，以获得不同的转速，实现调速的目的。

绕线转子电动机一般采用凸轮控制器进行调速控制，目前在吊车、起重机一类的生产机械上仍被普遍采用。

图4-18为采用凸轮控制器控制的电动机正反转和调速的线路。在电动机M的转子电路中，串接三相不对称电阻，作为启动和调速使用。转子电路的电阻和定子电路相关部分为凸轮控制器的各触点相连。

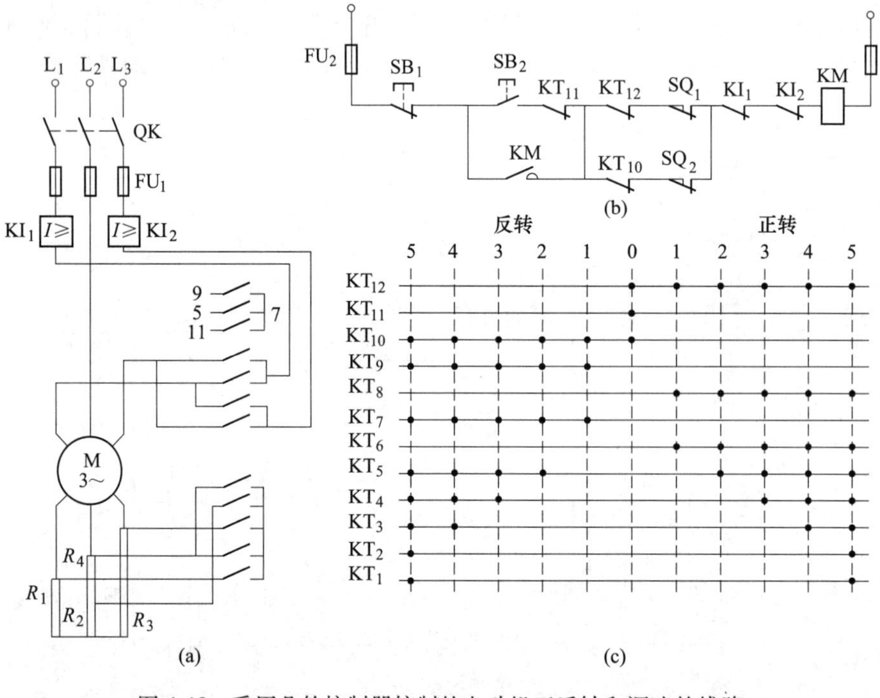

图4-18　采用凸轮控制器控制的电动机正反转和调速的线路

（a）主电路；（b）辅助电路；（c）凸轮控制器的触点展开图

凸轮控制器的触点展开图如图4-18（c）所示，有黑点表示该位置触点接通，无黑点则表示触点不通。触点KT_1~KT_5和转子电路串接的电阻相连接，用于短接电阻控制电动机的启动和调速。

启动过程如下。

凸轮控制器手柄置“0”位，KT_{10}、KT_{11}、KT_{12}三对触点接通→合上刀开关QK→按启动按钮SB_2→接触器KM通电→接触器KM主触点闭合→把凸轮控制器手柄置于正向“1”位→触点KT_{12}、KT_6、KT_8闭合→电动机M接通电源，转子串入全部电阻（$R_1+R_2+R_3+R_4$）正向低速启动→把手柄置于正向“2”位→KT_{12}、KT_6、KT_8、KT_5四对触点闭合→电阻R_1被切除，电动机转速上升。当手柄从正向“2”位依次置“3”“4”“5”位时，触点

$KT_4 \sim KT_1$ 先后闭合，电阻 $R_2 \sim R_4$ 被依次切除，电动机转速逐步升高，直至以额定转速运行。

当手柄由“0”位置反向“1”位时，触点 KT_{10}、KT_9、KT_7 闭合，电动机 M 电源相序改变而反向启动。手柄位置从“1”位依次置到“5”位时，电动机转子所串电阻依次切除，电动机转速逐步升高，过程与正转相同。

另外，为了安全运行，在终端位置设置了两个限位开关 SQ_1、SQ_2 分别与触点 KT_{12}、KT_{10} 串联。在电动机正转、反转过程中，当运动机构到达终端位置时，挡块压动位置开关，切断控制电路电源，使接触器 KM 断电，切断电动机电源而停止运行。

4.4.3　三相异步电动机变频器调速控制

4.4.3.1　概述

变频技术是应交流电机无级调速的需要而诞生的。20 世纪 60 年代以后，电力电子器件经历了 SCR（晶闸管）、GTO（门极可关断晶闸管）、BJT（双极型功率晶体管）、MOSFET（金属氧化物场效应管）、SIT（静电感应晶体管）、SITH（静电感应晶闸管）、MGT（MOS 控制晶体管）、MCT（MOS 控制晶闸管）、IGBT（绝缘栅双极型晶体管）、HVIGBT（耐高压绝缘栅双极型晶闸管）的发展过程，器件的更新促进了电力电子变换技术的不断发展。20 世纪 70 年代开始，脉宽调制变压变频（PWM-VVVF）调速研究引起了人们的高度重视。20 世纪 80 年代，作为变频技术核心的 PWM 模式优化问题吸引着人们的浓厚兴趣，并得出诸多优化模式，其中以鞍形波 PWM 模式效果最佳。20 世纪 80 年代后半期开始，美、日、德、英等发达国家的 VVVF 变频器已投入市场并获得了广泛应用。

4.4.3.2　变频调速概念及原理

变频器是把工频电源变换成各种频率的交流电源，以实现电动机变速运行的设备，变频调速是通过改变电动机定子绕组供电的频率来达到调速的目的。现在使用的变频器主要采用交-直-交方式（VVVF 变频或矢量控制变频），先把工频交流电源通过整流器转换成直流电源，然后再把直流电源转换成频率、电压均可控制的交流电源以供给电动机。变频器的电路一般由整流、中间直流环节、逆变和控制四个部分组成。整流部分为三相桥式不可控整流器；逆变部分为 IGBT 三相桥式逆变器，且输出为 PWM 波形；中间直流环节为滤波，直流储能和缓冲无功功率。

变频器的分类方法有多种，按照主电路工作方式分类，可以分为电压型变频器和电流型变频器；按照开关方式分类，可以分为 PAM 控制变频器、PWM 控制变频器和高载频 PWM 控制变频器；按照工作原理分类，可以分为 V/f 控制变频器、转差频率控制变频器和矢量控制变频器等；按照用途分类，可以分为通用变频器、高性能专用变频器、高频变频器、单相变频器和三相变频器等。

4.4.3.3　变频器控制方式的合理选用

控制方式是决定变频器使用性能的关键所在。目前市场上低压通用变频器品牌很多，包括欧、美、日及国产的共约 50 多种。选用变频器时不要认为档次越高越好，而要按负载的特性，以满足使用要求为准，以便做到量才使用、经济实惠。表 4-5 中所列参数供选用时参考。

表 4-5　变频器控制参数

控制方式	$U/f=C$ 控制		电压空间矢量控制	矢量控制		直接转矩控制
反馈装置	不带 PG	带 PG 或 PID	调节器	不要	不带 PG	带 PG 或编码器
速比 I	<1：40	1：60	1：100	1：100	1：1000	1：100
启动转矩（在 3Hz）	150%	150%	150%		150%（零转速时）	150%~200%（零转速时）
静态速度精度/%	±(0.2~0.3)	±(0.2~0.3)	±0.2	±0.2	±0.02	±0.2
适应场合	一般风机、泵类等	较高精度调速，控制	一般工业上的调速或控制	所有调速或控制	伺服拖动、高精传动、转矩控制	负荷启动、起重负载转矩控制系统、恒转矩波动大负载

4.4.3.4　变频器的选型原则

首先要根据机械对转速（最高、最低）和转矩（启动、连续及过载）的要求，确定机械要求的最大输入功率（即电机的额定功率最小值）。有经验公式：

$$P = nT/9550$$

式中　P——机械要求的输入功率，kW；

n——机械转速，r/min；

T——机械的最大转矩，N · m。

然后，选择电动机的极数和额定功率。电动机的极数决定了同步转速，要求电动机的同步转速尽可能地覆盖整个调速范围，使连续负载容量高一些。为了充分利用设备潜能，避免浪费，可允许电动机短时超出同步转速，但必须小于电动机允许的最大转速。转矩取设备在启动、连续运行、过载或最高转速等状态下的最大转矩。

最后，根据变频器输出功率和额定电流稍大于电动机的功率和额定电流的原则，确定变频器的参数与型号。

4.4.3.5　MICROMASTER 420 系列变频器

MICROMASTER 420 是用于控制三相交流电动机速度的变频器系列。本系列有多种型号，从单相电源电压、额定功率 120W，到三相电源电压、额定功率 11kW，可供用户选择。

本变频器由微处理器控制，并采用具有现代先进技术水平的绝缘栅双极型晶体管（IGBT）作为功率输出部件。因此，它们具有很高的运行可靠性和功能的多样性。其脉冲宽度调制的开关频率是可以选择的，因而降低了电动机的噪声。全面而完善的保护功能为变频器和电动机提供了良好的保护，MICROMASTER 420 具有缺省的工厂设置参数，它是给数量众多的简单的电动机控制系统供电的理想变频驱动装置。由于 MICROMASTER 420 具有全面而完善的控制功能，在设置相关参数以后，它也可用于更高级的电动机控制系统。

MICROMASTER 420 既可用于单机驱动系统，也可集成到“自动化系统”中。

A　特点

a　主要特性

(1) 易于安装。

(2) 易于调试。

(3) 牢固的 EMC 设计。

(4) 可由 IT（中性点不接地）电源供电。

(5) 对控制信号的响应是快速和可重复的。

(6) 参数设置的范围广，确保它可对广泛的应用对象进行配置。

(7) 电缆连线简单。

(8) 采用模块化设计，配置非常灵活。

(9) 脉宽调制的频率高，因而电动机运行的噪声低。

(10) 详细的变频器状态信息和信息集成功能。

(12) 有多种可选件供用户选用，用于 PC 通信的通信模块，基本操作面板（BOP），高级操作面板（AOP），用于进行现场总线通信的 PROFIBUS 通信模块。

b　性能特征

(1) 磁通电流控制（FCC），改善了动态响应和电动机的控制特性。

(2) 快速电流控制（FCL）功能，实现正常状态下的无跳闸运行。

(3) 内置的直流注入制动。

(4) 复合制动功能，改善了制动特性。

(5) 加速/减速斜坡特性，具有可编程的平滑功能。

(6) 具有比例，积分（PI）控制功能的闭环控制。

(7) 多点 V/f 特性。

c　保护特性

(1) 过电压/欠电压保护。

(2) 变频器过热保护。

(3) 接地故障保护。

(4) 短路保护。

(5) I^2t 电动机过热保护。

(6) PTC 电动机保护。

B　电源和电动机的连接

打开变频器的盖子后，就可以连接电源和电动机的接线端子。电源和电动机的接线必须按照图 4-19 所示的方法进行。

C　电磁干扰（EMI）的防护

变频器的设计允许它在具有很强电磁干扰的工业环境下运行。通常，良好的安装质量，可确保电动机安全和无故障地运行。防电磁干扰的措施如下：

(1) 机柜内的所有设备需用短而粗的接地电缆连接到公共接地点或公共的接地母线；

(2) 变频器连接的任何设备都需要用短而粗的接地电缆连接到同一个接地网；

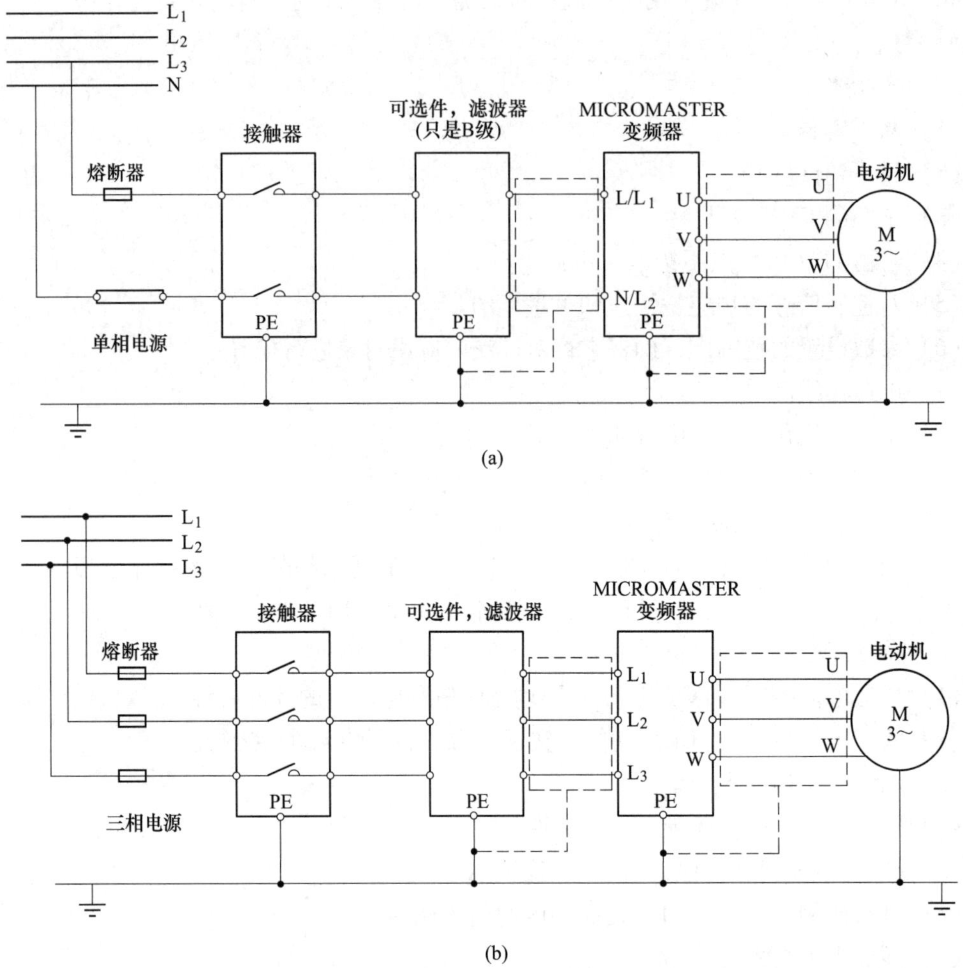

图 4-19　电源和电动机的连接方法

（a）单相电源和电动机的连接；（b）三相电源和电动机的连接

（3）由电动机返回的接地线直接连接到控制该电动机的变频器的接地端子（PE）上；

（4）接触器的触点最好是扁平的，因为它们在高频时阻抗较低；

（5）截断电缆的端头时应尽可能整齐，保证未经屏蔽的线段尽可能短；

（6）控制电缆的布线应尽可能远离供电电源线，使用单独的走线槽，必须与电源线交叉时采取 90°直角交叉；

（7）无论何时，与控制回路的连接线都应采用屏蔽电缆。

D　调试方法

MICROMASTER 420 变频器在标准供货方式时装有状态显示板（SDP），对一般用户利用 SDP 和厂家的缺省设置值，就可以使变频器正常地投入运行。如果厂家的缺省设置值不适合用户的设备情况，可使用基本操作板（BOP）或高级操作板（AOP）修改参数，使之匹配起来，也可用 PC IBN 工具“Drive Monitor”或“STARTER”来调整厂家的设置值。相关的软件在随变频器供货的 CD ROM 中可以找到。

a　用状态显示板（SDP）调试和操作的条件

SDP 的面板上有两个 LED，用于显示变频器当前的运行状态。采用 SDP 时，变频器的预设定值必须与电动机的额定功率、额定电压、额定电流、额定频率数据兼容。此外，还必须满足以下条件：

（1）线性 *V/f* 电动机速度控制，模拟电位计输入；

（2）50Hz 供电电源时，最大速度 3000r/min，可以通过变频器的模拟输入电位计进行控制；

（3）斜坡上加速时间/斜坡下加速时间 = 10。

b　缺省设置值

用 SDP 操作时的缺省设置值见表 4-6。

表 4-6　用 SDP 操作时的缺省设置值

项目	端子	参数	缺省操作
数字输入 1	5	P0701 = ‘1’	ON，正向运行
数字输入 2	6	P0702 = ‘12’	反向运行
数字输入 3	7	P0703 = ‘9’	故障复位
输出继电器	10/11	P0731 = ‘52.3’	故障识别
模拟输出	12/13	P0771 = ‘21’	输出频率
模拟输入	3/40	P0700 = ‘0’	频率设定值

c　用 SDP 进行的基本操作

使用变频器上装设的 SDP 可进行以下操作：

（1）启动和停止电动机；

（2）电动机反向；

（3）故障复位。

使用基本操作板（BOP）或高级操作板（AOP）进行修改参数、调试和操作，参看 MICROMASTER 420 变频器使用大全。

任务 4.5　三相异步电动机的制动控制

三相异步电动机从切断电源到完全停止旋转，由于惯性的关系总要经过一段时间，这往往不能满足某些生产机械工艺的要求。在实际生产中，为了实现快速、准确停车，缩短时间，提高生产效率，对要求停转的电动机强迫其迅速停车，必须采取制动措施。

三相异步电动机的制动方法有机械制动和电气制动两种。

机械制动是利用机械装置使电动机迅速停转。常用的机械装置是电磁抱闸，抱闸装置由制动电磁铁和闸瓦制动器构成，分通电制动和断电制动。制动时，将制动电磁铁的线圈接通或断开电源，通过机械抱闸制动电动机。

电气制动有反接制动、能耗制动、发电制动和电容制动等。

4.5.1　三相异步电动机反接制动控制

反接制动是利用改变电动机电源相序，使定子绕组产生的旋转磁场与转子旋转方向相反，因而产生制动力矩的一种制动方法。应当注意，当电动机转速接近于零时，必须立即断开电源，否则电动机将反向旋转。

另外，由于反接制动电流较大，制动时需在定子回路中串入电阻以限制制动电流。反接制动电阻的接法分对称电阻和不对称电阻两种，如图 4-20 所示。

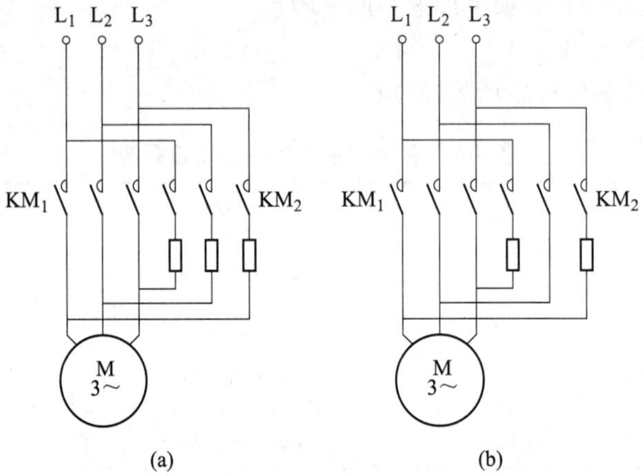

图 4-20　三相异步电动机反接制动电阻接法

（a）对称电阻接法；（b）不对称电阻接法

单向运行的三相异步电动机反接制动控制线路如图 4-21 所示。控制线路按速度原则实现控制，通常采用速度继电器。速度继电器与电动机同轴相连，在 120～3000r/min 范围内速度继电器触点动作；当转速低于 100r/min 时，其触点复位。

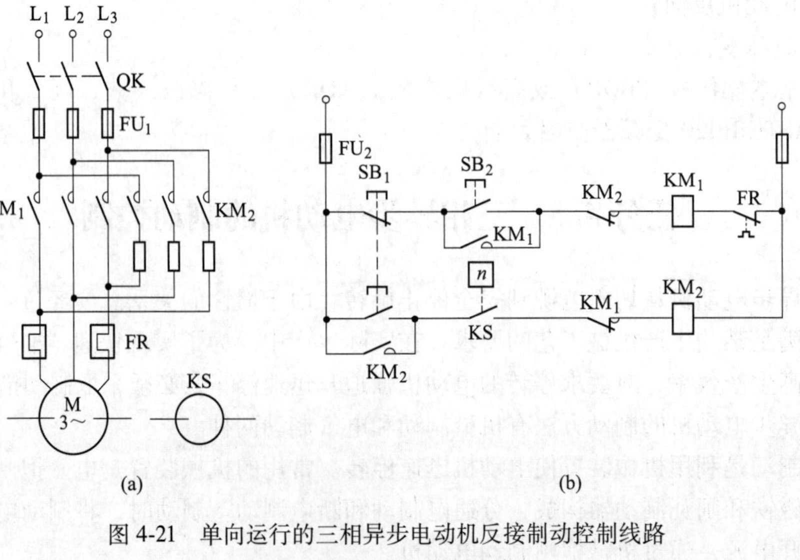

图 4-21　单向运行的三相异步电动机反接制动控制线路

（a）主电路；（b）辅助电路

工作过程为合上刀开关 QK→按下启动按钮 SB_2→接触器 KM_1 通电→电动机 M 启动运行→速度继电器 KS 常开触点闭合，为制动做准备。制动时按下停止按钮 SB_1→KM_1 断电→KM_2 通电（KS 常开触点尚未打开）→KM_2 主触点闭合，定子绕组串入制动电阻 R 进行反接制动→$n\approx0$ 时，KS 常开触点打开→KM_2 断电，电动机制动结束。

电动机可逆运行的反接制动控制线路如图 4-22 所示。图中 KS_F 和 KS_R 是速度继电器 KS 的两组常开触点，正转时 KS_F 闭合，反转时 KS_R 闭合，启动过程请读者自行分析。

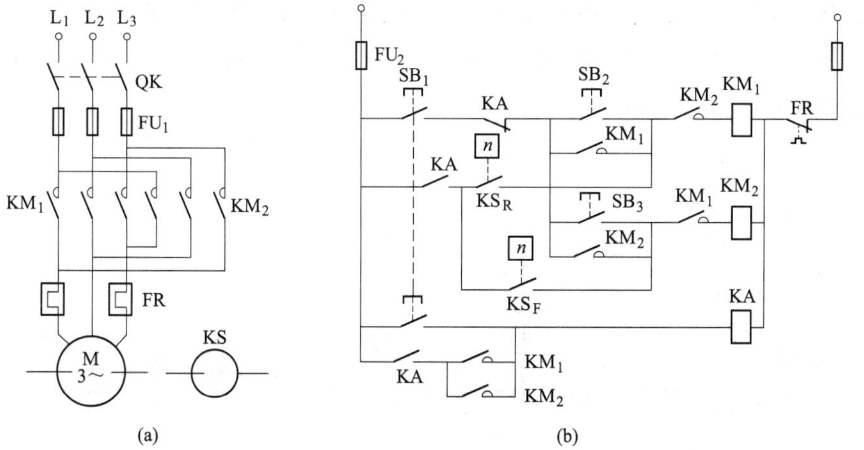

图 4-22　电动机可逆运行的反接制动控制线路

（a）主电路；（b）辅助电路

4.5.2　三相异步电动机能耗制动控制

三相异步电动机能耗制动时，切断定子绕组的交流电源后，在定子绕组任意两相通入直流电流，形成一固定磁场，与旋转着的转子中的感应电流相互作用产生制动力矩。制动结束后，必须及时切除直流电源。能耗制动控制线路如图 4-23 所示。

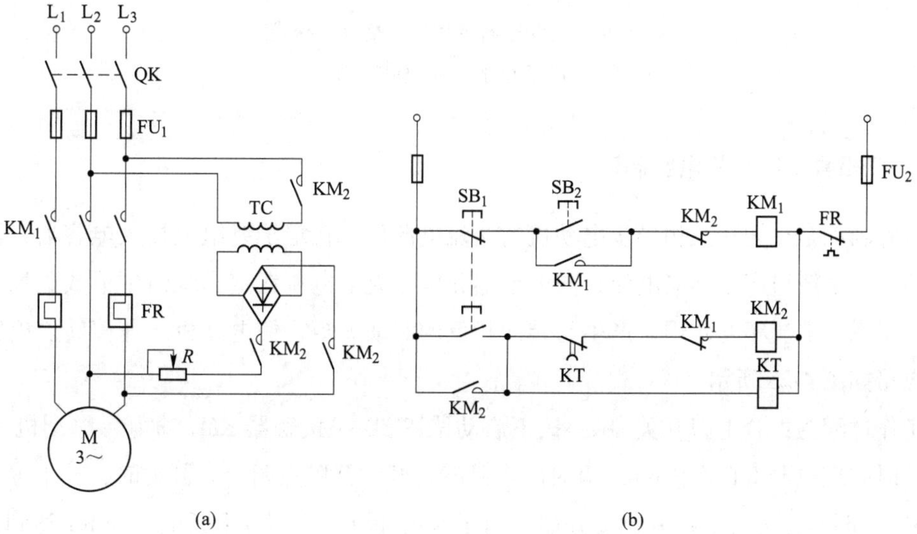

图 4-23　能耗制动控制线路

（a）主电路；（b）辅助电路

工作过程为合上刀开关 QK→按下启动按钮 SB_2→接触器 KM_1 通电→电动机 M 启动运行。制动时，按下复合按钮 SB_1→首先 KM_1 断电→电动机 M 断开交流电源，接着接触器 KM_2 和时间继电器 KT 同时通电，KM_2 主触点闭合→电动机 M 两相定子绕组通入直流电，开始能耗制动。当 KT 达到设定值时，延时常闭触点打开→KM_2 断电→切断电动机 M 的直流电→能耗制动结束。

该控制电路制动效果好，但对于较大功率的电动机要采用三相整流电路，则所需设备多，投资成本高。对于 10kW 以下的电动机，在制动要求不高的场合，可采用无变压器单相半波整流控制线路如图 4-24 所示。

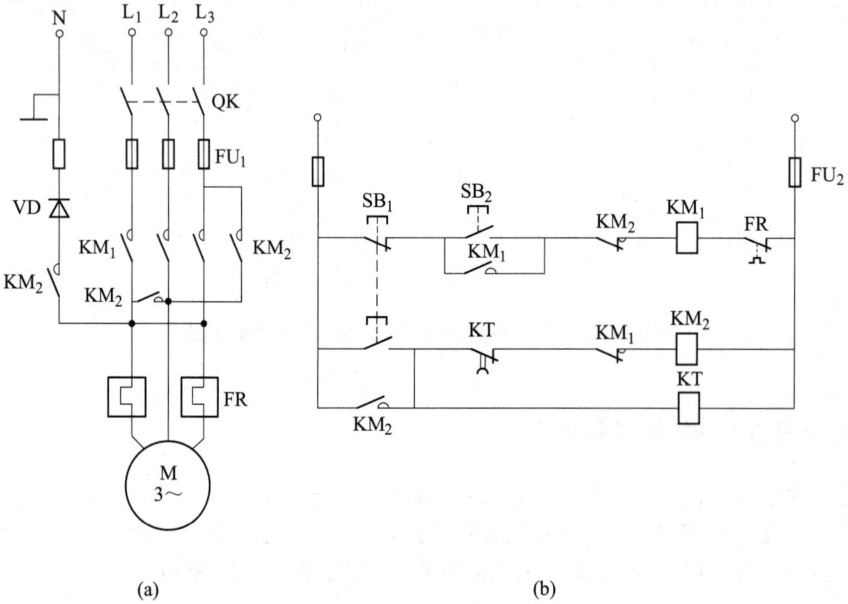

图 4-24　无变压器单相半波整流控制线路

（a）主电路；（b）辅助电路

4.5.3　三相异步电动机电容制动

电容制动是在切断三相异步电动机的交流电源后，在定子绕组上接入电容器，转子内剩磁切割定子绕组产生感应电流，向电容器充电；充电电流在定子绕组中形成磁场，该磁场与转子感应电流相互作用，产生与转向相反的制动力矩，使电动机迅速停转。电容制动控制电路如图 4-25 所示。

工作过程为：合上刀开关 QK→按下启动按钮 SB_2→接触器 KM_1 通电→电动机 M 启动运行→时间继电器 KT 通电→KT 瞬时闭合延时打开常开触点闭合。制动时，按下停止按钮 SB_1→KM_1 断电，电容器接入制动开始，由于 KM_1 断电，接着 KT 断电，当 KT 达到设定值时，延时常开触点打开→KM_2 断电→电容器断开，制动结束。

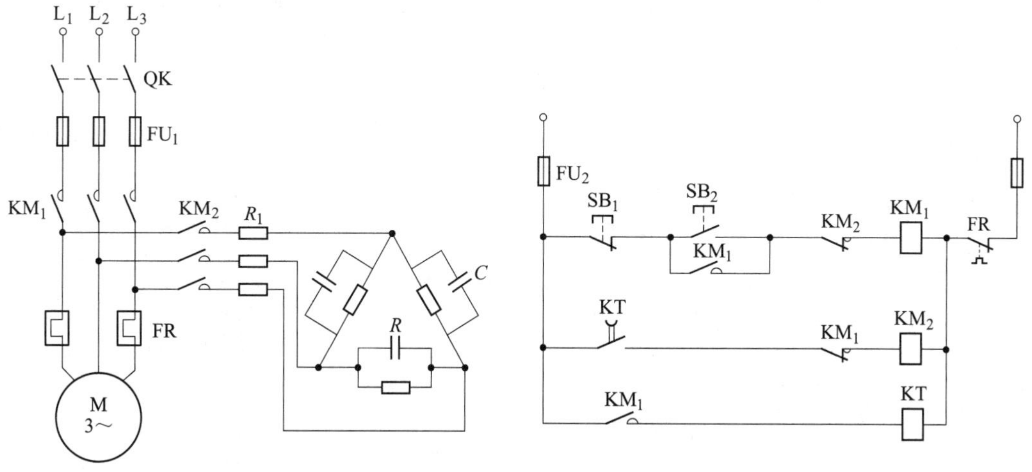

(a)　(b)

图 4-25　电容制动控制线路

（a）主电路；（b）辅助电路

任务 4.6　其他典型控制环节

在实际生产设备的控制中，除上述介绍的几种基本控制线路外，为满足某些特殊要求和工艺需要，还有一些其他的控制环节，如多地点控制、顺序控制和循环控制等。

4.6.1　多地点控制

有些电气设备，如大型机床、起重运输机等，为了操作方便，常要求能在多个地点对同一台电动机实现控制，这种控制方法称为多地点控制。

异步电动机多点控制电路

三地点控制线路如图 4-26 所示。把一个启动按钮和一个停止按钮组成一组，并把三组启动、停止按钮分别设置三地，即能实现三地点控制。

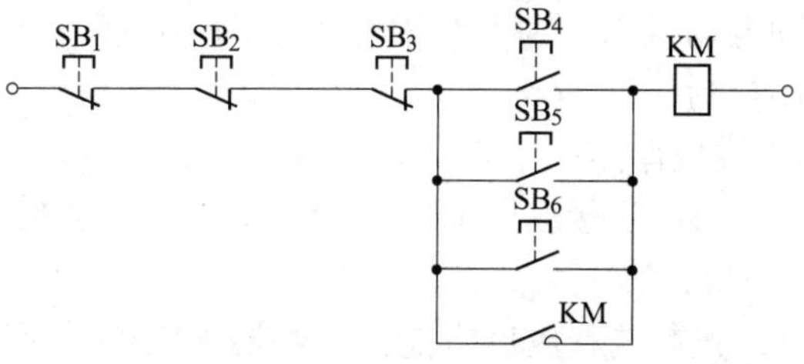

图 4-26　三地点控制线路

多地点控制的原则是：启动按钮应并联连接，停止按钮串联连接。

异步电动机顺序控制电路

4.6.2　多台电动机先后顺序工作的控制

在生产实际中，有时要求一个拖动系统中多台电动机实现先后顺序工作。例如，机床中要求润滑电动机启动后，主轴电动机才能启动。图 4-27 为两台电动机顺序启动控制线路。

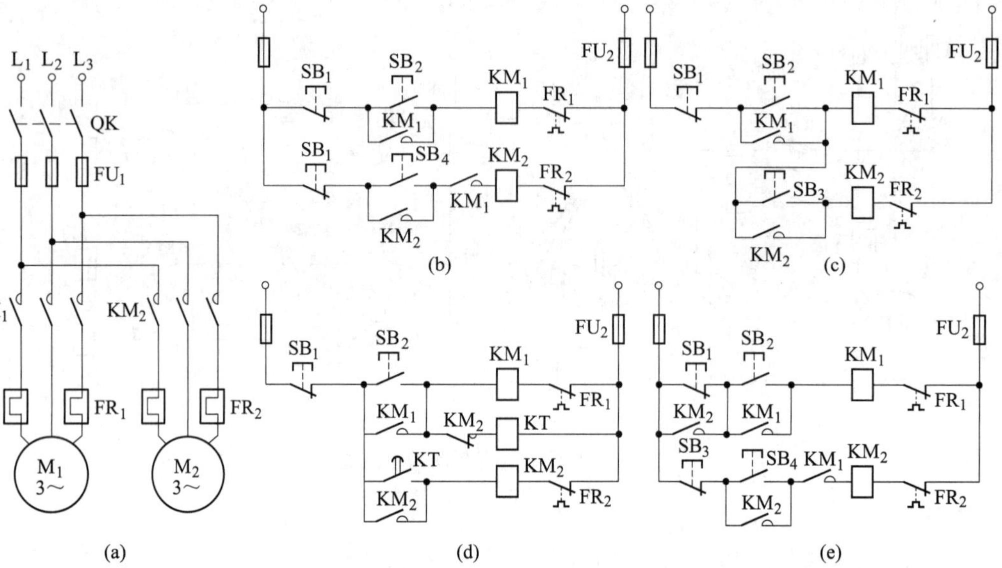

图 4-27　两台电动机顺序启动控制线路

在图 4-27（a）中，接触器 KM_1 控制电动机 M_1 的启动、停止；接触器 KM_2 控制 M_2 的启动、停止。现要求电动机 M_1 启动后，电动机 M_2 才能启动。

图 4-27（b）的工作过程为：合上刀开关 QK→按下启动按钮 SB_2→接触器 KM_1 通电→电动机 M_1 启动→KM_1 常开辅助触点闭合→按下启动按钮 SB_4→接触器 KM_2 通电→电动机 M_2 启动。

按下停止按钮 SB_1，两台电动机同时停止。如改用 4-27（c）线路的接法，可以省去接触器 KM_1 的辅助常开触点，使线路得到简化。

图 4-27（d）是采用时间继电器，按时间原则顺序启动的控制线路。该线路能实现电动机 M_1 启动 t(s) 后，电动机 M_2 自行启动。

图 4-27（e）可实现电动机 M_1 先启动，电动机 M_2 再启动；停止时，电动机 M_2 先停止，电动机 M_1 再停止的控制。

电动机顺序控制的接线规律是：

（1）要求接触器 KM_1 动作后接触器 KM_2 才能动作，故将接触器 KM_1 的常开触点串接于接触器 KM_2 的线圈电路中；

（2）要求接触器 KM_2 先断电释放后方能使接触器 KM_1 断电释放，则需将接触器 KM_2 的常开触点并联接触器 KM_1 线圈电路中的停止按钮上。

4.6.3　自动循环控制

在机床电气设备中，有些是通过工作台自动往复工作的，如龙门刨床的工作台前进、后退，电动机的正反转是实现工作台自动往复循环的基本环节。自动循环控制线路如图 4-28 所示。

异步电动机自动往复控制电路

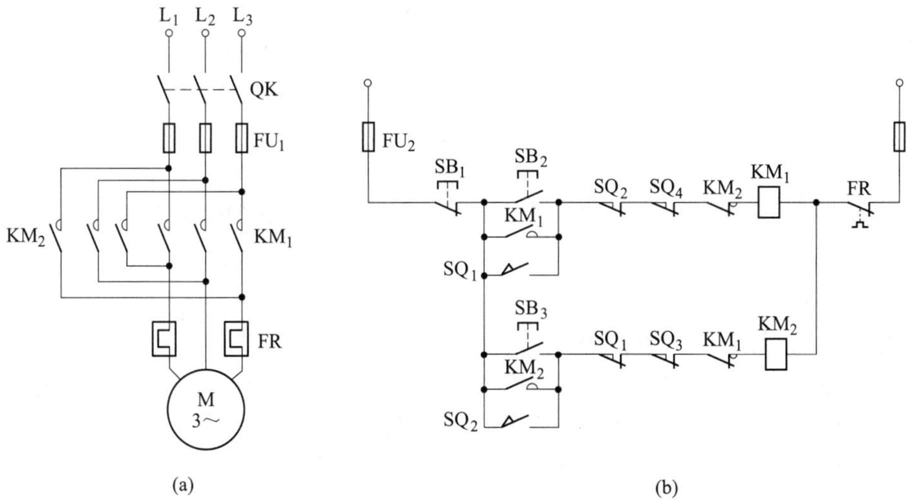

图 4-28 自动循环控制线路

（a）主电路；（b）辅助电路

控制线路按照行程控制原则，利用生产机械运动的行程位置实现控制，通常采用位置开关。

工作过程为：合上电源开关 QK→按下启动按钮 SB_2→接触器 KM_1 通电→电动机 M 正转，工作台向前→工作台前进到一定位置，撞块压动位置开关 SQ_2→SQ_2 常闭触点断开→KM_1 断电→电动机 M 改变电源相序而反转，工作台向后→工作台向后退到一定位置，撞块压动限位开关 SQ_1→SQ_1 常闭触点断开→KM_2 断电→M 停止反退；SQ_1 常开触点闭合→KM_1 通电→电动机 M 又正转，工作台又向前。如此往复循环工作，直至按下停止按钮 SB_1→KM_1（或 KM_2）断电→电动机停转。

另外，SQ_3、SQ_4 分别为反、正向终端保护位置开关，防止出现位置开关 SQ_1 和 SQ_2 失灵时造成工作台从机床身上冲出的事故。

任务 4.7 电气控制线路的设计方法

电气控制系统的设计，一般包括确定拖动方案、选择电机容量和设计电气控制线路。电气控制线路的设计方法通常有一般设计法和逻辑设计法两种。

4.7.1 一般设计法

一般设计法是根据生产工艺的控制要求，利用各种典型的控制环节，直接设计控制线路。这种设计方法要求设计人员必须掌握和熟悉大量的典型控制线路，以及各种典型线路的控制环节，同时具有丰富的设计经验，由于这种设计方法主要是靠经验进行设计，因此又称为经验设计法。经验设计法的特点是没有固定的设计模式，灵活性很大，对于具有一定工作经验的设计人员来说，容易掌握，因此在电气设计中被普遍采用。但用经验设计方法初步设计出来的控制线路可能有多种，也可能有一些不完善的地方，需要多次反复地修改、试验，才能使线路符合设计要求。即使这样，设计出来的线路可能不是最简，所用的电器及触点不一定最少，所以得出的方案不一定是最佳的。采用一般法设计控制线路时，应注意以下几个问题。

4.7.1.1　保护控制线路工作的安全和可靠性

电气元件要正确连接，电器的线圈和触点连接不正确，会使控制线路发生误动作，有时会造成严重的事故。

A　线圈的连接

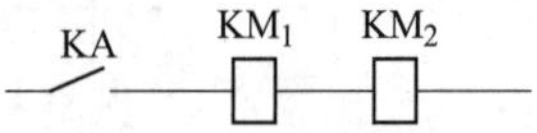

图 4-29　不能串联接入两个电器线圈

在交流控制线路中，不能串联接入两个电器线圈，如图4-29所示。即使外加电压是两个线圈额定电压之和，也是不允许的。因为每个线圈上所分配到的电压与线圈阻抗成正比，两个电器动作总有先后，先吸合的电器，磁路先闭合，其阻抗比没有闭合的电器大，电感显著增加，线圈上的电压也相应增大，故设吸合电器的线圈电压达不到吸合值。同时电路电流将增加，有可能烧毁线圈。因此两个电器需要同时动作时，线圈应并联连接。

B　电器触点的连接

同一电器的常开触点和常闭触点位置靠得很近，不能分别接在电源的不同相上。不正确连接电器的触点如图4-30（a）所示，位置开关SQ的常开触点和常闭触点不是等电位，当触点断开产生电弧时，很可能在两触点之间形成飞弧而引起电源短路。正确连接电器的触点如图4-30（b）所示，则两电器电位相等，不会造成飞弧而引起的电源短路。

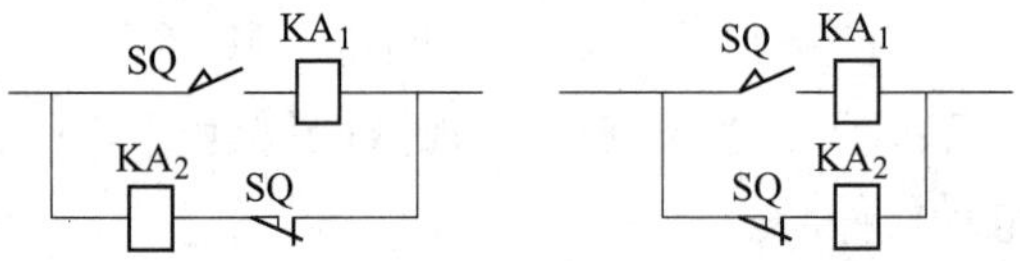

图 4-30　电器触点的连接

线路中应尽量减少多个电器元件依次动作后才能接通另一个电器元件。在图4-31（a）中，线圈KA_3的接通要经过KA、KA_1、KA_2三对常开触点。若改为图4-31（b），则每一线圈的通电只需经过一对常开触点，工作较可靠。

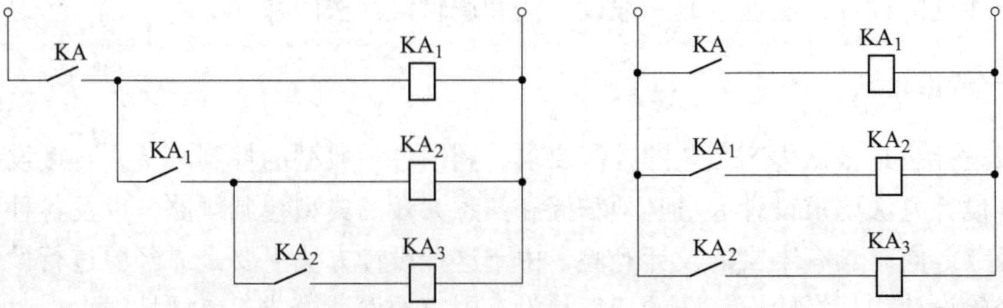

图 4-31　减少多个电器元件依次动作后才能接通另一个电器元件

应考虑电气触点的接通和分断能力。若电气触点的容量不够，可在线路中增加中间继电器或增加线路中触点数目。增加接通能力用多触点并联连接，增加分断能力用多触点串联连接。

应考虑电器元件触点“竞争”问题。同一继电器的常开触点和常闭触点有“先断后合”型和“先合后断”型。通电时常闭触点先断开，常开触点后闭合；断开时常开触点先断开，常闭触点后闭合，属于“先断后合”型，而“先合后断”型则相反；通电时常开触点先闭合，常闭触点后断开。断电时常闭触点先闭合，常开触点后断开。如果触点先后发生“竞争”，电路工作则不可靠。触点竞争线路如图4-32所示。若继电器KA采用“先合后断”型，则自锁环节起作用，如果KA采用“先断后合”型，则自锁环节不起作用。

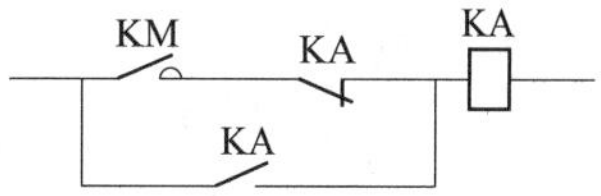

图 4-32　触点“竞争”线路

4.7.1.2　控制线路力求简单、经济

（1）尽量减少触点的数目。将电器元件触点的位置合理安排，可减少导线的根数和缩短导线的长度，以简化接线。图4-33中，启动按钮和停止按钮同放置在操作台上，而接触器放置在电器柜内。从按钮到接触器要经过较远的距离，所以必须把启动按钮和停止按钮直接连接，这样可减少连接线。

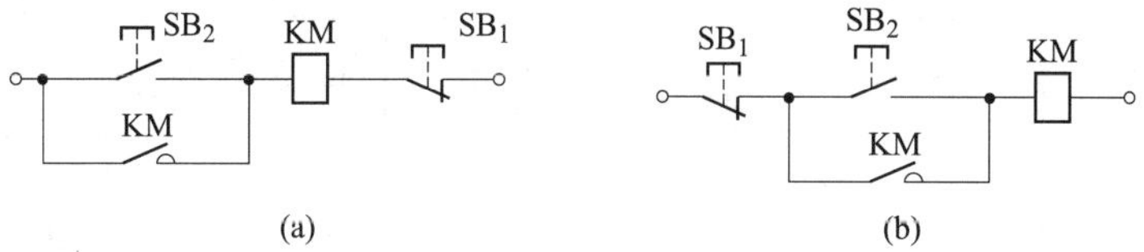

图 4-33　减少导线连接

（2）控制线路在工作时，除必要的电器元件必须长期通电外，其余电器应尽量不长期通电，以延长电器元件的使用寿命和节约电能。

4.7.1.3　防止寄生电路

控制线路在工作中出现意外接通的电路称为寄生电路。寄生电路会破坏线路的正常工作，造成误动作。图4-34是一个只有过载保护和指示灯的可逆电动机的控制线路，电动机正转时过载，则热继电器动作时会出现寄生电路（见图中虚线），使接触器KM_1不能及时断电，延长了过载的时间，起不到应有的保护作用。

4.7.1.4　设计举例

例 4-1　图4-35为切削加工时刀架的自动循环工作过程示意图。其控制要求如下：

（1）自动循环，即刀架由位置“1”移动到位置“2”进行钻削加工后自动退回位置“1”，实现自动循环；

（2）无进给切削，即钻头到达位置“2”时不再进给，但钻头继续旋转进行无进给切削以提高工件加工精度；

（3）快速停车，停车时要求快速停车，以减少辅助时间。

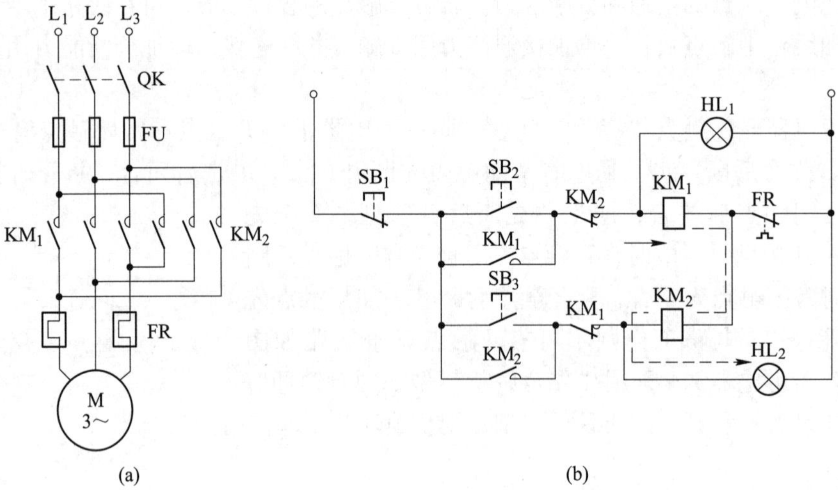

图 4-34　寄生电路

（a）主电路；（b）辅助电路

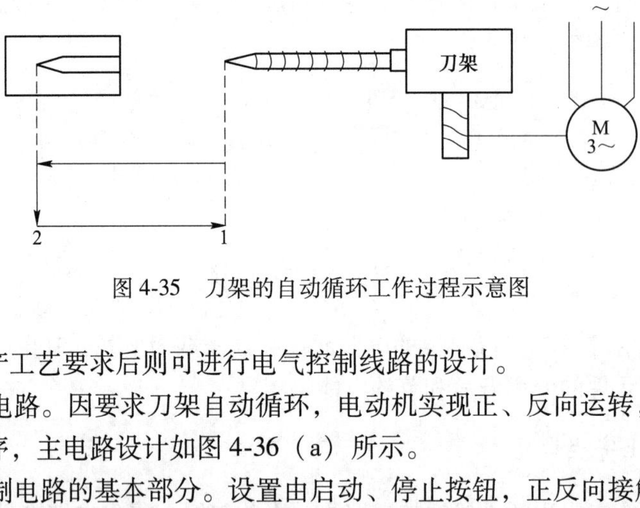

图 4-35　刀架的自动循环工作过程示意图

了解清楚生产工艺要求后则可进行电气控制线路的设计。

（1）设计主电路。因要求刀架自动循环，电动机实现正、反向运转，故采用两个接触器以改变电源相序，主电路设计如图 4-36（a）所示。

（2）确定控制电路的基本部分。设置由启动、停止按钮，正反向接触器组成的控制电动机“正-停-反”的基本控制环节，如图 4-36（b）为刀架前进、后退的基本控制线路。

（3）设计控制电路的特殊部分，工艺要求如下。

1）工艺要求刀架能自动循环，应采用位置开关 SQ_1 和 SQ_2 分别作为测量刀架运动的行程位置的元件，其中 SQ_1 放置在“1”的位置，SQ_2 放置在“2”的位置。将 SQ_2 的常闭触点串接于正向接触器 KM_1 线圈的电路中，SQ_2 的常开触点与反向启动按钮 SB_3 并联连接。这样，当刀架前进到位置“2”时，压动位置开关 SQ_2，其常闭触点断开，切断正向接触器线圈电路的电源，KM_1 断电；SQ_2 常开触点闭合，使反向接触器 KM_2 通电，刀架后退，退回到位置“1”时，压动位置开关 SQ_1；同样，把 SQ_1 的常闭触点串接于反向接触器 KM_2 线圈电路中，SQ_1 的常开触点与正向启动按钮 SB_2 并联连接，则刀架又自动向前，实现刀架的自动循环工作。

2）实现无进给切削。为了提高加工精度，要求刀架前进到位置“2”时进行无进给

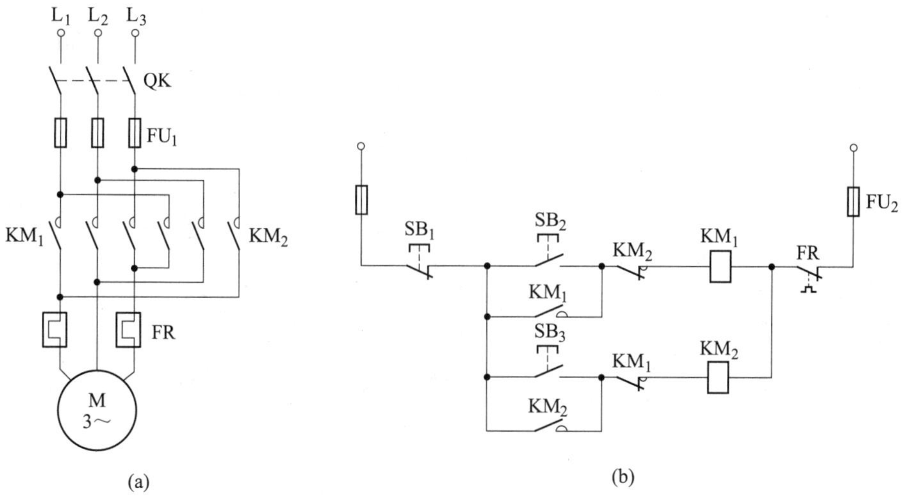

图 4-36　刀架前进、后退的控制线路

（a）主电路；（b）辅助电路

切削，即刀架不再前进，但钻头继续转动切削（钻头转动由另一台电动机拖动），无进给切削一段时间后，刀架再后退。故该线路根据时间原则，采用时间继电器来实现无进给切削控制，如图 4-37 所示。

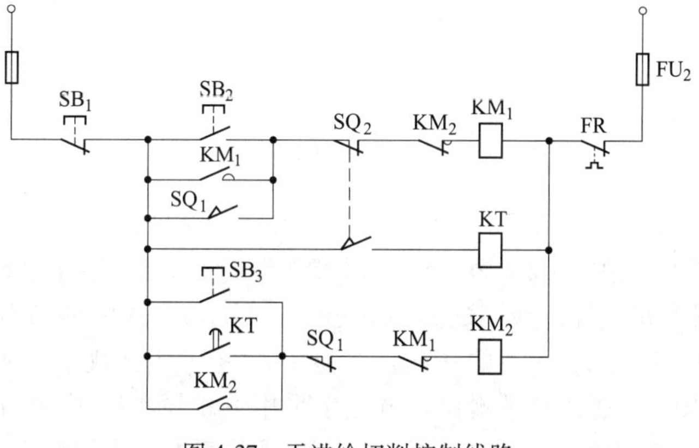

图 4-37　无进给切削控制线路

3）快速停车。对笼型电动机，通常采用反接制动的方法。按速度原则采用速度继电器来实现，如图 4-38 所示。完整的钻削加工时刀架自动循环控制线路的工作过程为：按下启动按钮 SB_2→接触器 KM_1 通电→电动机 M 正转→速度继电器正向常闭触点 KS_F 断开，正向常开触点闭合→制动时，按下停止按钮 SB_1→接触器 KM_1 断电→接触器 KM_2 通电，进行反接制动；当转速接近于零时，速度继电器正向常开触点 KS_F 断开→接触器 KM_2 断电，反接制动结束。

当电动机转速接近于零时，速度继电器的常开触点 KS_F 断开后，常闭触点 KS_F 不立即闭合，因而 KM_2 有足够的断电时间使衔铁释放，自锁触点断开，不会造成电动机反向启动。

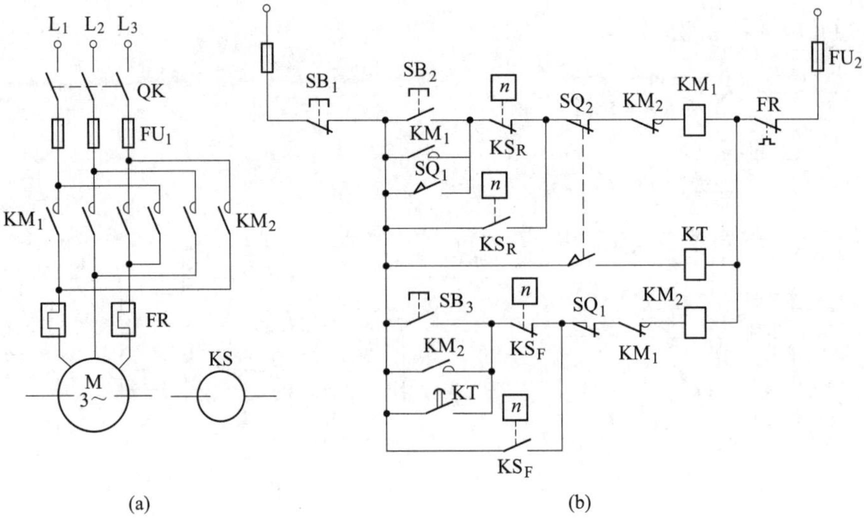

图 4-38　完整的钻削加工时刀架自动循环控制线路

（a）主电路；（b）辅助电路

电动机反转时的反接制动过程与正向的反向制动过程一样，不同的是反接制动时，速度继电器反向触点 KS_R 动作。

4）设置必要的保护环节。该线路采用熔断器 FU 作为短路保护，热继电器 FR 作为过载保护。

4.7.2　逻辑设计法

4.7.2.1　电气控制线路逻辑设计中的有关规定

逻辑设计法是利用逻辑代数这一数学工具来设计电气控制线路，同时也可以用于线路的简化，把电气控制线路中的接触器、继电器等电器元件线圈的通电和断电，触点的闭合和断开看成是逻辑变量，规定线圈的通电状态为“1”态，线圈的断电状态为“0”态；触点的闭合状态为“1”态，触点的断开状态为“0”态。上述规定采用的是“正逻辑”，但也可采用“负逻辑”，通常在逻辑设计方法中采用“正逻辑”。根据工艺要求将这些逻辑变量关系表示为逻辑函数的关系式，并运用逻辑函数基本公式和运算规律，对逻辑函数式进行化简，再由化简的逻辑函数式画出相应的电气原理图，最后再进一步检查、完善，以期得到既满足工艺要求，又经济合理、全可靠的最佳设计线路。

4.7.2.2　逻辑运算法则

用逻辑来表示控制元件的状态，实质上是以触头的状态作为逻辑变量，通过简单的“逻辑与”“逻辑或”“逻辑非”等基本运算，得出其运算结果，此结果表明电气控制线路的结构。

A　逻辑与

图 4-39 表示常开触点 KA_1、KA_2 串联的逻辑与电路。当常开触点 KA_1 与 KA_2 同时闭合时，即 $KA_1=1$、$KA_2=1$，则接触器 KM 通电，即 $KM=1$；当常开触点 KA_1 与 KA_2 任一不闭合，即 $KA_1=0$ 或 $KA_2=0$，则 KM 断电，即 $KM=0$。图 4-39 中的关系可用逻辑“与”

关系式表示：

$$KM = KA_1 \times KA_2 \tag{4-2}$$

逻辑与的真值表见表 4-7。

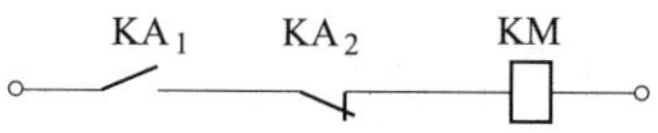

图 4-39　逻辑与电路

表 4-7　逻辑与的真值表

KA_1	KA_2	KM
0	0	0
0	1	0
1	0	0
1	1	1

B　逻辑或

图 4-40 表示常开触点 KA_1 与 KA_2 并联的逻辑或电路。当常开触点 KA_1 与 KA_2 任一闭合或都闭合（即 $KA_1=1$，$KA_2=0$；$KA_1=0$，$KA_2=1$；或 $KA_1=KA_2=1$）时，则 KM 通电，即 KM = 1；当 KA_1、KA_2 均不闭合，KM = 0。图 4-40 可用逻辑或关系式表示：

$$KM = KA_1 + KA_2 \tag{4-3}$$

逻辑或的真值表见表 4-8。

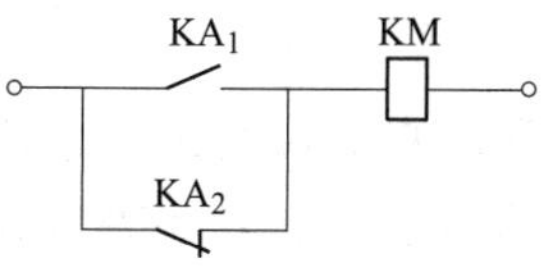

图 4-40　逻辑或电路

表 4-8　逻辑或真值表

KA_1	KA_2	KM
0	0	0
0	1	1
1	0	1
1	1	1

C　逻辑非

图 4-41 表示与继电器常开触点 KA 相对应的常闭触点 $\overline{KA}$ 与接触器线圈 KM 串联的逻辑非电路。当继电器线圈通电（即 KA = 1）时，常闭触点 $\overline{KA}$ 断开（即 $\overline{KA}=0$），则 KM = 0；当 KA 断电（即 KA = 0）时，常闭触点 $\overline{KA}$ 闭合（即 $\overline{KA}=1$），则 KM = 1。

图 4-41 可用逻辑非关系式表示为：

$$KM = \overline{KA} \tag{4-4}$$

逻辑非的真值表见表 4-9。

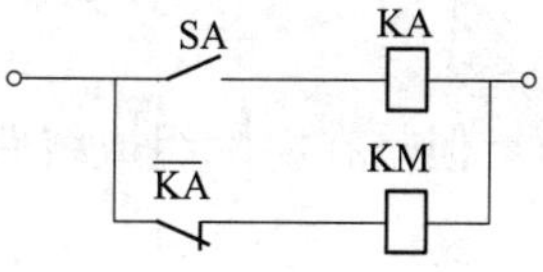

图 4-41　逻辑非电路

表 4-9　逻辑非真值表

KA	KM
0	1
1	0

有时也称 KA 对 KM 是“非控制”。

以上与、或、非逻辑运算，其逻辑变量不超过两个，但对多个逻辑变量也同样适用。

D　逻辑代数定理

（1）交换律：

$$AB = BA;\quad A + B = B + A$$

（2）结合律：

$$A(BC) = (AB)C;\quad A + (B + C) = (A + B) + C$$

（3）分配率：

$$A(B + C) = AB + AC;\quad A + BC = (A + B)(A + C)$$

（4）吸收率：

$$A + AB = A;\quad A(A + B) = A;\quad A + AB = A + B;\quad \bar{A} + AB = \bar{A} + B$$

（5）重叠率：

$$AA = A;\quad A + A = A$$

（6）非非率：

$$\bar{A} = A$$

（7）反演率（摩根定律）：

$$\overline{A + B} = \bar{A} \times B;\quad \overline{A \times B} = \bar{A} + \bar{B}$$

以上基本定律都可用真值表或继电器电路证明，读者可自行证明。

4.7.2.3　逻辑函数的化简

逻辑函数化简可以使继电接触器电路简化，因此有重要的实际意义。化简方法有两种：一种是公式法；另一种是卡诺图法。这里介绍公式法化简，关键在于熟练掌握基本定律，综合运用提出因子、并项、扩项、消去多余因子、多余项等方法，并进行化简。

化简时经常用到常量与变量关系：

$$A + 0 = A\quad A \times 1 = A$$

$$A + 1 = 1\quad A \times 0 = 0$$

$$A + \bar{A} = 1\quad A \times \bar{A} = 0$$

下面举几个例子说明如何化简：

$$F = ABC + \bar{A}B + AB\bar{C} = AB(C + \bar{C}) + \bar{A}B = AB + \bar{A}B = (A + \bar{A})B = B$$

$$F = \overline{\bar{A}B} = A\bar{B}C = A\bar{B} + A\bar{B}C = A\bar{B}(1 + C) = A\bar{B}$$

$$F = A\bar{B} + \overline{BC} + AC = A\bar{B}(C + \bar{C}) + \overline{BC} + AC = A\bar{B}C + A\overline{BC} + \overline{BC} + AC$$

$$= (A + 1)\overline{BC} + (\bar{B} + 1)AC = \overline{BC} + AC$$

对逻辑代数式的化简，就是对继电接触器线路的化简。但是在实际组成线路时，有些具体因素必须考虑：

（1）接点容量的限制特别要检查担负关断任务的触点容量，触点的额定电流比触点电流分断能力约大10倍，所以在简化后要注意触点是否有此分断能力；

（2）在有多余接点，并且多用些接点能使线路的逻辑功能更加明确的情况下，不必强求化简来节省触点。

4.7.2.4　逻辑组合电路设计

逻辑电路有两种基本类型：一种为逻辑组合电路；另一种为逻辑时序电路。

逻辑组合电路没有反馈电路（如自锁电路），对于任何信号都没有记忆功能，控制线路的设计比较简单。

例如：某电动机只有在继电器 KA_1、KA_2、KA_3 中任何一个或两个继电器动作时才能运转，而在其他条件下都不运转，试设计其控制线路。

电动机的运转由接触器 KM 控制，根据题目的要求，列出接触器 KM 通电状态的真值表，见表 4-10。

表 4-10　接触器 KM 通电状态的真值表

KA_1	KA_2	KA_3	KM
0	0	0	0
0	0	1	1
0	1	0	1
0	1	1	1
1	0	0	1
1	0	1	1
1	1	0	1
1	1	1	0

根据真值表，写出接触器 KM 的逻辑函数表达式：

$$f_{KM} = \overline{KA_1} \times \overline{KA_2} \times KA_3 + \overline{KA_1} \times KA_2 \times \overline{KA_3} + \overline{KA_1} \times KA_2 \times KA_3 + KA_1 \times \overline{KA_2} \times \overline{KA_3} + KA_1 \times \overline{KA_2} \times KA_3 + KA_1 \times KA_2 \times \overline{KA_3}$$

利用逻辑代数基本公式（或卡诺图）进行化简得：

$$f_{KM} = \overline{KA_1} \times (KA_2 + KA_3) + KA_1 \times (\overline{KA_2} + \overline{KA_3})$$

根据简化的逻辑函数表达式，可绘制如图 4-42 的电气控制线路。

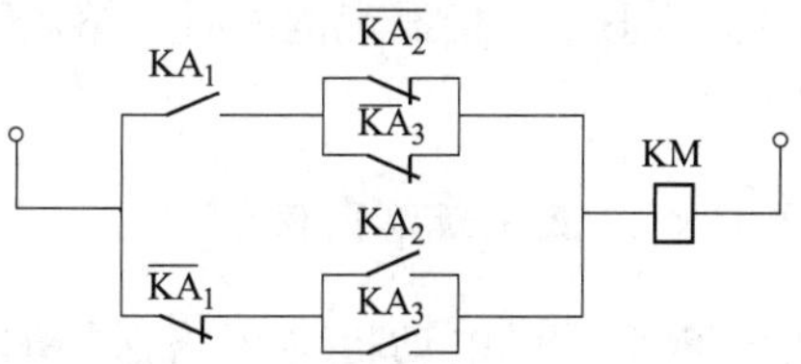

图 4-42　电气控制线路

逻辑时序电路具有反馈电路，即具有记忆功能，设计过程较复杂，一般按照以下步骤进行：

（1）根据工艺要求，做出工作循环图；

（2）根据工作循环图，做出执行元件和检测元件的状态表-转换表；

（3）根据转换表，确定中间记忆元件的开关边界线，设置中间记忆元件；

（4）列写中间记忆元件逻辑函数式及执行元件逻辑函数式；
（5）根据逻辑函数式，绘出相应的电气控制线路；
（6）检查并完善所设计的控制电路。

任务 4.8　电气线路中的保护措施

电气控制系统必须在安全可靠的条件下来满足生产工艺的要求，因此在线路中还必须设有各种保护装置，避免由于各种故障造成电气设备和机械设备的损坏，以及保证人身的安全。保护环节也是所有自动控制系统不可缺少的组成部分，保护的内容是十分广泛的，不同类型的电动机，生产机械和控制线路有不同的要求，本节集中介绍低压电动机最常用的保护。电气控制线路中常用的保护环节有短路保护、过电流保护、过载保护、零电压和欠电压保护、弱磁保护及超速保护等。

4.8.1　短路保护

电动机、电器的绝缘损坏，或线路发生故障时，都可能造成短路事故。很大的短路电流和电动力可能使电气设备损坏或发生更严重的后果，因此要求一旦发生短路故障时，控制线路能迅速地切除电源的保护称为短路保护。同时，这种短路保护装置不应受启动电流的影响而动作。

4.8.1.1　熔断器保护

由于熔断器的熔体受很多因素的影响，故其动作值不太稳定，因此通常熔断器比较适用于动作准确度要求不高和自动化程度较差的系统中。例如，小容量的鼠笼型异步电动机及小容量直流电动机中就广泛地使用熔断器。

对直流电动机和绕线式异步电动机来说，熔断器熔体的额定电流应选 1.00~1.25 倍电动机额定电流。

对鼠笼型异步电动机（启动电流达 7 倍额定电流），熔体的额定电流可选 2.0~3.5 倍电动机额定电流。

对鼠笼型电动机的启动电流不等于 7 倍额定电流时，熔体额定电流可按 1/2.5~1/1.6 倍电动机启动电流来选择。

4.8.1.2　过电流继电器保护或低压断路器保护

当用过电流继电器或低压断路器作电动机的短路保护时，其线圈的动作电流可按式（4-5）计算：

$$I_{SK} = 1.2 I_{ST} \tag{4-5}$$

式中　I_{SK}——过电流继电器或低压断路器的动作电流；

I_{ST}——电动机启动电流。

应当指出，过电流继电器不同于熔断器和低压断路器，它是一个测量元件。过电流的保护要通过执行元件接触器来完成，因此为了能切断短路电流，接触器触点的容量不得不加大，低压断路器把测量元件和执行元件装在一起。熔断器的熔体本身就是测量和执行元件。

4.8.2　过电流保护

过电流保护广泛用于直流电动机或绕线转子异步电动机。对于三相笼型异步电动机，由于其短时过电流不会产生严重后果，故可不设置过电流保护。

过电流保护往往是由于不正确的启动和过大的负载引起的，一般比短路电流小，在电动机运行中产生过电流比发生短路的可能性更大，尤其是在频繁正反转启动的重复短时工作制电动机中更是如此。直流电动机和绕线转子异步电动机控制线路中，过电流继电器也起着短路保护的作用，一般过电流的动作值为启动电流的 1.2 倍。

必须指出，短路、过载、过电流保护虽然都是电流型保护，但由于故障电流、动作值以及保护特性、保护要求及使用元件的不同，它们之间是不能取代的。

4.8.3　过载保护

电动机长期超载运行，绕组温升将超过其允许值，造成绝缘材料变脆，寿命缩短，严重时还会使电动机损坏。过载电流越大，达到允许温升的时间就越短，常用的过载保护元件是热继电器。

由于热惯性的原因，热继电器不会受电动机短时过载冲击电流或短路电流的影响而瞬时动作，所以在使用热继电器作过载保护的同时，还必须有短路保护。作短路保护的熔断器熔体的额定电流不能大于 4 倍热继电器发热元件的额定电流。

4.8.4　零电压和欠电压保护

在电动机正常工作时，如果因为电源电压的消失而使电动机停转，那么在电源电压恢复时电动机就可能自动启动，电动机的自启动可能造成人身事故或设备事故。对电网来说，许多电动机自启动会引起不允许的过电流及电压降。防止电压恢复时电动机自启动的保护称零压保护。

在电动机运转时，电源电压过分地降低会引起电动机转速下降甚至停转。同时，在负载转矩一定时，电流就要增加。此外，由于电压的降低将引起一些电器的释放，造成电路不正常工作，可能产生事故。因此需要在电压下降达到最小允许电压值时将电动机电源切除，这就称为欠电压保护。

一般采用电压继电器来进行零电压和欠电压保护。电压继电器的吸合电压通常整定为 $0.8\sim0.85U_e$，继电器的释放电压通常整定为 $0.5\sim0.7U_e$。

4.8.5　弱磁场保护

电动机磁通的过度减小会引起电动机的超速，因此需要保护，弱磁场保护采用的元件为电磁式电流继电器。

对并励和复励直流电动机来说，弱磁场保护继电器吸合电流一般整定在 0.8 倍的额定激磁电流。这里已考虑了电网电压可能发生的压降和继电器动作的不准确度。至于释放电流，对于调速的并励电动机来说应该整定在 0.8 倍的最小激磁电流。

4.8.6　超速保护

有些控制系统为了防止生产机械运行超过预定允许的速度，如高炉卷扬机和矿井提升机，在线路中设置了超速保护。一般超速保护用离心开关或测速发电机来完成。

4.8.7　电动机常用的保护环节

图 4-43 是电动机常用保护环节的接线，图中熔断器 FU 作短路保护，过电流继电器 KI_1、KI_2 用作过电流保护，欠电压继电器 KV 用作主电路欠电压保护，热继电器 FR 用作过载保护，零压继电器 KL 通过它的常开触点与主令开关触点 LK_0 并联构成零位自锁环节，正反转接触器 KM_1、KM_2 的常闭触点构成电气联锁。

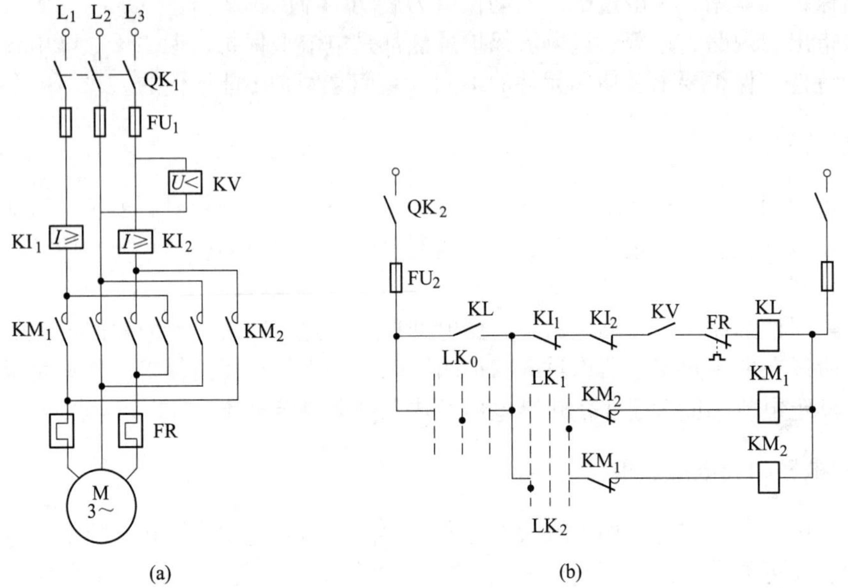

图 4-43　电动机常用保护环节

（a）主电路；（b）辅助电路

4.8.8　多功能一体化保护器

对电动机的基本保护，例如过载保护、断相保护、短路保护等，最好能在一个保护装置内同时实现，多功能保护器就是这种装置。电动机多功能保护装置品种很多，性能各异，图 4-44 是其中一种，图中保护信号由电流互感器 TA_1、TA_2、TA_3 串联后取得。这种互感器选用具有较低饱和磁密的磁环（例如用软磁铁氧体 MX0-2000 型锰锌磁环）组成。电动机运行时磁环处于饱和状态，因此互感器二次绕组中的感应电动势，除基波外还有三次谐波成分。

电动机正常运行时，三相的线电流基本平衡（大小相等，相位互差 120°），因此在互感器二次绕组中的基波电动势合成为零，但三次谐波电动势合成后是每相电动势的 3 倍。取得三次谐波电动势经过二极 V_3 整流，V_1、V_2 稳压，电容器 C_1 滤波，再经过 R_1 与 R_2 分压后，供给晶体管 V 的基极，使 V 饱和导通。于是继电器 KA 吸合，KA 常开触点闭合。按下启动按钮 SB_2 时，接触器 KM 通电。

当电动机电源断开一相时，互感器三个串联的二次绕组中只有两个绕组感应电动势，且大小相等，方向相反，结果互感器二次绕组总电动势为零，于是 V 的基极电流为零，V

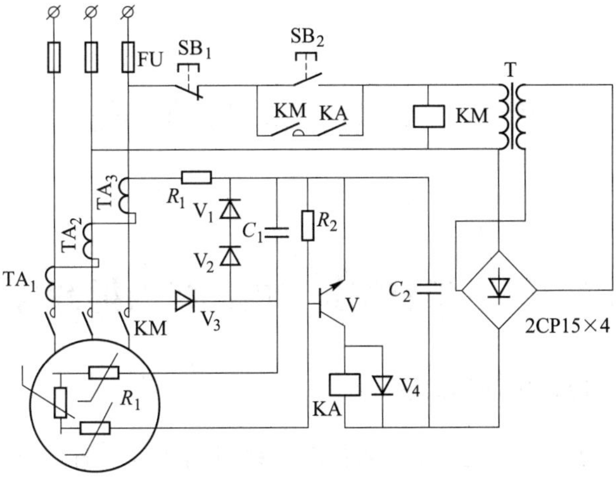

图 4-44　多功能一体化保护器原理图

截止，接在 V 集电极的继电器 KA 释放，接触器 KM 断电，KM 主触点断开，切断电动机电源。

当电动机由于过载或其他故障使其绕组温度过高时，热敏电阻 R_T 的阻值急剧上升，改变了 R_1 和 R_2 的分压比，使晶体管 V 的基极电流下降到很低的数值，V 截止，热继电器 KA 释放，同样能切断电动机电源。

为了更好地解决电动机的保护问题，现代技术正在提供更加广阔的途径。例如，研制发热时间常数小的新型 PTC 热敏电阻，增加电动机绕组对热敏电阻的热传导，发热时间常数小，使保护装置具有更高的灵敏度和精度。另外，发展高性能和多功能综合保护装置，其主要方向是采用固态集成电路和微处理器作为电流、电压、时间、频率、相位和功率等检测和逻辑单元。

对于频繁操作及大容量的电动机，它们的转子温度比定子绕组温升高，较好的办法是检测转子的温度，用红外线温度计从外部检测转子温度并加以保护，国外已有红外线保护装置的实际应用。

除上述主要保护外，控制系统中还有其他各种保护，如行程保护、油压保护和油温升保护等，这些一般都是在控制中串接一个受这些参数控制的常开触点或常闭触点来实现对控制电路的电源控制。上述的互锁和联锁控制，在某种意义上也是一种保护作用。

习　题

4-1　自锁环节怎样组成的，它起什么作用？

4-2　电气控制线路常用的保护环节有哪些，各采用什么电器元件？

4-3　什么是“自锁”“互锁”，试举例说明各自的作用。

4-4　试设计带有短路、过载、失电压保护的鼠笼型电动机直接启动的控制线路。

4-5　某笼型电动机正反向运转，要求降压启动，快速停车，试设计控制线路。

项目 5　电动机的装配与检修

项目 5 课件

任务 5.1　三相交流异步电动机的拆卸与装配

5.1.1　三相交流异步电动机基础知识

三相交流异步电动机的种类繁多，若按转子绕组结构分类有笼型异步电动机和绕线转子异步电动机两大类；若按机壳的防护形式分类又有防护式、封闭式和开启式等分类，外形如图 5-1 所示。

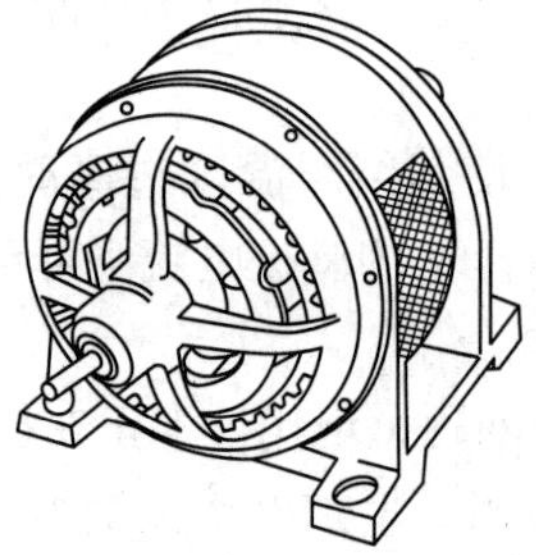

(a)

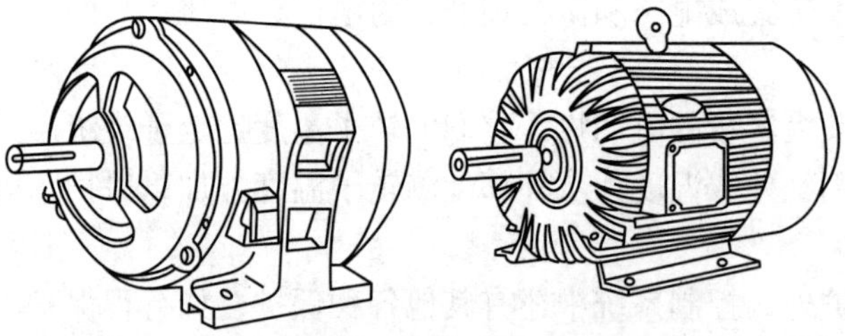

(b)　(c)

图 5-1　三相笼型异步电动机外形图

(a) 开启式；(b) 防护式；(c) 封闭式

不论三相交流异步电动机的分类方法如何，各类三相交流异步电动机的基本结构是相同的，它们都是由定子（包括定子铁芯、定子绕组和机座）和转子（转子铁芯、转子绕组和转轴）这两大基本部件组成的。在定子和转子之间具有一定的气隙。图 5-2 是一台封闭式三相笼型异步电动机的结构图。

5.1.2　三相异步交流电动机的拆卸

电动机在使用过程中因检查、维护等原因，需要经常拆卸、装配。只有掌握正确的拆

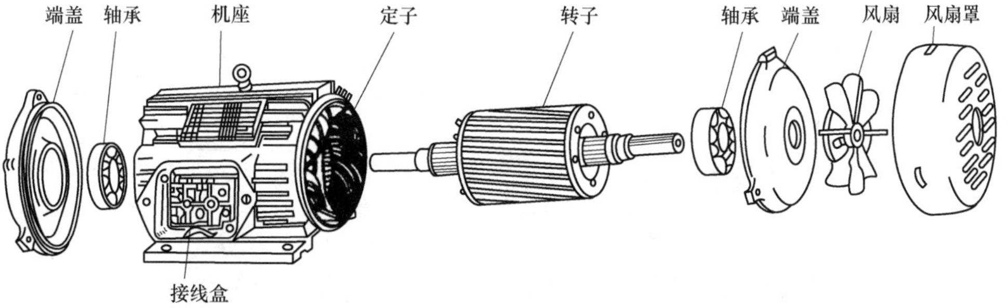

图 5-2　三相笼型异步电动机结构图

卸装配技术，才能保证电动机的修理质量。拆卸电动机之前，必须拆除电动机与外部电气连接的连线，并做好相位标记；准备拆卸现场及拆卸电动机的常用工具，如图 5-3 所示。

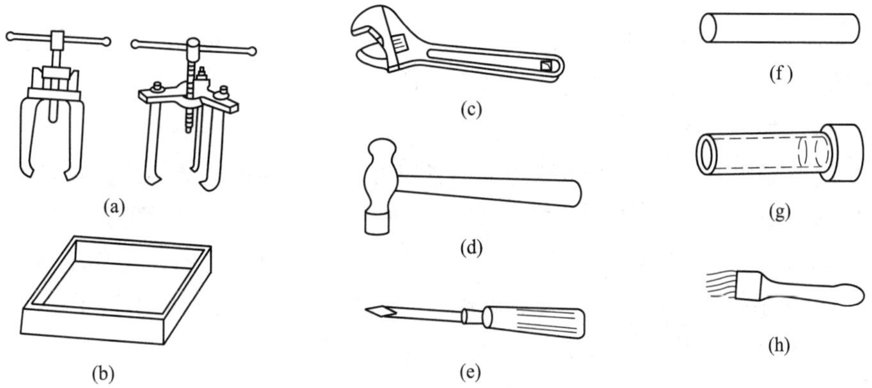

图 5-3　电动机拆卸常用工具

（a）拉具；（b）油盘；（c）活扳手；（d）手锤；（e）螺钉旋具；（f）紫铜棒；（g）钢铜棒；（h）毛刷

5.1.2.1　拆卸步骤

参看图 5-2，三相异步电动机的结构包括：带轮或联轴器、前轴承外盖、前端盖、风罩、风扇、后轴承外盖、后端盖、抽出转子、前轴承、前轴承内盖、后轴承和后轴承内盖。

5.1.2.2　主要部件的拆卸方法

A　皮带轮或联轴器的拆卸

（1）用粉笔标记好带轮的正反面，以免安装时装反。

（2）在带轮（或联轴器）的轴伸端做好标记，如图 5-4 所示。

（3）松下带轮或联轴器上的压紧螺钉或销子。

（4）在螺钉孔内注入煤油。

（5）按图 5-4 所示的方法安装好拉具，拉具螺杆的中心线要对准电动机轴的中心线，转动丝杠，掌握力度，把带轮或联轴器慢慢拉出，切忌硬拆，拉具顶端不得损坏转子轴端中心孔。在拆卸过程中，严禁用锤子直接敲击带轮，避免造成带轮或联轴碎裂，使轴变形、端盖受损。

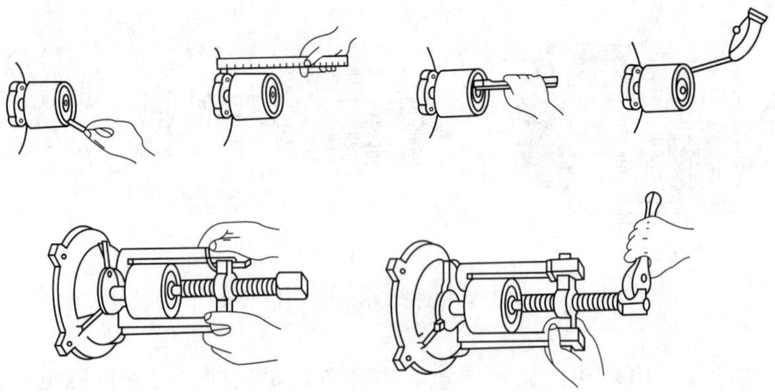

图 5-4　带轮或联轴器的拆卸

然后拆除风罩、风叶卡环、风叶，拆除卡环时要使用专用的卡环钳，并注意弹出伤人。拆除风叶时最好使用拉具，避免风叶变形损坏。

B　拆卸端盖、抽转子

拆卸前，先在机壳与端盖的接缝处（即止口处）做好标记以便复位。均匀拆除轴承盖及端盖螺栓拿下轴承盖，再用两个螺栓旋于端盖上两个顶丝孔中，两螺栓均匀用力向里转（较大端盖要用吊绳将端盖先挂上）将端盖拿下（无顶丝孔时，可用铜棒对称敲打，卸下端盖，但要避免过重敲击，以免损坏端盖）。对于小型电动机抽出转子是靠人工进行的，以防手滑或用力不均碰伤绕组，应用纸板垫在绕组端部进行。

C　轴承的拆卸、清洗

拆卸轴承应先用适宜的专用拉具。按如图 5-5 所示的方法夹持轴承，拉力应着力于轴承内圈，不能拉外圈，拉具顶端不得损坏转子轴端中心孔（可加些润滑油脂），拉具的丝杆顶点要对准转子轴的中心，缓慢匀速地扳动丝杆。在轴承拆卸前，应将轴承用清洗剂洗干净，检查它是否损坏，有无必要更换。

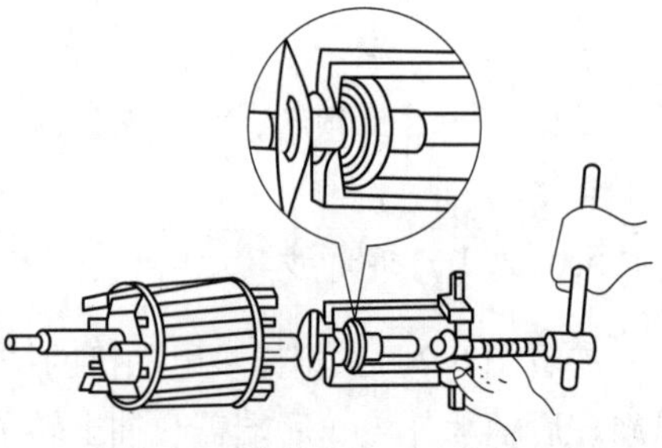

图 5-5　用拉具拆卸电动机轴承

5.1.3　三相异步交流电动机的装配

5.1.3.1　装配步骤

（1）用压缩空气吹净电动机内部灰尘，检查各部零件的完整性，清洗油污，并直观检查绕组有无变色、烧焦、脱落或擦伤；检查线圈是否松动、接头有无脱焊，如有上述现象该电动机就需另做处理。

（2）装配异步电动机的步骤与拆卸相反。装配前要检查定子内污物、锈是否清除，止口有无损坏伤，装配时应将各部件按标记复位，轴承应加适量润滑脂并检查轴承盖配合是否合适。

5.1.3.2　主要部件的装配方法

轴承装配可采用热套法和冷装配法。

（1）冷装配法。在干净的轴颈上抹一层薄薄的全损耗系统用油，把轴承套上，按图 5-6（a）所示方法用一根内径略大于轴颈直径、外径略大于轴承内圈外径的铁管，将铁管的一端顶在轴承的内圈上，用锤子敲打铁管的另一端，将轴承敲进去。最好是用压床压入。

（2）热套法。如轴承配合较紧，为了避免把轴承内环胀裂或损伤配合面，可采用热套法。将轴承放在油锅里（或油槽里）加热，油的温度保持在 100℃左右；轴承必须浸没在油中，又不能与锅底接触，可用铁丝将轴承吊起并架空［见图 5-6（b）］，要均匀加热，浸入 30~40min 后，把轴承取出，趁热迅速将轴承一直推到轴颈。

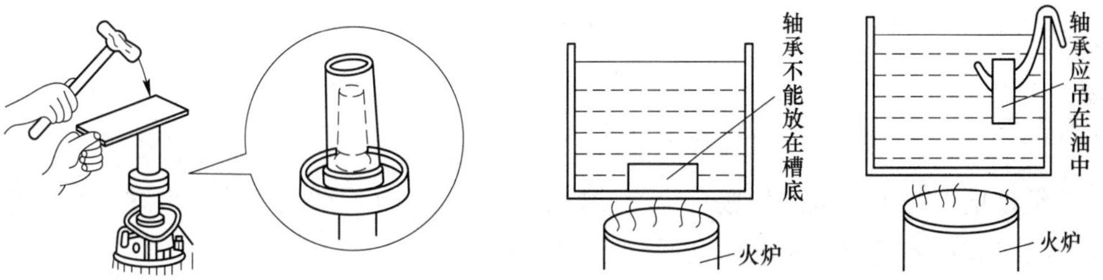

(a)　(b)

图 5-6　轴承的装配

（a）冷装配法；（b）热套法

5.1.4　三相异步交流电动机的检验

5.1.4.1　一般检查

检查电动机的转子转动是否轻便灵活，如转子转动比较沉重，可用纯铜棒轻敲端盖，同时调整端盖紧固螺栓的松紧程度，使之转动灵活。检查绕线转子电动机的刷握位置是否正确，电刷与集电环接触是否良好，电刷在刷握内是否卡死，弹簧压力是否均匀等。

5.1.4.2　绝缘电阻检查

检查电动机的绝缘电阻，用兆欧表遥测电动机定子绕组中相与相之间、各相对机壳之间的绝缘电阻；对于绕线转子异步电动机，还应检查各相转子绕组间及对地间的绝缘电阻。额定电压为 380V 的电动机用 500V 的兆欧表测量，绝缘电阻应不低于 0.5MΩ。大修更换绕组后的绝缘电阻一般不低于 5MΩ。

5.1.4.3　通电检查

根据电动机的铭牌与电源电压正确接线，并在电动机外壳上安装好接地线，启动电动机。

（1）用钳形电流表分别检测三相电流是否平衡。

（2）用转速表测量电动机的转速。

（3）让电动机空转运行 0.5h 后，检测机壳和轴承处的温度，观察振动和噪声。对于绕线式电动机，在空载时，还应检查电刷有无火花及过热现象。

任务 5.2　三相交流异步电动机定子绕组故障的排除

5.2.1　三相交流异步电动机定子绕组故障的基础知识

绕组是电动机的心脏，又是容易出故障的部件。电动机因受潮、暴晒、有害气体腐蚀、绕组绝缘老化、过载，均可造成定子绕组的故障。常见故障有三相交流电动机的单相运行，选择使用方法不当造成的接地、短路和断路及绕组的接线错误。

5.2.2　三相交流异步电动机定子绕组故障的检修方法

5.2.2.1　定子绕组接地和绝缘不良故障的检修

绕组接地即绕组与机体相接。绕组接地后，会引起电流增大、绕组发热、外壳带电，严重时会造成绕组短路，使电动机不能正常运行，还常伴有振动和响声。

引起电动机绕组接地的主要原因是：电动机长期不用、周围环境潮湿，或电动机受日晒雨淋，造成绕组受潮，使绝缘失去作用；电动机长期过载运行，使绝缘老化；金属异物进入绕组内部损坏绝缘；重嵌绕组线圈时擦伤绝缘，使导线和铁芯相碰等。

检查绕组接地的方法有兆欧表法和白炽灯法。

（1）兆欧表法。根据电动机电压等级选择兆欧表的规格，380V 的电动机一般应选用 550V 的兆欧表。用兆欧表测量电动机绕组对机座的绝缘，可分相测量，也可以三相并在一起测量。例如，测出的绝缘电阻在 0.5MΩ 以上，说明该电动机的绝缘尚好，可继续使用；如果测得绝缘电阻为零，则绕组通地。测得绝缘电阻为 0.5～0.2MΩ，说明电动机受潮，要进行干燥处理。

（2）白炽灯法。先将绕组各相线头拆开，将一根电源线经测试棒触及电动机外壳，灯泡一端接低压交流电电源，另一端通过测试棒逐相触绕组端子，检查灯泡是否发亮。绕组绝缘良好，则灯泡不亮；若灯泡发亮，说明该相绕组有接地故障；有时灯泡不亮，但测试棒接触电动机时出现火花，则说明绕组严重受潮。白炽灯法如图 5-7 所示。

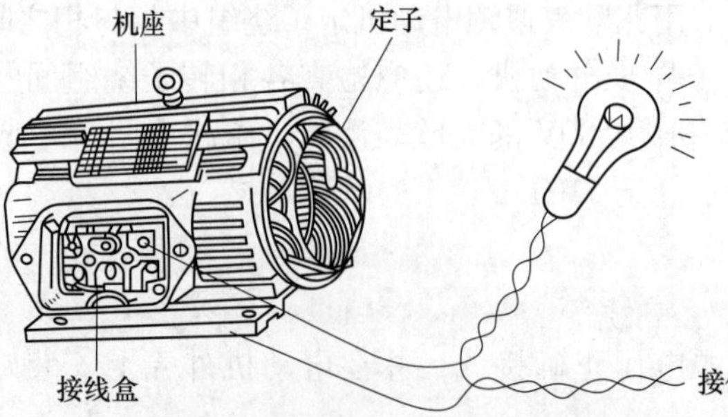

图 5-7　用白炽灯法检查定子绕组接地故障

上述两种方法判断出绕组有接地故障后，应进一步查找接地点，恢复绝缘，使导线与之隔离即可排除故障。

5.2.2.2　定子绕组断路故障的检修

断路故障多数发生在电动机绕组的端部，各线圈元件的接线头或电动机引出线等处。引起电动机绕组断路的主要原因是：导线受外力的作用而损伤断裂，接线头焊接不良而松脱，导线短路或电流过大，导线过热而烧断。

检查绕组断路的方法有：一般用兆欧表、万用表或校验灯来检验，也可用三相电流平衡法或测量绕组电阻的方法进行检查。

用兆欧表、万用表或校验灯检查星形联结的电动机绕组时，应按图 5-8（a）、（b）所示的方法测试。三角形联结的电动机，必须把三相绕组的接线拆开后，按图 5-8（c）、（d）所示的方法对每相分别测试。

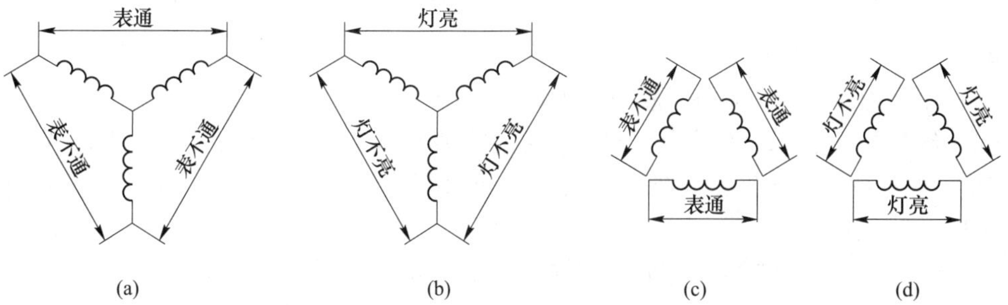

图 5-8　用兆欧表、万用表或校验灯检查绕组断路
（a）星形联结绕组；（b）星形联结绕组；（c）三角形联结绕组；（d）三角形联结绕组

用上述方法判断出绕组有断路故障后，应进一步检查断路点。找到断路点后重新将断开的导线焊牢，并包好绝缘。如果断路处在铁芯线槽内，且是个别槽内的线圈，则可用穿绕修补法更换个别线圈。

5.2.2.3　定子绕组短路故障的检修

绕组短路故障主要是由于电动机过载运行造成电流过大、电压过高、机械损伤、绝缘老化脆裂、受潮及重新嵌绕时碰伤绝缘等原因引起的。绕组短路故障有绕组匝间短路、极相组短路和相间短路。

检查定子绕组短路故障的方法有：外部检查法、兆欧表或万用表检查法、电流平衡法、直流电阻法、短路测试器法等。

兆欧表或万用表一般用来检查相间短路，当两组绕组间的绝缘电阻为零时，则说明该两相绕组短路。电流平衡法一般用来检查并联绕组的短路，即分别测量三相绕组的电流，电流大的一相为短路。直流电阻法就是利用低阻值欧姆表，如用万用表低欧姆量程或电桥分别测量各相绕组的直流电阻，电阻值较小的一相可能是短路相，这是一种普遍使用的检查方法。短路测试器是用来检查绕组匝间短路的，如手头上没有仪表，也可以用外部检查法来大致判断定子绕组的短路故障，其方法是：使电动机空载运行 20min，然后拆卸两边端部，用手摸线圈的端部，如果某一部分线圈比邻近的线圈温度高，则这部分线圈很可能短路；也可以观察线圈有无焦脆现象，如果有，则说明该线圈可能短路。

定子绕组短路故障的修理方法是：如能明显看出短路点的，则用竹楔插入两线圈间，把这两线圈短路部分分开，垫上绝缘，故障即可排除；如短路点发生在槽内，则先将该绕组加热软化以后，翻出受损绕组，换上新的槽绝缘，将导线损坏部位用薄的绝缘带包好，重新嵌入槽内，再进行必要的绝缘处理，故障即可排除；如个别线圈短路则可用穿绕修补法调换个别线圈。如果短路较严重，或进行绝缘处理的导线无法再嵌入槽内，就必须拆下整个绕组重新绕制；当电动机绕组损坏严重、无法局部修复时，就要把整个绕组拆去，调换新绕组。

5.2.2.4　三相异步电动机定子绕组引出线首端和末端的识别

当三相定子绕组重绕以后或将三相定子绕组的连接片拆开以后，此时定子绕组的六个出线端往往不易分清，则首先必须正确判定三相绕组的六个出线端的首尾端，才能将电动机正确接线并投入运行。六个接线端的首尾端判别方法有以下三种。

A　低压交流电源法（36V）

（1）用万用表欧姆挡先将三相绕组分开。

（2）给分开后三相绕组的六个接线端进行假设编号，分别编为 U_1、U_2、V_1、V_2、W_1、W_2。然后按如图 5-9 所示把任意两相中的两个接线端（设为 V_1 和 U_2）连接起来，构成两相串联绕组。

（3）在另外两个接线端 V_2 和 U_1 上接交流电压表。

（4）在另一相绕组 W_1 和 W_2 上接 36V 交流电源，如果电压表有读数，那么说明 U_1、U_2 和 V_1、V_2 的编号正确。如果无读数，则把 U_1、U_2 或 V_1、V_2 的编号对调一下即可。

（5）用同样方法判定 W_1、W_2 的两个接线端。

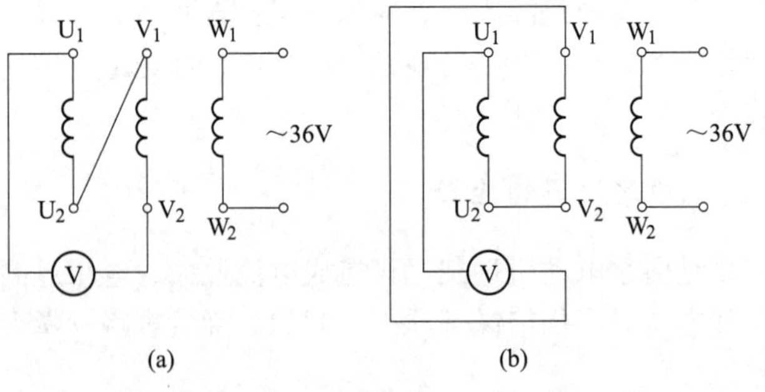

图 5-9　用低压交流电源法检查绕组首尾端

（a）有读数；（b）无读数

B　发电机法

（1）用万用表欧姆挡先将三相绕组分开。

（2）给分开后的三相绕组做假设编号，分别为 U_1、U_2、V_1、V_2、W_1、W_2。

（3）按图 5-10 所示接线，用手转动电动机转子。由于电动机定子及转子铁芯中通常均有少量的剩磁，当磁场变化时，在三相定子绕组中将有微弱的感应电动势产生，此时若并接在绕组两端的微安表（或万用表微安挡）指针不动，则说明假设的编号是正确的。若指针有偏转，说明其中有一相绕组的首尾端假设编号错误，应逐相对调重测，直至正确为止。

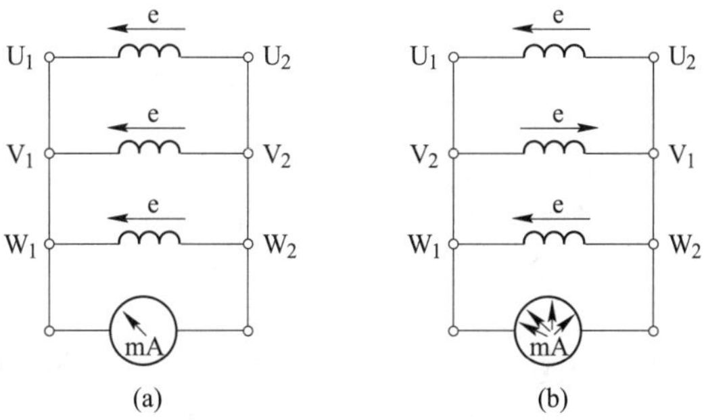

图 5-10　用发电机法检查绕组首尾端

（a）指针不动首尾端正确；（b）指针摆动首尾端不对

C　干电池法

（1）首先用前述方法分开三相绕组，并进行假设编号。

（2）按如图 5-11 所示接线，闭合电池开关的瞬间，若微安表指针摆向大于零的一侧，则连接电池正极的接线端与微安表负极所连接的接线端同为首端（或同为尾端）。

（3）再将微安表连接另一相绕组的两接线端，用上述方法判定首尾端即可。

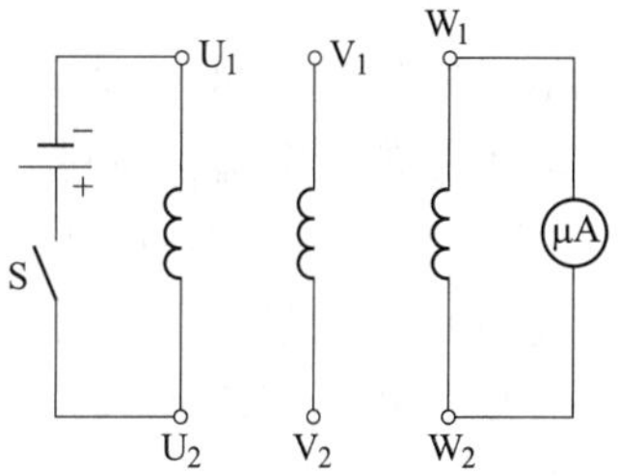

图 5-11　用干电池法检查绕组首尾端

5.2.3　三相交流异步电动机定子绕组故障的排除

5.2.3.1　兆欧表的使用及电动机绝缘电阻的测量

A　兆欧表的结构与原理

兆欧表又称为摇表，主要用来测量高压或低压电气设备和电气线路的绝缘电阻。它是由手摇发电机和磁电系流比计组成。当摇动手摇发电机时，使导体与永久磁场做相对运动，切割磁力线而产生感应电动势。表头部分由交叉线圈式流比计组成。其中动圈 1 回路的电流 I_1 与被测绝缘电阻 R_j 的大小有关，被测绝缘电阻越小，I_1 就越大，磁场与 I_1 相互作用产生转动力矩，使指针向标度尺“0”的方向偏转。动圈 2 所通过的电流 I_2 与被测绝缘电阻无关，仅与发电机电压及兆欧表附电阻 R_2 有关。两动圈电流的引入方向，应使得磁场与它们相互作用所产生的转动力矩 T_1 与反作用力矩 T_2 的方向相反，如图 5-12 所示。

由于气隙中磁场的分布是不均匀的，T_1 与 T_2 随着可动部分偏转的角度而变化。当接入被测绝缘电阻后，摇动发电机手柄时，由于 T_1、T_2 两个方向相反的力矩同时作用的结果，仪表可动部分将转到 $T_1=T_2$ 的某一位置，方可停止。当被测绝缘电阻的数值改变时，T_1、T_2 两力矩相互平衡的位置也相应改变。因此，兆欧表指针偏转到不同位置，指出不同的被测绝缘电阻的数值。

当被测绝缘电阻小到零时 I_2 最大，指针向右偏转到最大位置即“0”值；当被测绝缘

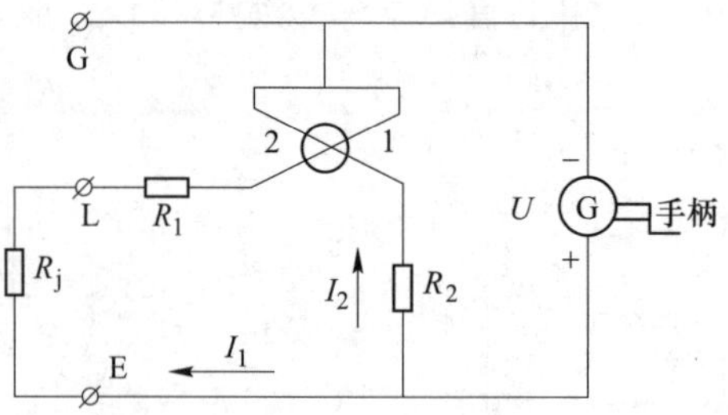

图 5-12　兆欧表的原理电路

电阻非常大，如外部开路时 I_1 为 0，转动力矩也为 0，则在 I_2 所产生的反作用力矩 T_2 的作用下，使指针向左偏转到刻度"∞"的位置。

B　兆欧表的选择与使用

（1）兆欧表的选用主要是选择电压及测量范围，高压电气设备需使用电压高的兆欧表，低压电气设备需使用电压低的兆欧表。一般绝缘子、母线、刀开关要选用 2500V 以上兆欧表，额定电压 500V 以下的低压电气设备选用 500V 兆欧表。要使测量范围适应被测绝缘电阻的数值，避免读数时产生较大的误差。

（2）选用时有时还应注意有些兆欧表的标度尺不是从零开始，而是从 1MΩ 或 2MΩ 开始，这种兆欧表不适用于测定处在潮湿环境中的低压电气设备的绝缘电阻值。因为此时的绝缘电阻较小，有可能小于 T_2，在仪表中找不到读数，容易误认为绝缘电阻值为零而得出错误结论。

C　兆欧表的正确使用方法

（1）测量前应切断被测设备的电源，对于电容量较大的设备应接地进行放电，消除设备的残存电荷，防止发生人身和设备事故及保证测量精度。

（2）测量前先将兆欧表进行一次开路和短路试验，若开路时指针不指"∞"处，短路时指针不指在"0"处，说明表不准，需要调换或检修后再进行测量。若采用半导体型兆欧表，不宜用短路法进行校验。

（3）从兆欧表到被测设备的引线，应使用绝缘良好的单芯导线，不得使用双股线，两根连接线不得绞缠在一起。

（4）同杆架设的双回路架空线和双母线，当一路带电时，不得测试另一路的绝缘电阻，以免感应高电压危害人身安全和损坏仪表；对平行线路也要注意感应高压，若必须在这种状态下测试，应采取必要的安全措施。

（5）测量时要由慢逐渐加快摇动手柄，如发现指针为零，表明被测绝缘物存在短路现象，这时不得继续摇动手柄，以免表内动圈因发热而损坏。摇动手柄时，不得时快时慢，以免指针摆动过大而引起误差。手柄摇到指针稳定为止，时间约 1min，摇动速度一般为 120r/min 左右。

（6）测量电容性电气设备的绝缘电阻时，应在取得稳定读数后，先取下测量线，再停止摇动手柄，测完后立即将被测设备进行放电。

（7）在兆欧表未停止转动和被测设备未放电之前，不得用手触摸测量部分和兆欧表的接线柱或进行拆除导线，以免发生触电事故。

（8）将被测设备表面擦干净，以免造成测量误差。

（9）有可能感应出高电压的设备，在这种可能未消除之前，不可进行测量。

（10）放置地点应远离大电流的导体和有外磁场的场合，并放在平稳的地方，以免摇动手柄时影响读数。

兆欧表一般有三个接线柱，分别为 L（线路）、E（接地）、G（屏蔽）。测量电力线路的绝缘电阻时，L 接被测线路，E 接地线；测量电缆的绝缘电阻时，还应将 G 接到电缆的绝缘层上，以得到准确结果。

D 三相交流异步电动机绝缘电阻的测量

在电动机中，绝缘材料的好坏对电动机正常运行和安全用电都有重大影响，而说明绝缘材料性能的重要标志是它的绝缘电阻值的大小。由于绝缘材料常因发热、受潮、老化等原因使绝缘电阻降低以致损坏，造成漏电或发生短路事故。因此，必须定期对电动机的绝缘电阻进行测量。绝缘电阻值越大，说明绝缘性能越好。若发现绝缘电阻下降，就应分析原因，及时处理，保证电动机的正常运行。

三相交流异步电动机绝缘电阻的测量分为定子绕组相间绝缘电阻的测量和定子绕组对机壳绝缘电阻的测量。

（1）在进行三相定子绕组相间绝缘电阻的测量时，将三相定子绕组出线盒内的绕组连接片拆开，将兆欧表水平放置，把两支表笔中的一支接到电动机一相绕组的接线端上（如 U 相），另一支表笔待接于另一相绕组的接线端上（如 V 相）。顺时针由慢到快摇动兆欧表手柄至转速 120r/min，将待接表笔接于绕组的接线端上，摇动手柄 1min，读取数据。然后，先撤表笔后停摇。按以上方法再摇测 U 相与 W 相、V 相与 W 相之间的绝缘电阻，测量结果记录于表 5-1。

表 5-1 三相定子绕组相间绝缘电阻的测量值

U-V 相绝缘电阻/MΩ	U-W 相绝缘电阻/MΩ	V-W 相绝缘电阻/MΩ

（2）在进行三相定子绕组对机壳绝缘电阻的测量时，应将兆欧表的黑色表笔（E）接于电动机外壳的接地螺栓上，红色表笔（L）待接于绕组的接线端上，如图 5-13 所示。摇动手柄转速至 120r/min，将红表笔接于绕组的接线端上（如 U 相），摇动手柄 1/min，读取数据。然后，先撤表笔后停摇。按以上方法再摇测 V 相对机壳，W 相对机壳的绝缘电阻。测量结果记录于表 5-2。

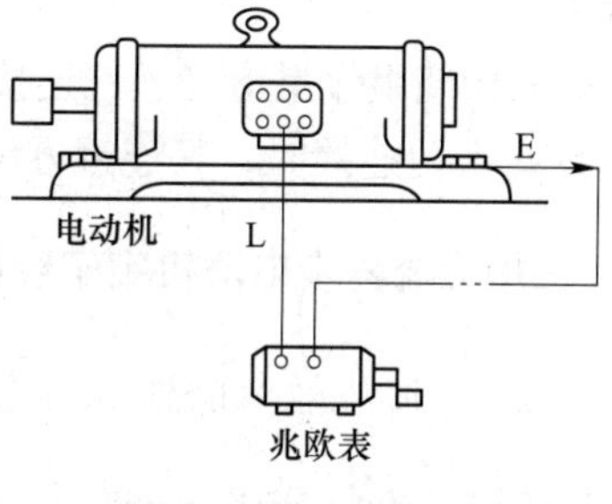

图 5-13 电动机的绝缘电阻的测量方法

表 5-2 三相定子绕组对机壳绝缘电阻的测量

U 相对机壳绝缘电阻/MΩ	V 相对机壳绝缘电阻/MΩ	W 相对机壳绝缘电阻/MΩ

新电动机绝缘电阻值不应小于 1MΩ，旧电动机定子绕组绝缘电阻值每伏工作电压不

小于 1kΩ，绕线式电动机转子绕组每伏工作电压不小于 0.5kΩ。将测量数据与上述合格值进行比较，绝缘电阻值大于合格值的电动机可以使用。

进行三相交流异步电动机绝缘电阻的测量，还应注意做兆欧表短路试验时，表针指零后不要继续摇手柄，以防损坏兆欧表；不能使用双股绝缘导线或绞型线做测量线，以避免引起测量误差。

5.2.3.2 定子绕组首末端子判别

（1）用万用表进行分相。

（2）把任两相绕组串联，串联的两相和另外一相分别接上交流电源和灯泡，如图 5-11 所示。若灯泡发亮，说明串联的两相绕组是一相的首端和另一相的末端相连；若灯泡不亮，可将其中一相的首末端对调，再进行实验，即可判断出绕组的首末端。

（3）将判断出的定子绕组首末端子标上标签。

任务 5.3 三相交流异步电动机定子绕组的拆换

5.3.1 三相交流异步电动机定子绕组基础知识

三相交流异步电动机的定子绕组主要有三相单层绕组和三相双层绕组两大类，其中三相单层绕组又主要有同心式绕组、链式绕组和交叉绕组等连接形式；三相双层绕组主要有三相双层叠绕组和三相双层波绕组等连接形式。

三相交流异步电动机在额定电压下运行时，其定子三相绕组可以接成星形（Y），也可以接成三角形（△），具体采用哪种接法取决于电源电压。但无论采用哪种接法，相绕组承受的电压应相等，即相电压相等。

定子三相绕组共有六组引线端，三相绕组的首端分别用 U_1、V_1、W_1 表示，三相绕组的末端分别用 U_2、V_2、W_2 表示。这六个引线端在机座上的接线盒中，其排列次序如图 5-14 所示。

定子三相绕组作星形（Y）连接时，其连接方法如图 5-14（a）所示；定子三相绕组作三角形（△）连接时，其连接方法如图 5-14（b）所示。

5.3.2 三相交流异步电动机定子绕组的拆换方法

5.3.2.1 旧绕组拆除前的准备工作

拆除旧绕组前，应先记录以下数据，作为制作绕线模、选用导线规格、绕制线圈等的依据。

（1）铭牌数据：电动机的型号、制造厂名、产品编号、电动机的容量、电压、电流、相数、频率、接法、绝缘等级、转速等。

（2）铁芯数据：定子铁芯外径、定子铁芯内径、定子铁芯总长、气隙值、通风槽数和尺寸、槽数和槽形尺寸等。

（3）绕组数据：定子绕组形式、线圈节距、导线型号、导线规格、并绕根数、并联支

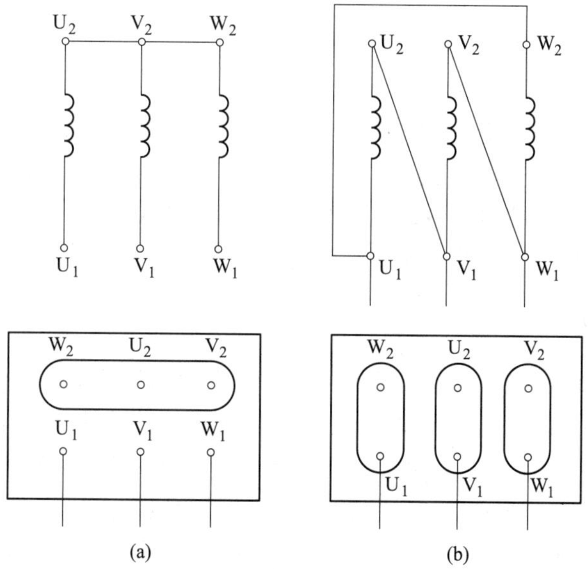

图 5-14　定子绕组的连接方法

（a）星形联结；（b）三角形联结

路数、每槽匝数、线圈伸出铁芯长度等。

（4）槽绝缘材料、槽绝缘厚度、槽楔材料、槽楔尺寸等。

（5）绕组接线草图。

（6）引出线的材料、截面积和牌号。

5.3.2.2　拆除旧绕组

绕组在冷态时较硬，拆除很困难，可采用大剪刀将绕组一端齐铁芯剪断，加热绕组至200℃左右，使绕组绝缘软化后，然后趁热迅速用手钳拔出。如果是大电动机，可利用拔线机逐槽拔出。

加热旧绕组的方法有通电加热法和火烧法两种。

（1）通电加热法如下：

1）如果是380V三角形联结的小型电动机，可改成星形联结，间断通入380V电源加热；

2）用三相调压器通入约50%的额定电压，间断通电加热；

3）将三相绕组接成开口三角形联结，间断通入单相220V电压。

通电加热时通入电流较大，很快可使绝缘软化至冒烟，容易把旧绕线组拆出；用通电加热方法其温度容易控制，但要有足够容量的电源设备，还须注意安全。对于有故障的线圈，在通电加热时，要使电动机可靠接地。

（2）火烧法（慎重使用）。采用喷灯、瓦斯火焰、柴火等加热绕组时，要注意火势不要太猛，时间不可过长，不要让铁芯损坏或过热，过热会影响硅钢片导磁性能，或使绝缘漆变成碳质，起导体作用，使片间短路。

5.3.2.3　清理铁芯

旧绕组全部拆除后，要趁热将槽内残余绝缘物清理干净，尤其是在通风道处不准有堵塞。清理铁芯时，不许用火烧铁芯，铁芯槽口不齐时不许用锉刀锉大槽口，对有毛刺的槽口要用软金属（如铜板）进行校正。对于不整齐的槽形需要修正，否则嵌线困难，不齐的冲片会将槽绝缘割破。铁芯清理后，用沾有汽油的擦布擦拭铁芯各部分，尤其是在槽内不许有污物存在。再用压缩空气吹净铁芯，使清理后的铁芯表面干净，槽内清洁整齐。

5.3.2.4　绕线模的制作

绕制线圈前，应根据旧线圈的形状和尺寸或根据线圈的节距来制作绕线模。绕线模的尺寸应做得相当准确，因为尺寸太短，端部长度不足，嵌线就会发生困难，甚至嵌不进槽。如尺寸太长，既浪费导线，又影响电气性能，还影响通风，甚至碰触端盖。

因三相交流异步电动机种类、型号繁多，有条件的地方应配备通用绕线模。该绕线模调整方便，可节约修理时间。若无通用绕线模，则应配备常用电动机成套的绕线模。图 5-15~图 5-18 是一些常用绕组模型图。

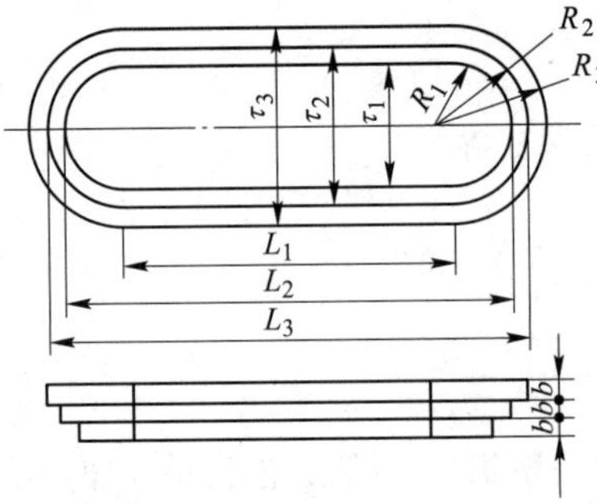

图 5-15　单层同心式绕组的木模图

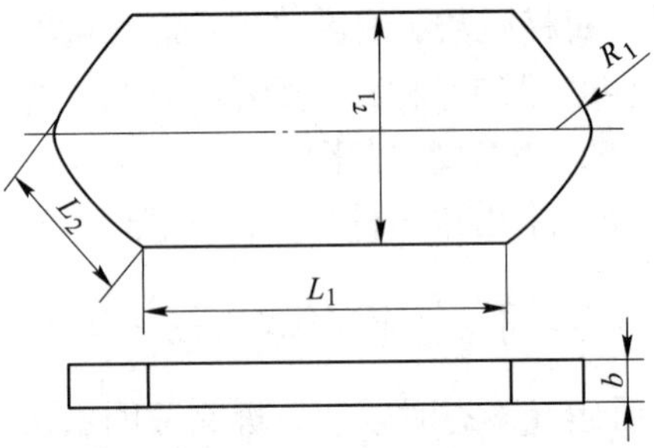

图 5-16　双层叠绕组的木模图

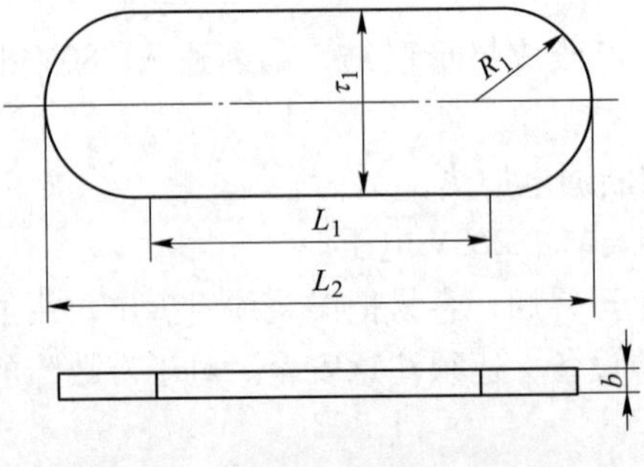

图 5-17　单层链式绕组的木模图

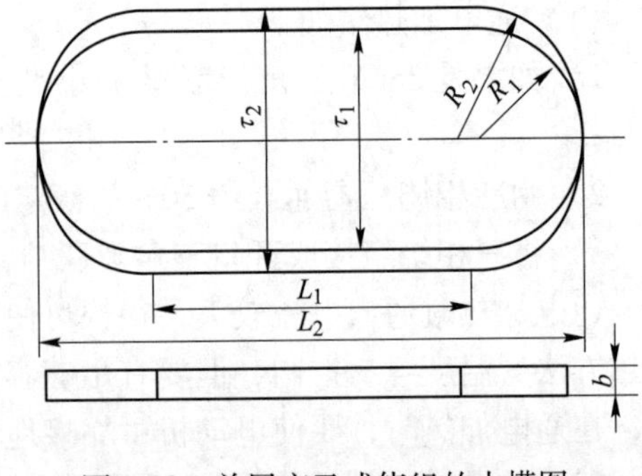

图 5-18　单层交叉式绕组的木模图

如遇到机壳无铭牌的三相交流异步电动机，且线圈绕组是软绕组形式的，可根据原线圈的形状和尺寸，按下列方法计算绕线模尺寸。

A　菱形绕线模尺寸的计算

菱形绕线模尺寸的计算公式如下：

$$A = [\pi Y(D_1 - h_0)]/z - b_n \tag{5-1}$$

式中　A——模心宽度，mm；

Y——节距（如节距为 1~9，则 $Y=8$）；

D_1——定子铁芯内径，mm；

h_0——铁芯槽高度，mm；

b_n——铁芯槽宽度，mm；

z——定子铁芯槽数。

$$B = L + 2b \tag{5-2}$$

式中　B——模心直线部分长度，mm；

L——定子铁芯长度，mm；

b——线圈伸出铁芯的长度，mm。

b一般为 10~25mm，功率大、极数小的电动机应取较大值。模心端部长度为：

$$C = \frac{A}{0.82 \times 2} \tag{5-3}$$

式中　C——模心端部长度，mm。

$$D = 0.574 \times C \tag{5-4}$$

绕线模的厚度 D 一般为 10~25mm，应能被绕制成线圈的绝缘导线的直径整除，以利于导线排列整齐。

B　多用活络绕线模

在拆除旧电动机定子绕组时，必须留下一个完整的线圈作为制作绕组模的依据。如果遇到机壳无铭牌的三相交流异步电动机，且线圈绕组是软绕组形式的，可根据原线圈的形状和尺寸，选用或设计、制作绕线模。

由于电动机种类很多，修理时需准备各种类型的绕线模，不但费工费料，而且影响修理进度，应用多用活络绕线模可解决这一问题。

活络绕线模使用方便，它由绕线模底板［见图 5-19（a）］、绕线模支架［见图 5-19（b）］、两种垫圈［见图 5-19（c）和（d）］所组成，绕线前只需要根据尺寸调节线模上的 6 只螺栓位置就能应用；也可将活络框架掉头反撑，能同样得到调节，每个极相组几只一联可根据需要任意拆装，其部件尺寸如图 5-19 所示，总装图如图 5-20 所示。

绕线时，把导线放在线盘架上，线模固定在绕线机上，一次把属于一极相组的线圈连续绕成，引线放长一些，并套上套管。

5.3.2.5　绝缘结构与绝缘材料的准备

交流异步电动机因线圈绕组结构上的不同而分成软绕组（散嵌绕组）绝缘结构与硬嵌绕组绝缘结构两种，图 5-21 为两种典型结构的示意图。

A　绝缘材料与绝缘结构

嵌线时所用的绝缘材料应与电动机铭牌上标志的绝缘等级相符合，绕组的槽绝缘（对地绝缘）和相间绝缘、层间绝缘所使用的材料基本相同。散嵌绕组的槽绝缘是在嵌线之前

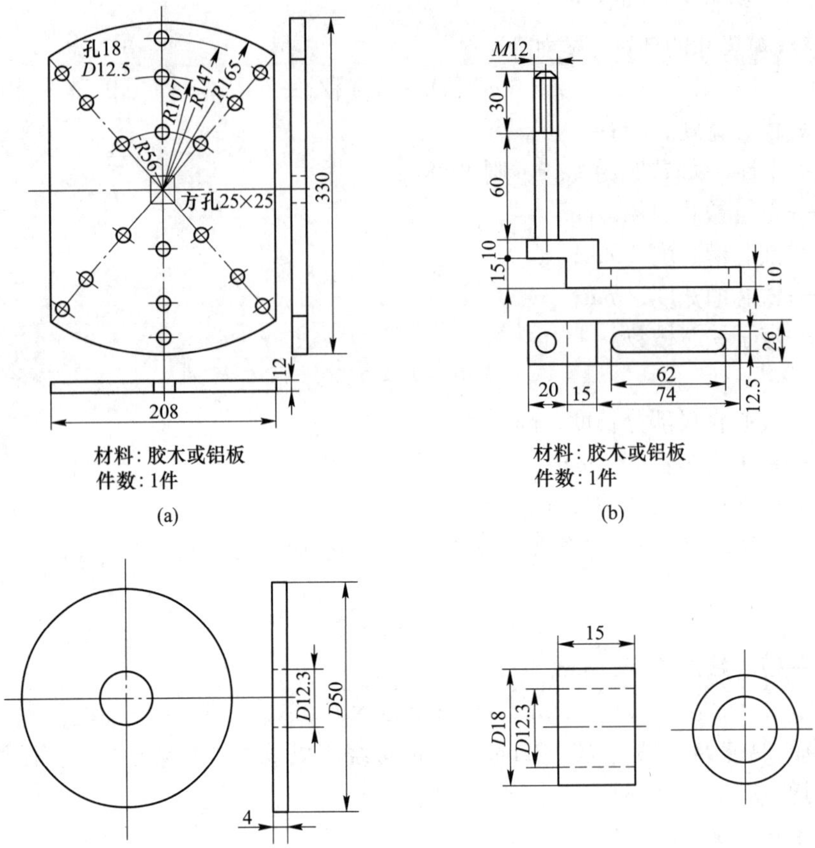

材料：胶木或铝板
件数：1件

(a)

材料：胶木或铝板
件数：1件

(b)

材料：胶木或铝板
件数：24件

(c)

材料：胶木或铝板
件数：18件

(d)

图 5-19　活络绕线模各部件尺寸（单位为 mm）

（a）绕线模底板；（b）绕线模支架；（c）（d）垫圈

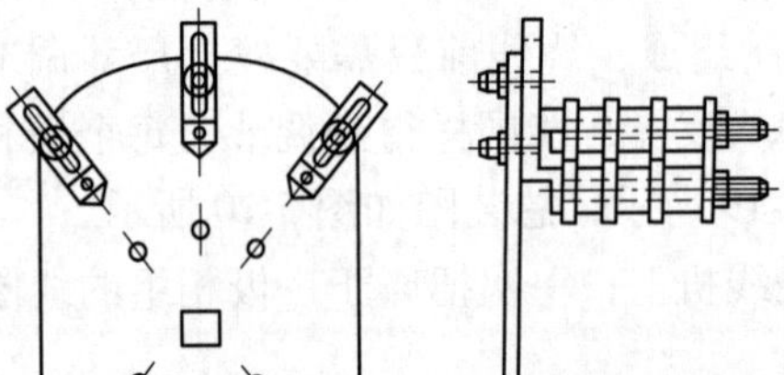

(a)　　(b)

图 5-20　活络绕线模总装图

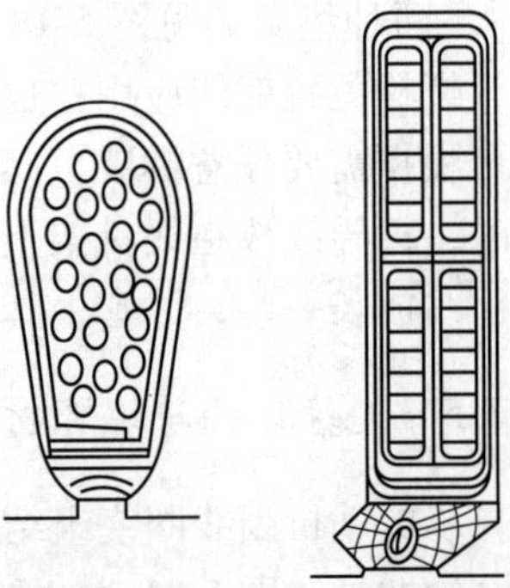

(a)　　(b)

图 5-21　软嵌线、硬嵌线结构示意图

（a）软嵌线；（b）硬嵌线

插入槽内的，采用薄膜复合绝缘，比多层组合绝缘剪裁工艺简便、耐热性、黏结性较好，具有一定刚度，嵌线方便。

B　绝缘的作用及绝缘厚度的选择

槽绝缘的各层绝缘作用不同，靠近槽壁的绝缘主要起机构保护作用，防止槽壁损伤主绝缘，靠近导线的一层绝缘纸是保护在嵌线过程中不损伤主绝缘的，在这两层绝缘纸之间的绝缘（主绝缘）是承受电气击穿强度的，如聚酯薄膜主要承受电场强度的作用。槽绝缘承受的机械力随电动机容量和电压等级的提高而相应增加。表 5-3 是采用 DMDM 或 DMD 复合绝缘纸厚度和伸出铁芯每端长度，表 5-4 是 Y 系列定子绕组槽绝缘规范。

表 5-3　DMD 复合绝缘厚度、伸出铁芯长度　（mm）

机座号	不同槽绝缘型式的总厚度			槽绝缘伸出铁芯每端长度
	DMDM	DMD+M	DMD	
1~3 号	0.25	0.25（0.20+0.05）	0.25	6~7
4~5 号	0.30	0.30（0.25+0.05）	—	7~10
6~9 号	0.35	0.35（0.30+0.05）	—	12~15

因此，应根据电动机容量的大小及防护等合理选择绝缘材料及绝缘材料的厚度。

表 5-4　Y 系列定子绕组槽绝缘规范　（mm）

外壳防护等级	中心高	不同槽绝缘形式的总厚度				槽绝缘均匀伸出铁芯二端长度
		DMDM	DMD+M	DMD	DMD+DMD	
IP44	80~112	0.25	0.25(0.20+0.05)	0.25		6~7
	132~160	0.30	0.30			7~10
	180~280	0.35	0.35			12~15
	315	0.50			0.50	20
IP23	160~225	0.35	0.35			11~12
	250~280		0.40		0.40	12~15

C　绝缘材料的裁剪

裁剪绝缘材料时，要注意纤维的方向。玻璃漆布应与纤维成 45°的方向裁剪，以获得最高的机械强度；绝缘的纤维方向应同槽绝缘的宽度方向一致，否则封槽时较困难。

D　槽楔的使用

槽楔的作用是固定槽内线圈并防止外部机械损伤，常用槽楔及垫条列在表 5-5 内。

MDB 复合槽楔厚度为 0.5~0.8mm，中心高 80~160mm 电动机，选用 0.5~0.6mm；中心高 180~280mm 电动机，选用 0.6~0.8mm。应用 MDB 复合槽楔，可以提高槽利用率。修理时也可用薄环氧板代用。竹楔厚度通常是 3mm，各种层压板槽楔厚度为 2mm 左右。槽内垫条厚度为 0.5~1.0mm。

表 5-5 槽楔及垫条常用材料

耐热等级	槽绝缘及垫条的材料名称、型号、长度
A	竹（经油煮处理）、红钢纸、电工纸板（比槽绝缘短 2~3mm）
E	酚醛层压纸板 3020、3021、3022、3023；酚醛层压布板 3025、3027（比槽绝缘短 2~3mm）
B	酚醛层压玻璃布板 32030、3231（比槽绝缘短 4~6mm）；MDB 复合槽楔（长度等于槽绝缘）
F	环氧酚醛玻璃布板 3240（比槽绝缘短 4~6mm）；F 级 MDB 复合槽楔（等于槽绝缘长度）
H	有机硅环氧层压玻璃布板 3250
	有机硅层压玻璃布板
	聚二苯醚层压玻璃布板 338（比槽绝缘短 4~6mm）

5.3.2.6 绕制线圈

将绕线模具紧固在绕线机上，把线轴上的漆包线端头拉至绕线模上固定，并在模具挡板槽上放置扎线，如图 5-22 所示。

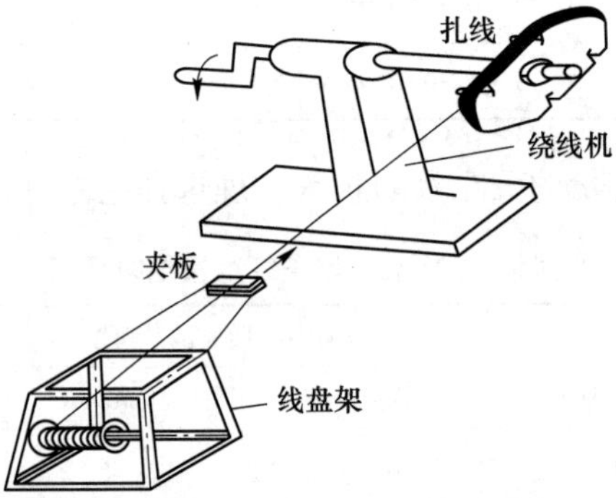

图 5-22 线圈绕制示意图

绕制线圈时应注意以下几点。

（1）绕线圈前应检查电磁线的质量和规格，检查的项目如下：

1）外观检查，漆包线表面应光滑清洁，无气泡和杂质，纱包线的纱层无断头和脱落现象；

2）线径和绝缘厚度检查，可用明火烧或用溶剂除去绝缘层，用千分尺测量线径和绝缘厚度是否符合要求。

（2）检查绕线机运转情况，要放好绕线模，调好计数器。

（3）为了不使导线弯曲，要有专用的放线架，绕线时对导线的拉力应适当。

（4）线匝要排列整齐，不得交叉混乱。

（5）随时注意导线的绝缘，如发现绝缘损坏，需用同级的绝缘材料进行修补；如果中途断线，应在线圈端部的斜边位置上接头，并用锡焊好后包上绝缘，不能在线圈直线部分或鼻端附近接头。多根并绕的线圈接头要注意错开，不能在一处接头。

（6）线圈的引出线要留在端部，不能留在直线部分。

（7）线圈绕好后应仔细核对匝数，以免产生差错。

（8）如无绝对把握，在绕制好一个线圈组后应先试嵌线，以确定线圈大小是否合适；

如不合适，则可调整绕线模，重新绕制，以免造成重大返工。

5.3.2.7　嵌线

嵌线是一道很重要的工序，对电动机绕组的修理质量关系很大。嵌线前，应检查槽绝缘的尺寸是否正确、安放是否恰当。为使线圈能顺利入槽，嵌线前必须将导线埋齐。嵌线时线圈的引出线端要放在靠近机座出线盒的一端（拆除旧绕组时要做好标记）。线圈入槽时，要防止定子铁芯槽口刮破导线绝缘。线圈入槽后，应随时用理线板［见图 5-23（b）］将槽内的导线理直，并用压线板［见图 5-23（a）］将导线压实；线圈端部要理齐，使导线相互平行，以保持线圈绕制时的形状。使用理线板及压线板时，用力要适当，以免损伤导线绝缘。嵌线过程中，应注意线圈两端伸出铁芯的长度，使其基本相等。绕组端部的相间绝缘要垫好；对于双层绕组还要放好层间绝缘。最好将伸出槽口的槽绝缘剪掉，并覆好槽绝缘，打入槽楔。功率较大的电动机，其绕组端部要用扎线扎紧，使绕组端部连成整体。线圈全部嵌好后，剪去相间绝缘伸出线端部的多余部分（应留一定的余量），并将线圈端部敲成喇叭口，使线圈端部的内表面不致高出定子铁芯内孔，以防电动机运行时，定子绕组端部与转子相擦，并使其通风流畅。敲喇叭口时，用力要轻巧均匀。喇叭口不能过大，以免定子绕组端部碰端盖。

5.3.2.8　接线

嵌线完毕，需要将线圈连接成三相绕组，同时将各组绕组的始末端引出，这道工序称为接线。它包括以下内容：

（1）将每个线圈元件按每极每相槽数和线圈分配规律连成极相组；

（2）将属于同相的极相组进行串联、并联、混联，接成相绕组，图 5-24 为一典型的三相 4 极电动机端部接线图；

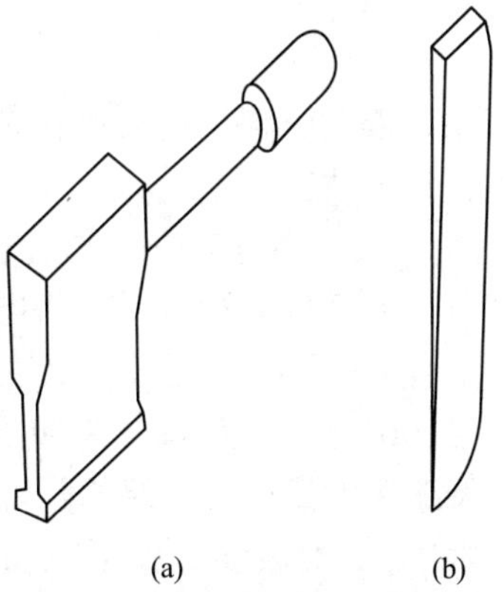

图 5-23　嵌线工具

（a）压线板；（b）理线板

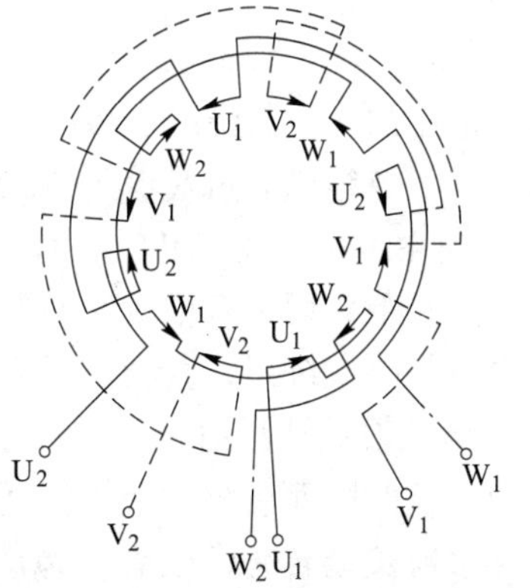

图 5-24　三相双层叠绕组端部接线图

（3）将三相绕组按铭牌规定的接法接好；

（4）将三相绕组的首末端用电线（或电缆）引到出线盒的接线板上，电动机引出线截面应符合电流要求，一般按电流密度为 $4A/mm^2$ 选择。

接线时应将接线头剥去漆膜、砂光，对于扁铜线头、并头套、铜楔、接线鼻等要事先挂好锡面。

对于引接线直径在 ϕ1.35mm 及以下，并有 2 根及以下并绕，以及引出线截面在 6mm^2 及以下者，可采用并铰接法连接。对于引接线直径在 ϕ1.5mm 及以下，并有 4 根及以下并绕，以及引出线截面在 16mm^2 及以下者，可采用对铰接法连接。对于引接线直径在 ϕ1.5mm 以上，并有 4 根及上并绕，以及引出线截面积在 16mm^2 以上或扁铜线者，可采用辅助绑扎接法连接。当引出线截面积大于 25mm^2 时，要分两股绑扎连接。采用并头套连接时，并头套长度应在 20~25mm。使用接线鼻时要包合并压紧，在中间部位要轧压紧坑，线鼻距引出线绝缘为 5~10mm。

所有连接点都要采用焊接，要求焊接严密牢固，表面光洁。

引出线的绝缘包扎应按交流电动机绕组绝缘规范进行，要求包扎紧密、无空隙。

5.3.2.9　浸漆

电动机绕组浸漆的目的是提高绕组的绝缘强度、耐热性、耐潮性及导热能力，此外也增加了绕组的机械强度和耐腐蚀能力。下面介绍电动机绕组浸漆的步骤与方法。

A　预烘

电动机浸漆前应进行预烘，预烘的目的是使绕组在浸漆前，将绕组内潮气和挥发物驱除，并加热绕组便于浸渍。预烘的方法是，一般电动机预烘的升温速度为 20~30℃/h，受潮严重的电动机的升温速度应控制在 8℃/h 左右，或者先加热至 50~60℃，保持 3~4h，待大量潮气驱除后，再正常加温烘干。

预烘温度高低取决于电动机绕组绝缘等级和结构，不可超过电动机本身温升所规定的允许值。

预烘时间与绝缘受潮程度、绝缘材料性质、烘干条件等有关，一般以绕组热态绝缘电阻持续 3h 基本保持稳定为准，即在 3h 内所测得的绝缘电阻值相差不高于 10%。

B　浸漆

浸漆常用的方法有浇漆、滚漆、沉浸和真空加压浸漆，修理时根据现有设备条件和电动机体积大小及绝缘质量要求等情况，选择其中的一种浸漆方法。

（1）浇漆。此法适于单台电动机浸漆处理，尤其适用于大中型电动机。先把电动机垂直放在滴漆盘上，用装有绝缘漆的漆壶浇绕组的一端，经 20~30min 滴漆后，将电动机翻过来，再浇另一端绕组，直到浇透为止。此法设备简单，但效率不高，适于单台生产。

（2）滚漆。此法最适于转子或电枢绕组浸漆处理，漆槽内装入绝缘漆，将转子水平放入漆槽内，这时漆面应没过转子绕组 100mm 以上。如果漆槽太浅，转子绕组浸漆面积小时，需要多次滚动转子，或者一边滚动、一边用刷子刷漆。一般滚动 3~5 次为止，要求绝缘漆浸透绝缘。

（3）沉浸。将欲浸漆的电动机吊入漆罐中，保证漆面没过电动机 200mm 以上，使绝缘漆涌透到所有绝缘孔隙内，填满线圈各匝之间及槽内所有空间。

（4）真空加压浸漆。真空加压浸漆的特点是需要有一套真空加压浸漆设备。

C　烘干

烘干的目的是将漆中的溶剂和水分挥发掉，使绕组表面形成较坚固的漆膜，烘干可以在余漆滴干后即可进行。烘干过程最好分两个阶段进行：第一阶段是低温阶段，温度控制在 70~80℃，烘烤 2~4h，如果这时温度太高，会使溶剂挥发太快，在绕组表面形成许多小孔，影响浸漆质量；同时过高的温度将工件表面的漆很快结膜，渗入内部的溶剂受热后产生的气体无法排出，也会影响浸漆质量。第二阶段是高温阶段，温度控制在 130℃左右，烘烤 8~16h（根据电动机尺寸大小而定），目的是要在绕组表面形成坚固的漆膜。

烘干时，通常要求最后 3h 内绝缘电阻基本稳定，数值一般要在 5MΩ 以上，绕组才算烘干。

在实际操作中，由于烘干设备和方法不同，烘干的温度和时间都会有所差异，需按具体情况决定，总之应使绕组对地绝缘电阻稳定而且合格为准。

常用的烘干设备有循环热风干燥室、红外线干燥室和远红外线烘干室等。

任务 5.4　三相交流异步电动机修复后的试验

5.4.1　三相交流异步电动机修复实验的基础知识

电动机修复后试验的目的，在于检查修复后的电动机是否符合产品说明书的数据、修理的质量要求和标准等。三相交流异步电动机修复后的试验项目，取决于电动机修理情况，具体要求见表 5-6。

表 5-6　三相异步电动机修复后的试验项目

试验名称	电动机修理情况		
	不修理绕组	局部或整个修理绕组	变更计算数据重绕线圈
绝缘电阻测定	*	*	*
绕组在实际冷却状态下直流电阻测定	+	*	*
绝缘耐电压试验	+	*	*
超速试验	–	+	*
温升试验	+	+	*
转子绕组开路电压的测定（仅对绕线转子电动机及换向器式调速电动机）	–	*	*
空载检查和空载试验	+	*	*
堵转试验	–	*	*
效率、功率因数及转差率的测定	+	+	*

注：“*”表示必须进行的试验；“+”表示推荐进行的试验；“–”表示不必进行的试验。

5.4.2　三相交流异步电动机修复实验方法

5.4.2.1　试验前的准备及要求

试验前应做好准备并进行必要的检查，以保证试验不发生人身或设备事故，并使试验能顺利完成。

A 一般检查

试验前应检查电动机的装配质量，主要检查以下几项：

(1) 电动机各种标志检查，包括出线端标志、接地标志及其他特殊标志（如防爆电动机有的特殊标志）；

(2) 紧固件检查，紧固用螺钉、螺栓及螺帽是否齐全和拧紧；

(3) 机械检查，转子转动是否灵活，轴伸的径向偏摆是否在所规定的允许范围内。

B 气隙大小及其对称性检查

气隙大小及其对称性检查一般仅对中大型交直流电动机及凸极同步电动机进行。对装配好的封闭式小型电动机直接测量气隙有一定困难，一般由零件加工精度来保证气隙。

C 轴承运行情况和电动机振动情况检查

检查是在电动机空载运行时进行，轴承运转应平稳、轻快、无停滞现象、声音均匀无杂声；滑动轴承应无漏油及温度过高等不正常现象；电动机应无振动。

5.4.2.2 绝缘电阻测定

绝缘电阻测定是电动机试验中最重要的非破坏性试验，在各种电动机的试验方法标准中，第一项试验便是测定电动机绕组各相之间及其对机壳（地）的绝缘电阻。因为电动机绕组的绝缘电阻可以反映电动机绕组绝缘处理的质量，也可以反映电动机绕组绝缘受潮和表面污染情况。当绝缘电阻降低到一定值时，不仅会影响电动机的耐压试验，也会影响电动机启动和正常运行，甚至会危及使用者的人身安全并损坏电动机。

测量电动机绕组绝缘电阻通常选用兆欧表。根据被试电动机绕组不同的额定电压，采用不同的规格，一般额定电压在36V及以下电动机选用250V兆欧表，500V及以下电动机选用500V兆欧表，500V以上电动机选用1000V兆欧表。

测量绝缘电阻时，如各组绕组的始末端均引出，应分别测量每相绕组对机壳及其相互间的绝缘电阻。如三相绕组已在电动机内部连接仅引出三个出线端时，则测量所有绕组对机壳的绝缘电阻。对绕线转子异步电动机，应分别测量定子绕组和转子绕组的绝缘电阻。对多速多绕组的电动机，各绕组对机壳的绝缘电阻必须逐个进行测量，并逐个测量组间的绝缘电阻，测完后应使绕组对地放电。

各类电动机绕组在热状态时或温升试验后的绝缘电阻限值，在其相应的产品技术条件中有规定。通常规定为不低于式（5-5）所求得的数值：

$$R = \frac{U}{1000 + \frac{P}{100}} \tag{5-5}$$

式中 R——电动机绕组的绝缘电阻，MΩ；

U——电动机绕组的额定电压，V；

P——电动机额定功率，直流电动机及交流电动机，kW；交流发电动机，kVA；调相机，kvar。

5.4.2.3　绕组在实际冷却状态下直流电阻的测定

绕组在实际冷却状态下直流电阻的测定，就是测量交流电动机的每相绕组的直流电阻。如果交流电动机的每相绕组都从始末端引出，直接测量每相绕组的电阻。如果三相绕组已在电动机内部连接，仅引出三个出线端，则在每两个出线端间测量电阻。

在测量绕组在实际冷却状态下的直流电阻时，应注意以下几点。

（1）绕组的直流电阻用双臂电桥或单臂电桥测量。电阻在 1Ω 及以下时，必须采用双臂电桥测量。

（2）当采用自动检测装置或数字式微欧计等仪表测量绕组的电阻时，通过被测绕组的试验电流，应不超过其正常运行时电流的 10%，通电时间不应超过 1min。

（3）测量交流电动机的直流电阻时，转子静止不动，定子绕组的电阻应在电动机的出线端上测量。对绕线转子电动机，转子绕组的电阻应尽可能在绕组与集电环连接的接线片上测量。

5.4.2.4　对地绝缘耐压试验

A　耐压试验的一般要求

试验前应先测定绕组的绝缘电阻，在冷却状态下测得的绝缘电阻，按绕组的额定电压计算应不低于 1MΩ/kV。如需进行温升试验时，则本项试验应在温升试验后立即进行。

试验应在电动机静止状态下进行。

试验时，电压应施加于绕组与机壳之间，其他不参与试验的绕组和铁芯均应与机壳连接。对额定电压在 1kV 以上的多相电动机，若每相的两端均单独引出时，试验电压应施加于每相（两端并接）与机壳之间，此时其他不参与试验的绕组和铁芯均应与机壳连接。

B　试验电压和时间

对于功率小于 1kW（或 kVA）且额定电压低于 100V 的电动机绝缘绕组，其试验电压（有效值）为 500V+2 倍额定电压；对功率小于 10kW（或 10kVA）的电动机绝缘绕组，其试验电压（有效值）为 1000V+2 倍额定电压，但最低电压不能小于 1500V。

试验时，施加的电压应从不超过试验电压全值的一半开始，然后以不超过全值的 5% 均匀或分段地增加至全值，电压自半值增加至全值的时间应不少于 10s。全值电压试验时间应持续 1min。

5.4.2.5　超速试验

超速试验的目的，是为了检验转动部分零部件及绝缘体的机械强度能否承受超速情况下的离心力作用。超速试验时的转速，对三相交流异步电动机而言，为额定转速的 1.2 倍；对于多速电动机，应取其中最高转速作为额定转速。持续时间为 2min。电动机的超速可根据具体情况采用变速法或原动机拖动法来获得。由于超速试验的危险性比较大，试验时的安全性尤为重要，因此，做超速试验时，要特别注意如下事项。

（1）超速试验前，应仔细检查被试电动机的装配质量，特别是轴承和油封的装配质量，以避免因不正常的摩擦而引起事故。

（2）电动机的最薄弱部位是绕阻端部的绑扎线，在封闭式和防护式电动机中，绑扎线断裂后一般不会飞出机外，而在开启式电动机中，断裂的绑扎带有可能飞出而对周围人员和设备造成损伤。因此，试验时应要求所有人员离开试验场地。如果电动机转子装有风翼等可移零件，超速时也需特别注意，防止这些零件飞出。

（3）被试电动机的控制及转速、振动和油温的测量，应在远离被试电动机的安全区域内进行。

（4）在升速过程中，当电动机达到额定转速时观察转速、振动、油温及电流、电压等运行情况，如无异常现象，才可继续均匀地升到规定的转速。

（5）试验持续到规定的时间后，便可均匀地降低转速直至完全停止（一般来说，切断试验线路的电源即可）。

（6）试验结束后，应仔细检查电动机的转动部分是否有损坏或变形，紧固件是否松动及有无其他不正常现象。如果电动机具有换向器或集电环，则应测量这些部件的偏摆情况。

5.4.2.6　温升试验

电动机某部分温度与冷却介质温度之差即为该部分的温升，电动机温升通常是指在额定负载下绕组的温升。

电动机的温升是电动机的一项关键指标。温升过高，超过了所用绝缘材料的温度限值，将使绕组受到损害，降低使用寿命；温升过低，表示电动机有效材料利用率低，经济性差。

温升试验方法有直接负载法和等效负载法两种，在工程中一般优先采用直接负载法。

用直接负载法作温升试验时，被试电动机处于实际工作状态，即发电动机在额定电压、电流及转速下运行；电动机在额定电压、转速及转矩下运行。

温升试验时，可用电阻法、埋置检温计（ETD）法、温度计法和叠加法（亦称为双桥带电测量法）测量电动机绕组和其他各部分的温度。

电动机绕组温度的测量方法一般选用电阻法。

用电阻法测取绕组的温度时，冷热态电阻必须在相同的出线端上测量。此时绕组的平均温升 $\Delta t(K)$ 按式（5-6）计算：

$$\Delta t = \frac{R_2 - R_1}{R_1}(K_a + t_1) + t_1 - t_0 \tag{5-6}$$

式中　R_2——试验结束时的绕组电阻，Ω；

R_1——试验开始时的绕组电阻，Ω；

t_1——试验开始时的绕组温度，℃；

t_0——试验结束时的冷却介质温度，℃；

K_a——常数，铜为235、铝为225。

用温度计测量温度时，温度计应紧贴在被测点表面，并用绝热材料覆盖好温度计的测温部分，以免受周围冷却介质的影响。有交变磁场的地方，不能采用水银温度计。

连续定额电动机试验时，被测电动机应保持额定负载，直到电动机各部分温升达到热稳定状态为止。

试验期间，应采取措施，尽量减少冷却介质温度的变化。

为缩短时间，温升试验开始时，可以适当过载。

5.4.2.7　空载检查和空载试验

电动机检修总装后都要进行空载检查，检查转动时的振动、响声及轴承、电刷和电刷提升装置的运行情况，并调整到完好状态。空转检查的持续运转时间为 10～30min。外施电压可低于额定电压（约 $0.5U_N$），这样既简化启动装置，也可改善电网功率因数。

空载试验的目的，是为了测定额定频率和额定电流下的空载电流和空载损耗，检查三相电流的平衡度。若要确定铁耗和机械损耗，则要测取空载特性曲线，即测试不同外加电压与空载电流和空载损耗的关系。

绕线转子异步电动机的空载试验要将转子绕组在出线端短路，多速电动机应对每一种转速都进行空载试验。为使电动机的机械损耗达到稳定，空载试验是在电动机空载运转 30min 后开始记录数据，要记录三相电压、三相电流和三相输入功率。三相电流中任一相不得大于平均值的 10%。若三相电压相等，且改换电源相序后三相空载电流不平衡情况不变（某相电流仍大），且运转时有嗡嗡声，则表明被试电动机有缺陷。一般中小型异步电动机的空载电流是电动机额定电流的 30%～60%，高速大容量电动机的空载电流百分数要小些，低速及小容量电动机则大些。空载损耗是电动机额定功率的 3%～8%。同规格异步电动机空载电流波动值在 15%以内，空载损耗的波动值在 20%以内。空载电流大，主要会使电动机的功率因数降低，空载损耗大，使电动机效率下降。

空载试验结束后，应立即在两个出线端间测量定子绕组的电阻。

任务 5.5　单相交流异步电动机的故障检修

5.5.1　单相交流异步电动机的基础知识

小功率单相交流异步电动机以其结构简单，噪声小，只需要单相交流电源等特点，广泛使用在小型机电设备和家用电器等场合。尽管单相交流异步电动机种类繁多，但其结构与三相笼型异步电动机基本相似，转子是笼型的，定子槽内嵌放着定子绕组，所不同的只是定子只有单相绕组。但实际上，为了帮助单相异步电动机启动，定子上一般都有两个绕组。一个是主绕组，也称为工作绕组，通电后产生主磁场；另一个是副绕组，也称为启动绕组，用来帮助电动机启动。一般工作绕组与启动绕组在空间互差 90°电角度。图 5-25 所示为单相异步

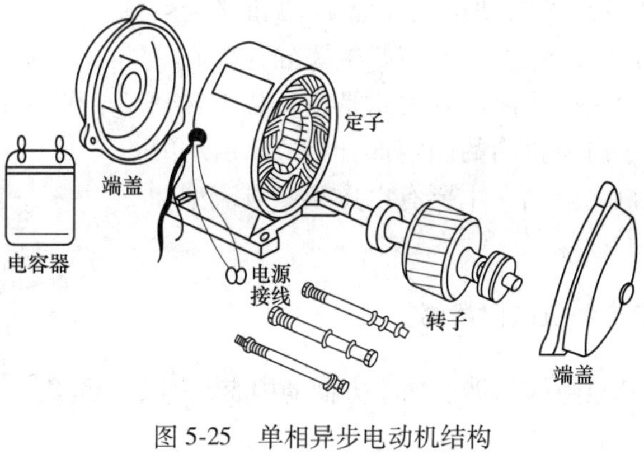

图 5-25　单相异步电动机结构

电动机基本结构。

单相异步电动机主要由定子（机座、铁芯、绕组）和转子（转轴、铁芯、绕组）两大部分组成，有的还附有启动装置（离心开关式和启动继电器式两大类）。

单相异步电容机不能自行启动，而必须依靠外力来完成启动过程，不过它一旦启动即可朝启动方向连续不断地运转下去。根据启动方式的不同，单相异步电动机可以分为许多不同的类型，常用的有分相式电动机（见图5-26）、罩极式电动机（见图5-27）和电容式电动机三种，其中电容式电动机又可分为电容启动式（见图5-28）、电容运转式（见图5-29）和电容启动运转式（见图5-30）三种。

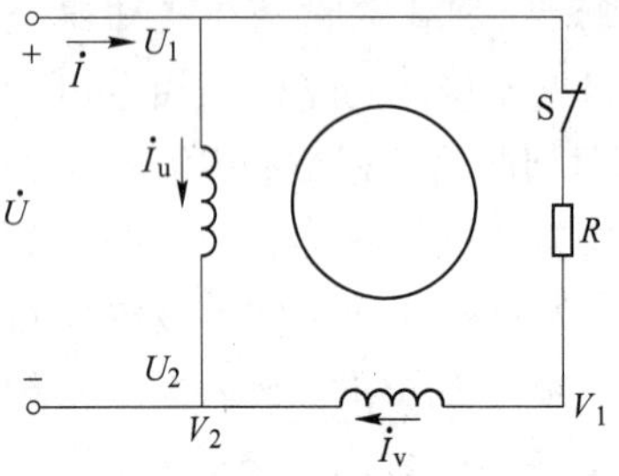

图5-26　单相电阻分相式电动机

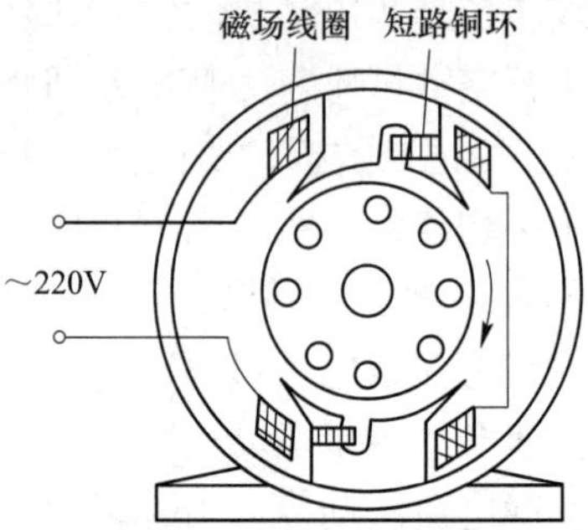

图5-27　单相罩极式电动机结构示意图

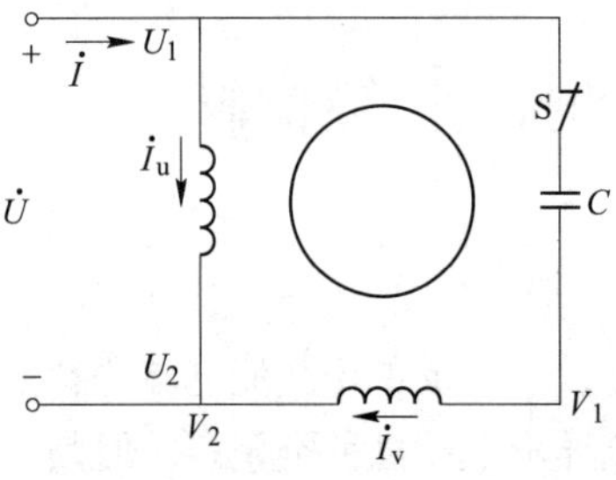

图5-28　单相电容启动电动机

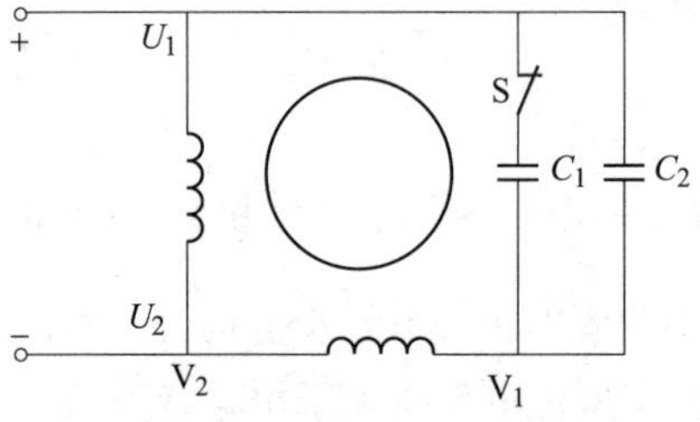

图5-29　单相电容运转电动机

除电容运转式电动机和罩极式电动机外，一般单相异步电动机在启动结束后辅助绕组都必须脱离电源，以免烧坏。因此，为保证单相异步电动机的正常启动和安全运行，就需配有相应的启动装置。启动装置主要分为离心开关式和启动继电器式两大类。离心开关式是由安装于转轴上的旋转部分和安装于前端盖内的固定部分组成。启动继电器一般装在电动机机壳上面，主要有电压型、电流型和差动型等三种。

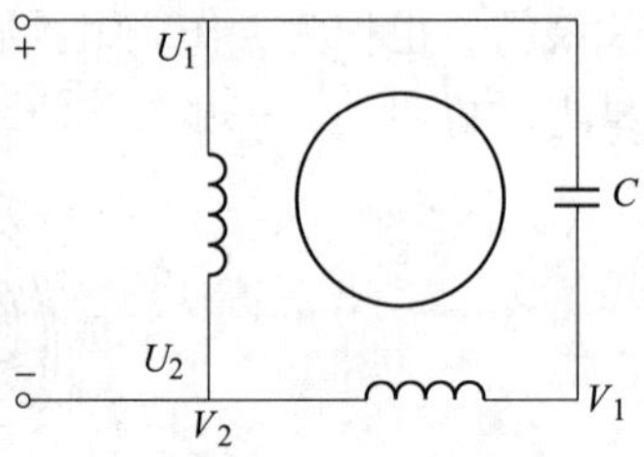

图5-30　单相电容启动运转电动机

5.5.2　单相交流异步电动机故障检修方法

单相异步电动机的故障检修涉及四个方面的内容，即定子绕组、转子绕组、启动装置和电容器。

5.5.2.1　定子绕组的故障及修理

定子绕组是单相异步电动机中任务最繁重、结构最薄弱、最易受损造成故障的部件。定子绕组常见故障与检修方法主要有以下几个方面。

A　绕组绝缘受潮

受过雨淋、水浸的电动机，或在潮湿环境长期未用的电动机，其绕组绝缘均可能受潮。这类电动机在重新使用前，必须要用 500V 兆欧表检查绕组的绝缘电阻，主绕组、辅助绕组对机壳的绝缘均要检测。测得的绝缘电阻若小于 0.5MΩ，则说明电动机绕组绝缘受潮严重，需要烘干处理以后才能使用。电动机绕组绝缘的加热烘干可用灯泡、电炉、电吹风和烘箱进行。有些电动机由于使用日久绕组绝缘老化，可在烘干后再浸漆处理一次，以增强其绝缘能力。

B　绕组通地故障

电动机长期超载运行，将因温升过高而导致绝缘老化，或因受潮、腐蚀、定、转子相擦、机械损伤、制造工艺不良等，都有可能产生绕组通地故障。绕组通地时整个电动机都会带电，这将会造成电气设备的损坏，甚至引起人身伤亡的严重事故。单相异步电动机绕组通地故障的检查有以下方法。

（1）外观检查法。仔细目测电动机定子铁芯内、外侧、槽口、绕组直线部分、端接部分，引出线端等，查看有无绝缘破损、烧焦、电弧痕迹的现象，以及绝缘的烧焦气味，仔细观察找出故障处。

（2）兆欧表检查法。对额定电压 220V 及以下的单相异步电动机，可用 500V 兆欧表检测。测量时，兆欧表的 L 端接电动机绕组，E 端接电动机金属外壳，按照兆欧表规定的转速（通常为 120r/min）转动手柄，如指针指零表示绕组通地。当指针在零附近摇摆不定时，则说明它尚具有一定的电阻值。用兆欧表检查绕组通地故障的方法如图 5-31 所示。

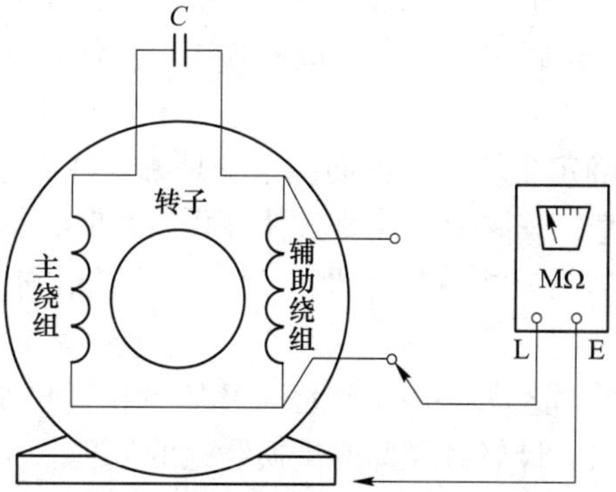

图 5-31　用兆欧表检查绕组接地故障

（3）220V 试灯检查法。如果没有兆欧表，可用 220V 电源串接灯泡进行检查，如图 5-32 所示。测试时，如灯泡发亮，表明绕组绝缘损坏已直接通地，这时可拆出端盖和转子，查找绕组的通地故障点。采用这种方法要特别注意安全，以防触电。

（4）万用表检查法。可用万用表 10kΩ 挡检测绕组接地故障。测量时，万用表的一根表笔接绕组的出线端，另一根表笔接电动机外壳。如测出的电阻为零，则绕组已直接通

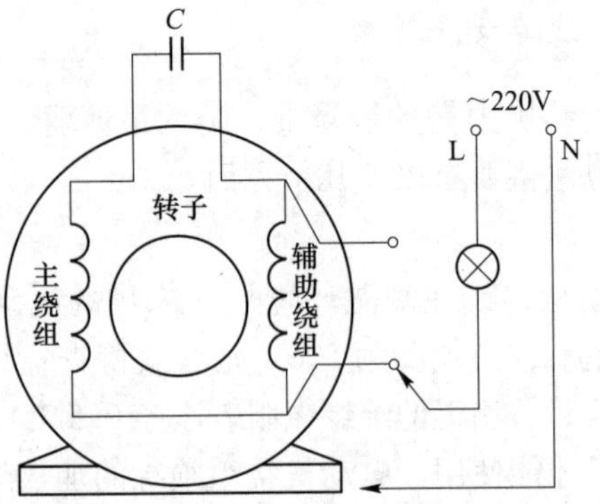

图 5-32　用试灯检查绕组接地故障

地。测出有电阻数值时，则要根据经验分析判断电动机是受潮还是击穿故障。

（5）绕组通地故障的修理。用以上方法找到通地故障点后，故障点在槽外，可采用局部修理；如故障点在槽内，根据具体情况作局部或重换绕组的处理。

C　绕组短路故障

单相异步电动机由于启动装置失灵、电源电压波动大、机械碰撞、制造工艺差等，导致电动机电流过大，线圈绝缘损坏而产生短路。绕组短路及检查方法通常有以下几种。

（1）外观检查法。绕组短路故障可分为匝间短路、线圈间短路、极相组间短路及主、辅绕组间短路。发生短路时，由于短路线圈内产生很大的环流，使线圈迅速发热、冒烟、发出焦臭气味以及绝缘因高温变色。除一些轻微的匝间短路外，较严重的线圈间、极相组间、各绕组间的短路，经仔细目测大多能找到故障点。

（2）空转检查法。对于小功率的单相电动机的短路故障，如果手头一时没有仪表，则可采取让电动机空载运转 15～20mim（如出现烧熔体、冒烟等异常情况时应立即停止运行）。然后迅速拆开电动机两端，用手依次触摸绕组端部的各个线圈，对温度明显高于其他地方的线圈应仔细察看直至找出故障点。这种方法很简便，但对轻微的匝间短路却难以收效。

（3）电桥检查法。先确定主绕组、辅助绕组中是哪套绕组短路，然后用电桥逐一测量该套绕组各级相组的电阻值，其阻值明显比其他极相组小时，即可能为短路线圈。

（4）短路测试器法。这是查找单相（及三相）定子绕组匝间短路，或线圈间短路的最常用方法。

（5）绕组短路故障的修理。如果绕组绝缘未整体老化且短路绕组线圈的导线还没有烧坏，则可以局部修补；否则，最好做局部或重换绕组的处理。

D　绕组断路故障

绕组由于受机械碰撞、焊接不良、严重短路等原因，都可能使线圈产生断路故障。绕组断路的检查较容易，可以用兆欧表、万用表、电桥或试灯检查。用万用表检查时，将开关转至电阻挡，先从电动机接线板查起，找出断相的是哪套绕组。然后采用分组淘汰的办法，拆开断相绕组测量各级相组电阻值，不通的即为断路极相组，最后找出断路线圈。断路故障点如发生在端部且相邻处绝缘完好，这时就只需重新连接和绝缘即可。假如断路发生在槽中，就必须采用穿绕法重换新线圈。

5.5.2.2　启动装置的故障及修理

单相异步电动机需要一套辅助绕组帮助启动，对启动后需切断辅助绕组的这类电动机，常带有启动装置。启动装置的类型是多种多样的，主要分为机械式和电气式两大类。机械式是直接利用电动机转动产生的机械力来断开接点，如利用离心力断开接点的离心开关。电气式则是利用电磁力、电热原理使启动开关动作并断开接点，如电磁式继电器、热继电器等。

常用的启动装置要求在单相异步电动机接入电源后，转速达到75%~80%同步转速时，把辅助绕组自动从电路切除。所以，启动装置一定要工作可靠，如果在整个启动过程中不能断开启动绕组。也就是说启动绕组长时间进入电动机运行状态，由于启动绕组线径小、电流密度较高，这样就有可能使电动机辅助绕组烧毁。因此，启动装置对电动机的可靠运行是极为重要的，常见的启动装置故障及修理如下所述。

（1）离心开关的故障及修理。这种启动开关结构复杂，而且要装在电动机端盖内侧，不便于检查维护。由于它在单相异步电动机中的使用日益减少，逐渐为其他形式的启动装置所取代。限于篇幅，请参阅有关资料。

（2）启动继电器的故障及修理。单相异步电动机用启动继电器有多种型式，它们常见的主要故障有继电器工作失灵、继电器触头烧坏、线圈故障等。对启动继电器的故障，一般不做修理，更换一个同型号的启动继电器即可。

5.5.2.3　电容器的故障及检查

电容器是单相电容式电动机不可缺少的一个重要元件，由于采用了电容器移相，单相启动式、运转式、启动运转式电动机才获得了优良的启动和运转特性。电容器损坏后一般不能修复，只能更换，故掌握电容器的故障类型和检查方法就十分重要。

A　电容器的类型

单相电容式电动机用的电容器，按它的结构和类型可分为纸介电容器、油浸电容器和电解电容器三类。电容器的容量单位是“法拉”，简称“法”，用符号 F 表示。但这个单位太大，日常经常使用的为“微法”。1 法 $=1\times10^6$ 微法（即 $1F=1\times10^6\mu F$）。单相电容式电动机的电容器容量一般均不大于 150μF。

B　电容器的故障

电容器经过长期使用或存放，均会使电容器的质量受到一定影响而引起故障，常见的故障有以下几种。

（1）过电压击穿。电动机如果长期工作在超过额定值的过高电压下，使电容器的绝缘介质被击穿而发生短路或断路。

（2）电容量消失。电解电容器经长期使用或长期放置在干燥高温的地方，则可能因其电解质干结而电容量自然消失。

（3）电容器断路。电容器经长期使用或保管不当，致使引线、引线端头等受潮腐蚀、霉烂，引起接触不良或断路故障。

C　电容器的检查

电容器常用的检查方法有以下几种。

（1）电容器的容量检查。检查电容器容量时，可将被测电容接入 50Hz 交流电路中，测量出通过电容器两端的电压和电流，此时可由式（5-7）算出电容器的电容量 $C(\mu F)$：

$$C = \frac{I}{2\pi f U} \times 10^6 \tag{5-7}$$

式中 U——电容器两端外加试验电压，V；

I——电容电路中的电流，A；

f——试验电源频率，Hz。

（2）伏安法检查电容器的断路和短路。用图 5-33 所示方法检查电容器的断路和短路故障，因为断路时电流表的读数为零，而短路时则电压表的读数为零。但是这时必须在电路中串入一个熔体，以保护电路中的仪表。

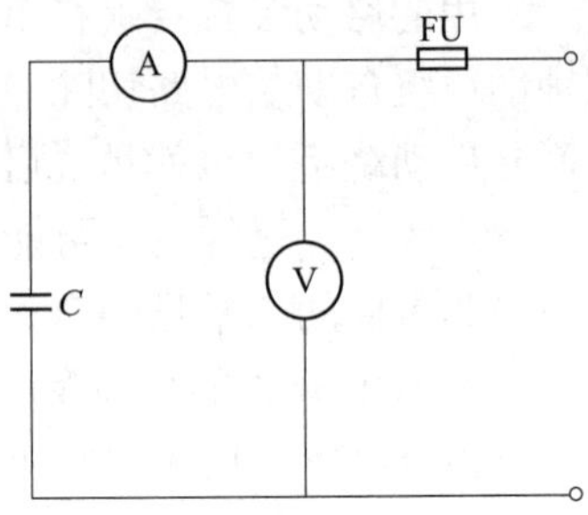

图 5-33　电容器电压-电流表检测法

（3）万用表检查电容器断路和短路。将万用表转到 10kΩ 或 1kΩ 挡，为确保安全，先将电容器的残余电量放光，然后再测量电容器的故障。测量时，用万用表测电容器两极之间的电阻，若阻值很大，即表针不动且无充放电现象，则为线端与极片脱离的断路故障。若电阻极小且表针不返回，则是极间短路。

D　电容器的更换

当电容器损坏后，虽然也可以通过较为繁复的方法算出来，但算出来的电容值还要在电动机的试运行中验证和调整。因此，最简便可靠的方法是仍按厂家所配电容器的规格进行更换。如原来所配电容器遗失，则可参照同类型的电动机选用的电容器。

5.5.3　单相交流异步电动机常见故障的判断与检修

5.5.3.1　故障 1

A　故障现象

电源电压正常，通电后电动机不能启动。

B　可能原因

（1）引线开路。

（2）主绕组或辅绕组开路。

（3）离心开关触头合不上。

（4）电容器开路。

（5）轴承卡住包括：

1）轴承已坏；

2）轴承进入杂物；

3）润滑脂干固；

4）轴承装配不良。

（6）定、转子相碰。

（7）过载。

C　处理方法

（1）用万用表查找出断处并修理好。

（2）用万用表确定故障，重新换线圈。

（3）检查离心开关触头是否已坏，或者不灵活，加以调整。

（4）更换电容器。

（5）清理或更换轴承包括：

1）更换轴承；

2）需清理干净；

3）清理轴承，换上新润滑脂，润滑脂的容量不得超过轴承室容积的 70%；

4）重新装配，调整使之转动灵活。

（6）锉去转子冲片突出部分。

（7）减少负载，选择较大容量的电动机。

5.5.3.2　故障 2

A　故障现象

载能启动或外力帮助下能启动，但启动迟缓且转向不定。

B　可能原因

（1）辅绕组开路。

（2）离心开关触头合不上。

（3）电容器损坏。

C　处理方法

（1）查出断路并加以修复。

（2）检查离心开关触点是否已坏或不灵活，加以调整、修理或更换。

（3）更换电容器。

5.5.3.3　故障 3

A　故障现象

电动机转速低于正常转速。

B　可能原因

（1）电源电压过低。

（2）转子电阻太大。

（3）主绕组内有部分绕组反接或接线错误。

（4）轴承摩擦加大。

（5）负载过大。

C　处理方法

（1）调整电源电压至额定值。

（2）更换转子。

（3）改正绕组的接线错误。

（4）清理轴承，加上适当的润滑脂。

（5）查找原因或更换容量较大的电动机。

5.5.3.4　故障 4

A　故障现象

启动后电动机很快发热，甚至烧坏绕组。

B　可能原因

（1）主绕组短路或接地。

（2）主、辅绕组短路。

（3）启动后离心开关触头断不开。

（4）主、辅绕组接错。

（5）电动机的负载选择不当，过大或过小。

（6）电压不准确。

C　处理方法

（1）用万用表测量电阻的大小。

（2）用万用表检查电阻值，改换绕组。

（3）测量总电流或副相回路电流，检修或更换离心开关。

（4）测量其电阻或复查接头符号，改正一次、二次绕组接线。

（5）应按电容运转和分相启动的特点选择负载。

（6）用电压表校准。

5.5.3.5　故障 5

A　故障现象

启动后电动机发热，输入功率大。

B　可能原因

（1）电动机过载。

（2）绕组短路或接地。

（3）定、转子相擦。

（4）轴承有毛病。

C　处理方法

（1）调整电动机负载。

（2）用万用表测量电阻值的大小，用兆欧表测量绕组是否接地。

（3）检查转子铁芯是否变形，轴是否弯曲，端盖的止口是否过松。

（4）保养或更换轴承。

5.5.3.6　故障 6

A　故障现象

电动机转动时噪声太大。

B　可能原因

(1) 绕组短路或接地。

(2) 离心开关损坏。

(3) 轴承损坏。

(4) 轴向间隙太大。

(5) 电动机内落入杂物。

C　处理方法

(1) 测量电阻值和绝缘电阻，排除故障。

(2) 修理或更换离心开关。

(3) 修理或更换轴承。

(4) 将间隙调至适当值。

(5) 拆开电动机，消除杂物。

5.5.3.7　故障 7

A　故障现象

通电后熔丝熔断。

B　可能原因

(1) 绕组短路或接地。

(2) 引出线接地。

C　处理方法

(1) 测量电阻和绝缘电阻，排除故障。

(2) 把引出线接好。

5.5.3.8　故障 8

A　故障现象

电动机有不正常的振动。

B　可能原因

(1) 转子不平衡。

(2) 带盘不平衡。

(3) 轴伸弯曲。

C　处理方法

(1) 校动平衡。

(2) 校静平衡。

(3) 校直或更换转轴。

5.5.3.9　故障 9

A　故障现象

轴承过热。

B　可能原因

（1）轴承损坏。

（2）轴承内、外圈配合不当。

（3）润滑油过多、过少或油太脏，混有铁屑土。

（4）带过紧或联轴器装得不好。

C　处理方法

（1）更换轴承。

（2）选择适当配合，使内外圈配合处不相对滑动。

（3）加油或清洗换油，使油脂的容量不超过轴承室容积的 70%。

（4）调整带张力。

任务 5.6　直流电动机的维修

5.6.1　直流电机的基础知识

直流电机是一种能将直流电能和机械能相互转换的旋转电机。将机械能转换为直流电能的是直流发电机，将直流电能转换为机械能的是直流电动机。

根据直流电机可逆运行的原理，直流电机既可作发电机又可作为电动机使用。图 5-34 为直流电动机外形图。

直流电动机是一种旋转电器。通常把产生磁场的部分做成静止的，称为定子；把产生感应电势或电磁转矩的部分做成旋转的，称为转子（又称为电枢）。定子由主磁极、换向磁极、机座、端盖和电刷装置等组成。转子由铁芯、绕组、换向器、转轴和风扇等组成。直流电动机剖面图如图 5-35 所示。

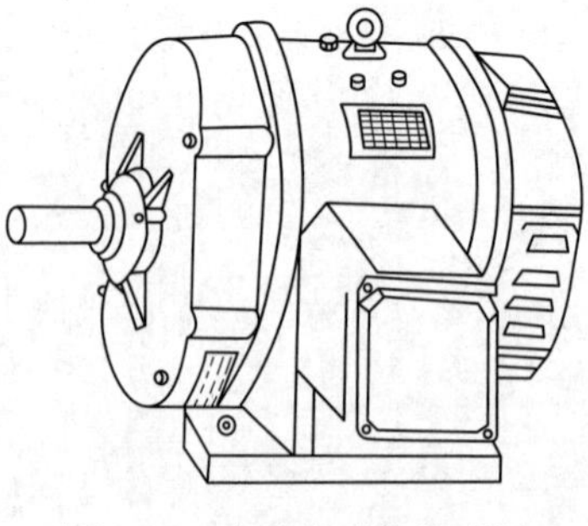

图 5-34　直流电动机外形图

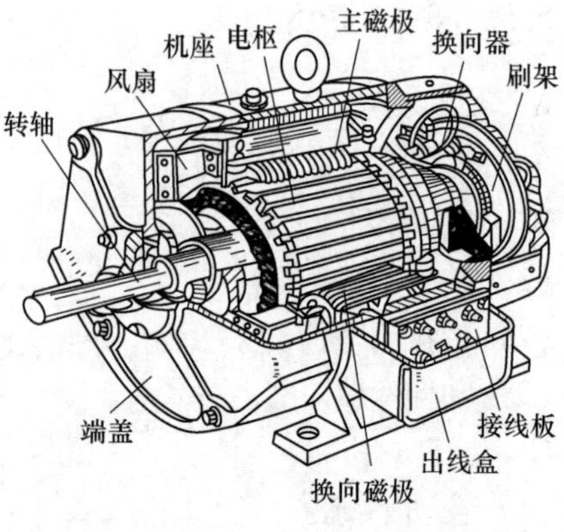

图 5-35　直流电动机的剖面结构图

直流电动机在进行能量转换时，不论是将机械能转换为电能的发电机，还是将电能转换为机械能的电动机，都是以气隙中的磁场作为媒介的。除了采用磁钢制成主磁极的永磁式直流电动机以外，直流电动机都是在励磁绕组中通以励磁电流产生磁场的。励磁绕组获得电流的方式称为励磁方式。

直流电动机常用的励磁方式有以下几种。

（1）他励。他励是励磁绕组的电流由单独的电源供给，如图 5-36（a）所示。永磁式也是他励的一种形式。

（2）并励。并励是励磁绕组与电枢绕组并联，如图 5-36（b）所示。

（3）串励。串联是励磁绕组与电枢绕组串联，如图 5-36（c）所示。

（4）复励。复励是励磁绕组分为两部分，一部分与电枢绕组并联，是主要部分；另一部分与电枢绕组串联，如图 5-36（d）所示。两部分励磁绕组的磁通量方向相同的称为积复励，方向相反的称为差复励。

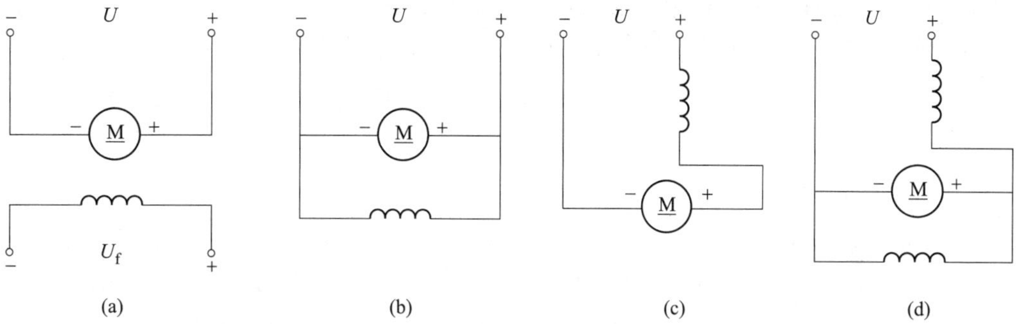

图 5-36　直流电动机各种励磁方式接线图
（a）他励；（b）并励；（c）串励；（d）复励

对于直流发电动机，由于电枢绕组为输出直流电的部分，因此，并励、复励式励磁绕组的电流都由自己的电枢电动势所提供，统称为自励发电动机。

5.6.2　直流电动机的拆卸和装配方法

与三相交流异步电动机一样，直流电动机也因发生故障或需维修保养等，经常需要拆卸电动机，待维修保养完毕后，又要将其装配起来。由于直流电动机在结构上除具有电刷装置与换向器（这一点其实与三相转子绕线型异步电动机在结构上相似）外，其他均与三相交流异步电动机一样。

任务 5.1.2 所介绍的有关三相交流异步电动机拆装的方法与注意事项同样完全适用于直流电动机的拆装。因此，在进行直流电动机拆装时，必须完全按照执行。除此以外，针对直流电动机在结构上与三相异步电动机相比具有电刷装置与换向器等部件的特点，在直流电动机拆装时还应补充下面几点。

（1）在直流电动机拆卸时，应特别注意要标明直流电动机外部接线中的并励绕组、电枢绕组与外部接线的对应标记，不可遗漏。

（2）在拆卸直流电动机的端盖时，应注意要先拆下换向器端盖的螺钉、轴承盖螺钉，取下轴承外盖，再拆下换向器的端盖。

（3）拆卸电刷时，应先将电刷从刷握中取出，再拆掉接到电刷装置上的连接线，要特别注意将电刷中性线的位置做上标志。

（4）当直流电动机修理维护完毕后，需将其装配还原，这个过程是拆卸的逆过程。只需要按标记将部件及接线复位即可。但是，在装配过程中要特别注意电刷的安装位置，因为它十分重要，其安装位置的准确与否直接影响电动机的性能。在可逆的直流电动机中，电刷位置一般都处在几何中性线上；而直流发电机或单方向旋转的直流电动机，电刷的位置原则上也应该在几何中性线上；但有时为了调整电动机的某些工作特性，往往将电刷位置在几何中性线左右偏移一个角度，但偏移的角度不宜过大。总之，电刷处的位置应该使换向器上的火花等级、电动机的转速调整率都在规定范围内。

电刷中性位置是指当电动机作为发电机空载运转时，其励磁电流及转速保持不变的情况下，在换向器上测得最大感应电动势时的位置。确定电刷中性位置的方法有感应法、正反转发电动机法、正反转电动机法和零转矩法四种。限于篇幅，本节仅介绍磁电式毫伏表来确定电刷中性位置的感应法，其他方法请参阅有关文献。

感应法是最常用的一种确定电刷中性位置的方法，如图 5-37 所示。

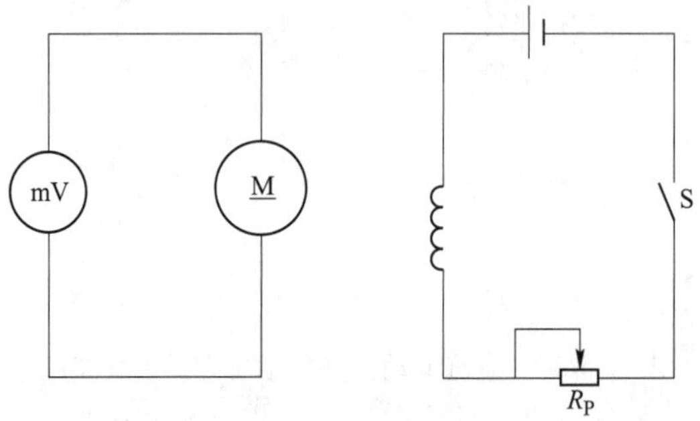

图 5-37　利用毫伏表确定电刷中性位置

当电枢静止时，将毫伏表接到相邻的两组电刷上（电刷与换向器接触一定要良好）。励磁绕组通过开关 S 接到 1.5~3.0V 的直流电源上。当打开和闭合开关时，也就是交替接通和断开励磁绕组的电流时，毫伏表的指针左右摆动，这时将刷架顺电动机旋转方向或逆电动机旋转方向移动，直至毫伏表上指针几乎不动，这时电刷的位置就是中性位置。

5.6.3　直流电动机换向器及电刷装置的基础知识

换向器是直流电动机的重要部件，它用来实现电枢绕组中的交变电势、电流和电刷间的直流电动势，电流之间的相互转换。换向器的结构如图 5-38 所示。电刷安装固定在以刷杆座为转动中心的刷杆上的刷握中（见图 5-39），其作用是将旋转的电枢与固定不动的外电路相连，把直流电压和直流电流引入或引出。

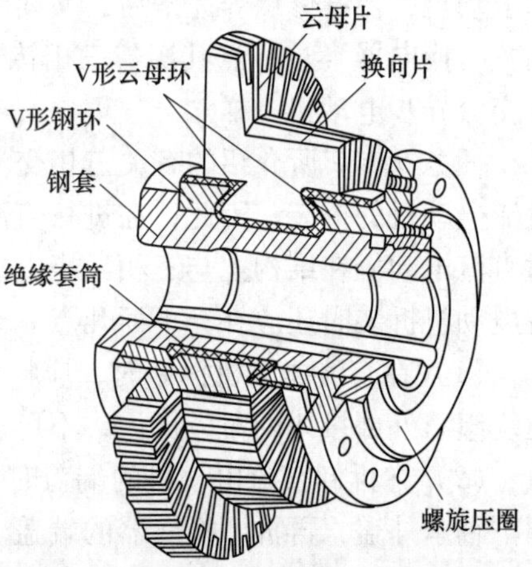

图 5-38　普通换向器的结构图

5.6.4　直流电动机换向器及电刷装置的检修方法

5.6.4.1　换向器表面有伤痕及磨损的修理

换向器在长期运行后，常被电刷在表面磨出高低不平的深沟，有时由于电刷下火花严重，也会使换向器表面烧成斑点。对于这种故

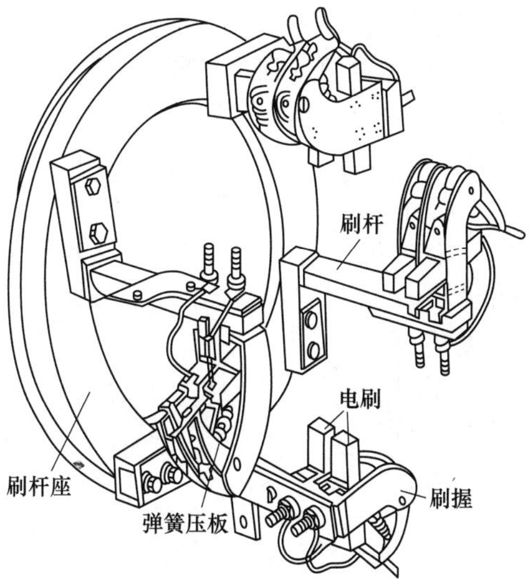

图 5-39　电刷装置

障，应将转子架在车床上，将换向器表面精车一刀。通常车削时，换向器圆周速度为 2~2.5m/s，进刀量为 0.2~0.33mm/r；精车时进刀量为 0.1~0.15mm/r。切削后，至少应达到 $Ra=1.6$ 的表面粗糙度。切削结束后，可适当提高转速，用 61μm（240 目）以上细砂布（不能用金刚砂布）打磨一次。

在打磨和车削换向器后，必须将换向器云母沟下刻和换向片倒棱，以改善换向器表面的工作状态，保持良好的滑动接触，减少电刷磨损和防止片间闪络。

A　云母沟下刻

下刻深度为 0.5~1.5mm，见表 5-7。下刻深度太小，易产生云母片突出；下刻深度过大，云母沟中易积存炭粉。

表 5-7　换向器云母下刻深度　(mm)

换向器直径	云母下刻深度	换向器直径	云母下刻深度
<50	0.5	150~300	1.2
50~150	0.8	>300	1.5

云母沟下刻要求光滑平直，两边残存云母片必须干净。云母沟下刻工具可用钢锯条改制，也可用手持式电动工具或风动工具下刻云母沟。

B　换向片倒角

换向片倒角能减少电刷磨损和云母沟积灰，对于防止换向片铜毛刺和闪络的发生，也是有效的。换向片倒角通常要求 $C=0.5$，要求均匀平直，倒角工具一般是用锯片磨制成的。

换向器下刻和倒角操作时，用力要均匀，操作要细心，特别要防止划伤换向器表面。图 5-40 为换向器云母片的挖削方法。

5.6.4.2　换向器片间短路的修理

当换向器片间的沟槽被电刷粉、金属屑或其他导电物质填满，或有腐蚀性物质与灰尘等侵入使云母片碳化时，会造成换向器片间短路。特别是片间电压较高时，更容易导致换向器片间短路，从而引起火花或产生电弧，损坏换向片。

修理时先清除杂物，用毫伏表检查确定无短路后，再用云母与绝缘漆填补，待干燥后即可装配。毫伏表检查法如图 5-41 所示。

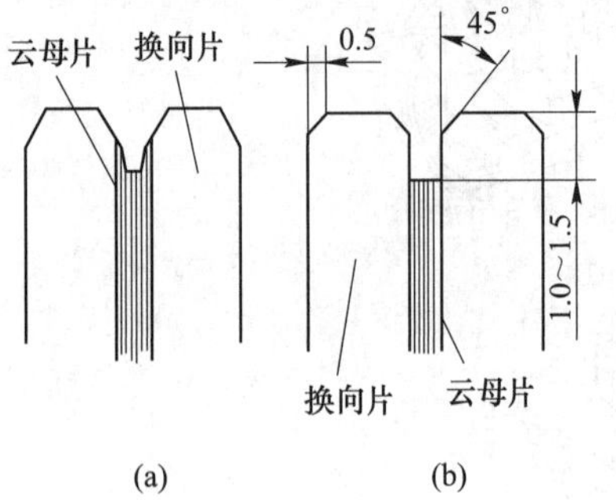

图 5-40　换向器云母片的挖削方法
（a）不正确的挖削；（b）正确的挖削

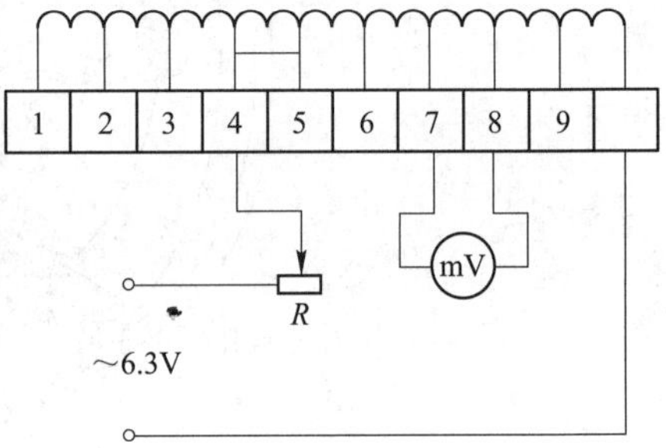

图 5-41　用毫伏表法检查
换向片间短路（或电枢绕组短路）

用 6.3V 交流电压（用直流也可以），加在相隔 $K/2$ 或 $K/4$（K 为换向片数）两片换向片上，用毫伏表两支表笔依次测相邻两片换向片之间的电压。若发现毫伏表读数突然变小，例如图 5-41 中 4 与 5 两片换向片，则说明这两片换向片间短路，或与这两片换向片相连的电枢绕组元件有匝间短路。

5.6.4.3　换向器接地的修理

V 形云母环尖角端在压装时绝缘损坏或金属屑、灰尘等未清除干净，都会造成换向器接地故障。修理方法是，先清除换向器击穿烧坏处的斑点、灰尘等，然后用云母绝缘材料及虫胶干漆填补，最后用 0.25mm 厚的可塑云母板覆贴 1~2 层，并加热压入。如果换向器接地是因换向片 V 形角配合不当使压装时绝缘损坏而造成的，则应改变换向片的 V 形角或者调换 V 形压环。

5.6.4.4　换向器凸片的修理

换向器过热、短路或装配不良等，都会引起换向器松弛而导致换向片过高。检查时用手抚摸换向器表面，即可发现换向片过高处形成凸片。修理时，可用锤轻敲凸片，将其调整到正确位置后再拧紧螺母，然后用车床将换向器表面车光。车削时，进刀量控制为 0.10~0.15mm/r。切削后，至少应达到 $Ra=1.6$ 的表面粗糙度。切削结束后，可适当提高转速，用 61μm（240 目）以上细砂布（不能用金刚砂布）打磨一次。若换向器已装在电动机上而无法拆下时，也可用磨石来磨光。转动电枢并将磨石压在换向器上，直到换向器表面光滑为止，然后用细砂纸[61μm(240 目)以上]进行精修。

5.6.4.5　换向器修复后的检查

换向器修复后应做以下检查。

（1）用小铁锤轻敲换向片，依据发出的声音来判断安装是否牢固。若发出较清脆的声音，表明换向器装置牢固；如果发出空壳声，则表明换向器松弛，应重新装配。

（2）检查换向片的轴向平行度，使换向片沿轴线的偏斜度不超过片间云母片的厚度，否则会造成换向不良。

（3）做对地耐压试验，试验电压通常为两倍的额定电压加 1000V，持续时间为 1min。

（4）用 220V 检验灯逐片检查片间是否短路，若有短路应加以排除。

5.6.4.6　刷握故障的修理

刷握可与换向器表面垂直，也可倾斜一个角度。电刷在刷握中要能上下自由移动，但不应出现摇晃。由于电刷是依靠相当大的弹簧压力压在换向器上进行工作的，因此，当电刷与刷握配合不当时，刷握内表面与电刷就会产生磨损。此时，应校正刷握与电刷的空隙，并锉光刷握内表面的毛刺。电刷与刷握的允许空隙见表 5-8。

表 5-8　电刷与刷握的允许空隙　（mm）

项目	轴向	集电环旋转方向	
		宽度 5~16	宽度 16 以上
最小空隙	0.2	0.1~0.3	0.15~0.4
最大空隙	0.5	0.3~0.6	0.4~1.0

刷握与换向器的距离要保持 2~4mm，刷握前后两端与换向器的距离必须相等，不能倾斜。

当电动机绝缘不良时，流过弹簧的电流过大，会使弹簧退火而失去弹性时，应及时更换已失去弹性的弹簧。

5.6.4.7　电刷的研磨与更换

由于电刷的磨损导致电刷与换向器的接触面小于 70%时，就应对电刷进行研磨，研磨后电刷的接触面应在 90%以上。

如电刷磨损超过 60%时即要更换，更换电刷时，应确定电刷的规格，原则上应更换相同规格的电刷；若尺寸稍大，可做适当的加工，但如果相差过大则不能选用。

使用电刷时的注意事项如下。

（1）同一台电动机应采用同一型号的电刷，否则会使各个电刷的电流不均匀，造成个别电刷过热及火花过大等。

（2）电刷在刷握内应能活动自如，既不能太松，也不能过紧。电刷过松会晃动，容易引起火花，而电刷太紧则会卡死。

（3）更换电刷时不宜一次全部更新，否则会引起电流分布不均匀。

（4）更换电刷时，应采用 0 号玻璃砂纸沿电动机的转动方向研磨电刷，使电刷与换向器的接触面积达到 80%左右。研磨时不能用粗的金刚砂布，以防金刚砂粒嵌入换向槽内，擦伤电刷表面。

（5）更换电刷后要及时调整弹簧的压力，使每只电刷的压力基本均匀，以免引起电流分布不均匀。电刷的压力因电动机工作条件及电刷型号的不同而有所差异，一般在 15000~25000Pa 范围内。

习　题

5-1　电动机装配时应注意哪些问题?
5-2　如何识别三相异步电动机定子绕组首末端?
5-3　异步电动机定子绕组的拆换有哪些步骤?
5-4　异步电动机修复后要做哪些试验?
5-5　异步电动机一般有哪些故障?
5-6　如何修理直流电动机的换向器及电刷装置?

项目 6　电气控制线路故障诊断与维修

项目 6 课件

任务 6.1　电气控制线路图的绘制原则及识图方法

6.1.1　电气控制线路图

用电气图形符号、带注释的围框或简化外形表示电气系统或设备中组成部分之间相互关系及其连接关系的一种图，即为电气图。广义地说表明两个或两个以上变量之间关系的曲线，用于说明系统、成套装置或设备中各组成部分的相互关系或连接关系，或者用于提供工作参数的表格、文字等，也属于电气图。

电气控制系统是由各种控制电器和执行元件（如电动机、电磁阀等）组成的，用于完成某一特定控制任务。为了表达电气控制系统的设计意图，便于分析系统工作原理，安装、调试和检修控制系统，必须按照国家标准采用统一的图形符号和文字符号，根据需要来绘制相应的电气原理图和电气安装图。

6.1.1.1　电气原理图

用图形符号和项目代号表示电路中各个电器元件连接关系和电路工作原理的图称为电气原理图。它是按照电流经过的路径，将所有的触点、线圈、电阻、信号灯、按钮等元件展开绘制的。它只是清晰地表明各电器元件之间的电路联系，而不表示相互间实际的位置关系。由于电气原理图结构简单、层次分明、适用于研究和分析电路工作原理，在设计部门和生产现场都得到广泛的应用。因此，它是电气图中最重要的一种，图 6-1 所示为三相交流异步电动机能耗制动控制电路电气原理图。

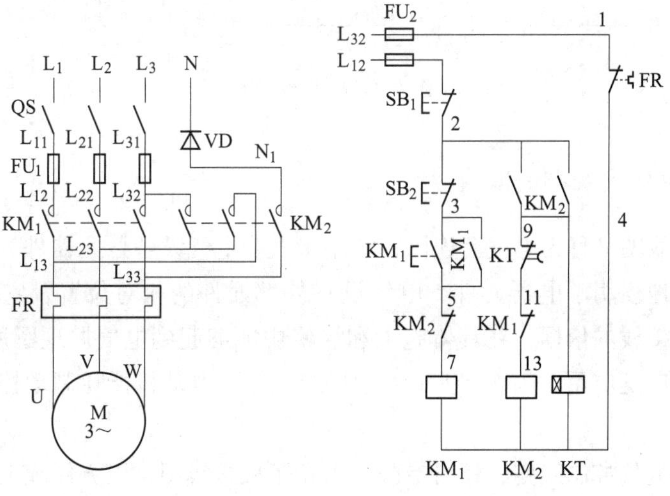

图 6-1　三相交流异步电动机能耗制动控制电路电气原理图

电气安装图用来表示电气控制系统中各电器元件的实际安装位置和接线情况，它有电器位置图和电气互连图两部分。

6.1.1.2　电器布置图

电器布置图又称为电器位置图，主要用来表征电气设备、零件在面板上的安装布置位置。其绘制方法是，在电器位置图中表示面板的图形符号内，一般用实体绘制简单的外形轮廓并辅以文字符号来表示。需着重注意的是，图中各电气设备、零件、文字符号应与有关电路图和电气设备清单上所对应的元器件相同。在图中往往留有 10%以上的备用面积及导线管（槽）的位置，以供改进设计布线时用。图 6-2 所示为三相交流异步电动机能耗制动控制电路电器布置图。

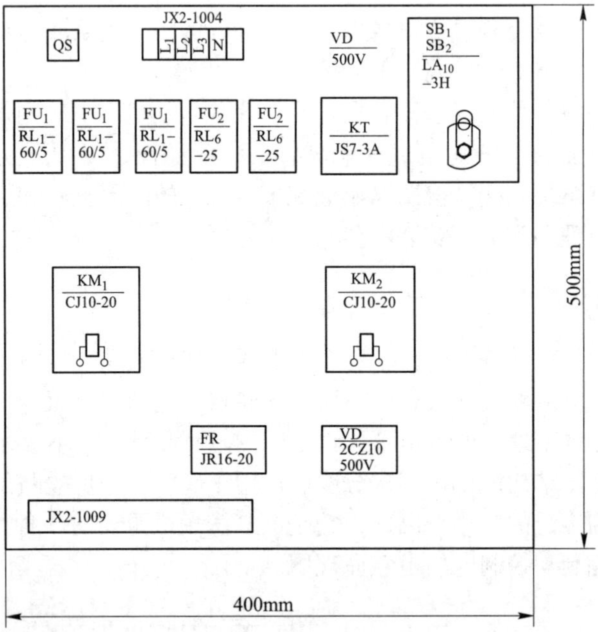

图 6-2　电器布置图

6.1.1.3　电气安装接线图

电气安装接线图又称为电气互连图，它用来表明电气设备各元器件、各单元之间的接线关系。它清楚地表明了电器元件、电气设备外部元件的相对位置及它们之间的电气连接，是实际安装接线的依据，在具体施工和检修中能够起到电气原理图所起不到的作用，在生产现场得到广泛应用。图 6-3 所示为三相交流异步电动机能耗制动控制电路电气安装接线图。

对于复杂的电气控制线路，还可专门画出端子板接线图，以方便施工接线和检修。

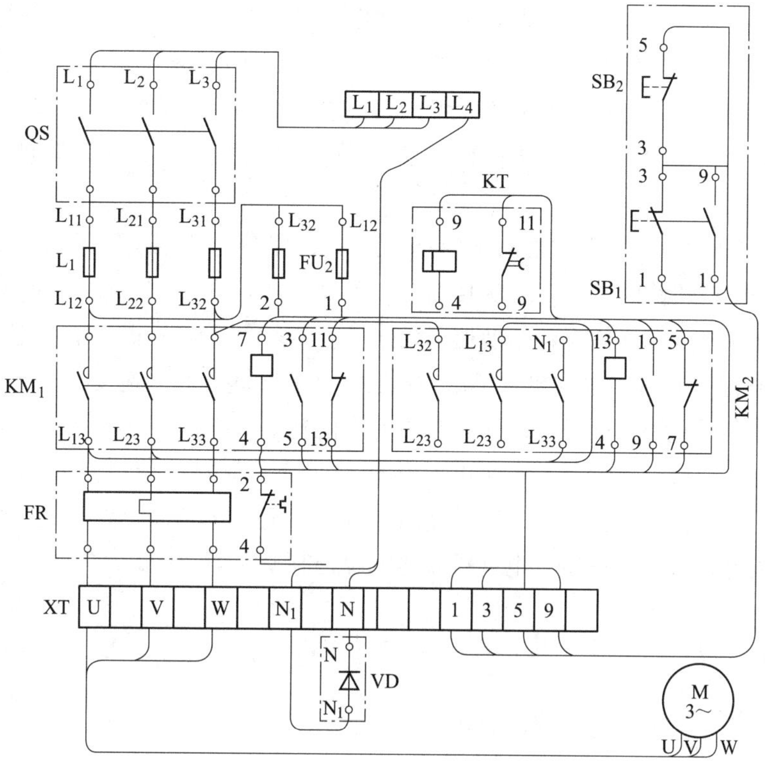

图 6-3　电动机能耗制动控制电路电气安装接线图

6. 1. 2　电气控制线路图的识图方法及绘制原则

6. 1. 2. 1　电气原理图的阅图方法

为了能顺利地安装接线、检查、调试和排除线路故障，必须认真阅读电气原理图。通过读懂电气原理图，可以知道该电气系统中电器元件的数目、种类和规格；线路中各电器元件之间的控制关系。所以，读懂电气原理图是电气设备制造、运行、维护和维修的基础，熟悉和掌握电气原理图的读图方法，对电气设备制造与运行的人员来说就显得十分重要。

电气原理图的阅图方法有查线读图法、图示读图法和逻辑代数读图法三种。但工程上常使用的方法只有查线读图法和图示读图法两种。

A　查线读图法

查线读图法是分析继电器-接触器控制电路的最基本方法，继电器-接触器控制电路主要由信号元件、控制元件和执行元件组成。

用查线读图法阅读电气控制原理图时，一般先分析执行元件的线路（即主电路）。查看主电路有哪些控制元件的触点及电器元件等，根据它们大致判断被控制对象的性质和控制要求等，然后根据主电路分析的结果所提供的线索及元件触点的文字符号，在控制电路上查找有关的控制环节，结合元件表和元件动作位置图进行读图。读图时假想按动操作按钮，跟踪线路，观察元件的触点信号是如何控制其他控制元件动作的。再查看这些被带动的控制元件的触点又是怎样控制其他控制元件或执行元件动作的。如果有自动循环控制，则要观察执行元件带动机械运动将使哪些信号元件状态发生变化，并又引起哪些控制元件状态发生变化。

查线读图法的优点是直观性强，容易接受，缺点是分析复杂电路时易出错。因此，在用查线读图法分析线路时，一定要认真细心。下面用查线读图法分析图 6-4 所示带速度继电器的三相交流异步电动机反接制动控制线路电气原理图。动作过程为：按启动按钮 SB_2，接触器 KM_1 得电并自锁，电动机直接启动运行，随着转速升高，速度继电器 KV 的动合触头闭合，为停车反接制动准备了条件。当按动停止按钮 SB_1 后，KM_1 线圈失电，电动机先脱离电源。与此同时，接触器 KM_2 得电，定子绕组通过制动限流电阻 *R* 接入电源。但电源的相序已相反了，电动机进入电源反接制动状态，电动机转速下降，速度继电器 KV 动作，常开触头打开，KM_2 失电，电动机脱离电源，制动完毕。

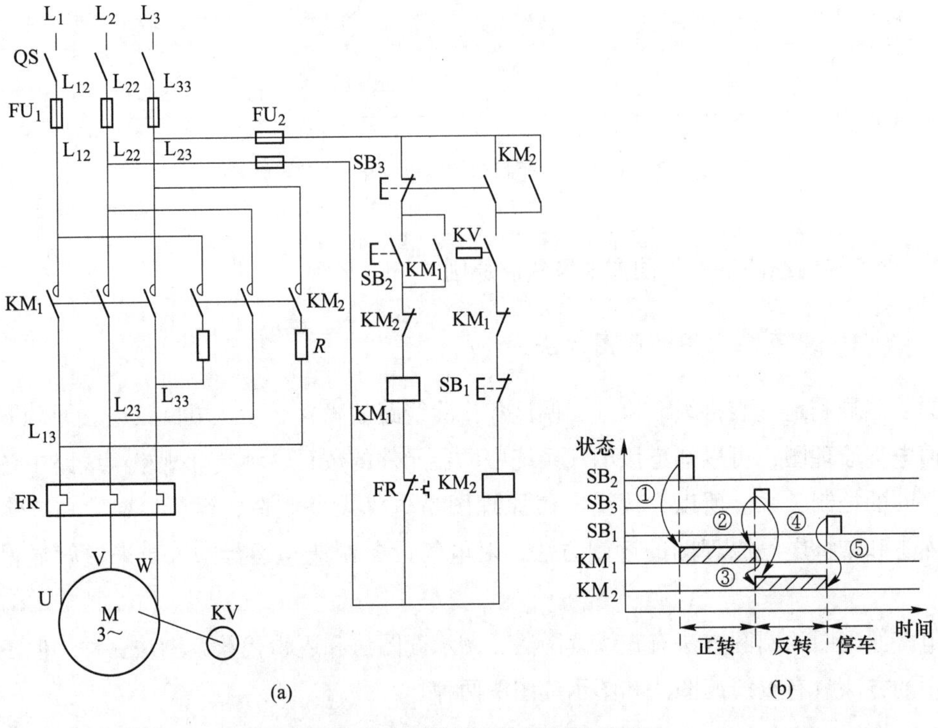

图 6-4 单向反接制动电路电气原理图

（a）电气原理图；（b）元件状态图

为分析问题方便，用↑表示电磁线圈通电或开关受外力作用而动作，↓表示电磁线圈失电或开关上的外力撤销。

用查线读图法，可以得到如下的流程。

启动过程：

SB_2↑ → KM_1↑ → M直接启动并运行
自锁
└→ KV↑ → 为制动准备通路
n↑
制动过程：
SB_1↑ → KM_1↓ → M脱离电源
└→ KM_2↑ → M↓ → M反接制动
└→ KV↓ → M脱离电源制动完毕
n↓

查线读图法最大优点是可以用控制电器的动作顺序（即动作流程）来表示，从而可以免去冗长的文字叙述。

B　图示读图法

图示读图法的形式是以纵坐标表示控制电器的工作状态，称为状态坐标轴；以横坐标表示控制作用的时间，称为时间坐标轴或程序坐标轴。再借助查线读图法，一边读图一边画图。用此图可将整个线路的工作过程表示清楚，避免冗长的文字叙述。

下面采用图示读图法分析图 6-5，采用手动控制的三相交流异步电动机可逆运行电路

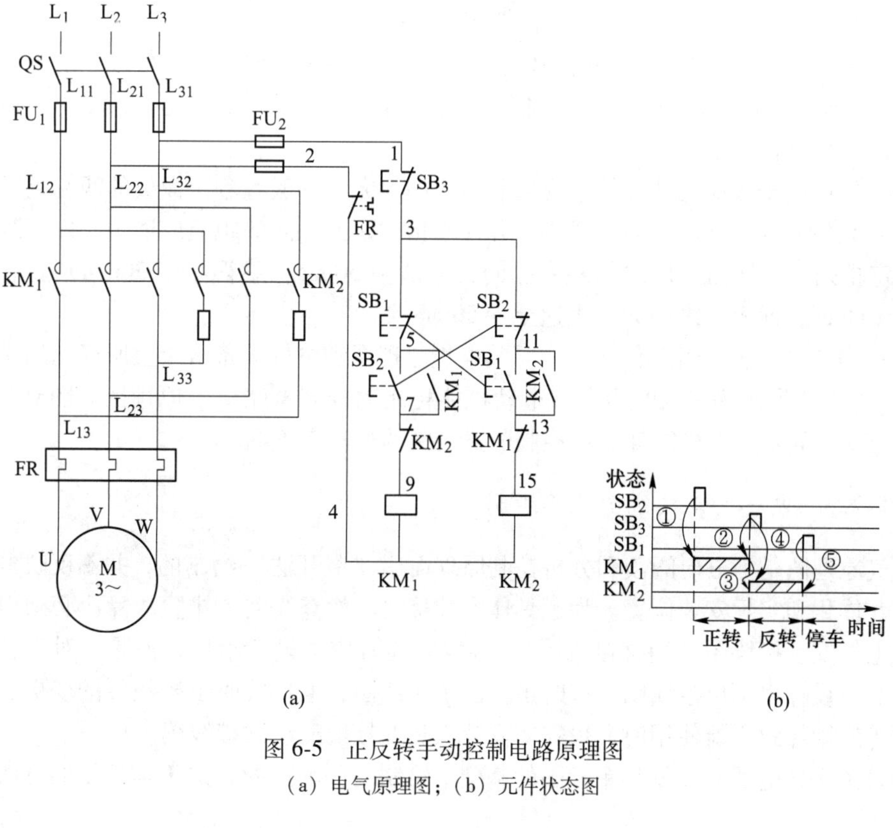

(a)　　(b)

图 6-5　正反转手动控制电路原理图

（a）电气原理图；（b）元件状态图

电气原理图。先用查线法读图，边查边画。从主电路看，电动机的正反转由接触器 KM_1 及 KM_2 控制。再查看控制电路，当按动正转按钮 SB_2 并立即松开时，在图 6-5（b）上，在元件 SB_2 的横轴线上画一脉冲形的信号。这时接触器 KM_1 得电，在 KM_1 的横轴线上也画一个矩形波，并用箭头①表示出它们的从动关系。KM_1 得电后电动机 M 就正转，其状态标注在横轴下方。当按下 SB_3 时，KM_1 线圈失电，电动机 M 先脱离电源，同时又使反转接触器 KM_2 得电。它们的动作因果关系用箭头②、③及④表示。KM_2 得电，电动机 M 反转，如要停车，只要按一下停止按钮 SB_1 即可。图示读图法中的箭头表示控制元件之间动作的因果关系，箭头的号码基本上表示动作的先后次序。

6.1.2.2 电器布置图及其绘制

电器元件要固定在柜（箱）内的铁板或绝缘板上，通常把这块板称为面板，其几何尺寸的大小、板厚，以及柜（箱）体的几何尺寸、板厚都是由元件的多少、元件几何尺寸的大小、质量及元件合理的排列所决定的。如何表述电器元件在面板上的安装位置及安装工艺要求，就要由布置图来完成。布置图是反映电器元件在面板上的安装位置及安装工艺要求的图纸。布置图通常由设计绘出，有时设计也不绘出，由安装人员在施工时设计、绘制。绘制布置图的一般方法如下。

（1）初选一标准柜（箱），查出该柜（箱）面板的长、宽等尺寸。

（2）在电气设备手册或设备说明书中查出元件的几何尺寸并标注在面板图上。在实际工作中常常是把元件按规定间距排列在平台上，然后实测实量并标注在面板上。

（3）设计时，一般情况下总开关安装在最上方，其次是互感器、接触器，最下部为限流装置，如频敏变阻器、启动电阻、自耦变压器等。

（4）继电器宜安装在总开关的两侧，但有些继电器为了便于取得信号，也可安装在总开关和接触器之间的主回路中，如电流继电器、热继电器等，而通过互感器的热继电器也宜安装在总开关的两侧。

（5）接线端子板应安装在便于更换和接线的地方，一般宜置于面板的两侧或下方。

（6）元件间的排列应整齐、紧凑、并便于接线，元件间的距离应适于元件的散热和导线的固定排列。元件和元件之间左右的间距一般为 50mm，不得小于 30mm；上下的间距应大于 100mm；面板边缘的元件距边至少 50mm。

（7）布置图中各电器元件代号应与其电气原理图和电气设备清单上所标注的元器件代号相同。图 6-1 所示为三相交流异步电动机能耗制动控制电路电气原理图。图 6-2 所示为根据三相交流异步电动机能耗制动控制电路绘制的电器布置图。

6.1.2.3 电气安装接线图及其绘制

电气原理图是为方便阅读和分析控制原理而用“展开法”绘制的，并不反映电器元件的结构、体积和实际安装位置。为了具体安装接线、检查线路和排除故障，必须根据原理图绘制电气安装接线图（简称接线图）。接线图通常应由设计给出，但是，对于较简单的系统，有时设计也不出接线图；有时虽然出了接线图，但接线时由于元件的变更、原理图的变更等原因导致不能使用时，也需要安装人员在接线时绘制接线图。

接线图是在电器原理图和布置图的基础上绘制的，画图的方法正是接线的方法，也就是说先在图上完成一次接成。在接线时，常用从某某元件接线经线束某某接到某某元件，这个线束的走向、位置就是接线图。图 6-3 所示为三相交流异步电动机能耗制动控制电路电气安装接线图。对于较复杂的控制系统，由于线多，可以将端子板的接线专门画出，这个图也是接线图。

在绘制电气安装接线图时，应注意下列几点。

（1）一个元件的所有部件应画在一起，并用虚线框起来。

（2）各电器元件之间的位置关系与它们在面板上的实际位置应尽量相一致。

（3）图中各电器元件的符号及文字代号必须与电气原理图一致，并要符合国家标准。

（4）各电器元件上凡是需要接线的部件端子都应绘出，并且一定要标注端子编号；各接线端子的编号必须与电气原理图相应的端子线号一致。同一根导线上连接的所有端子的编号应相同。

安装在控制柜（箱）面板上的电器元件之间的连线及柜（箱）内与柜（箱）外的电器元件之间的连线，应通过接线端子板进行连接。

任务 6.2　低压电器元件的检测与维修

6.2.1　低压电器检测

低压电器通常是指工作在额定电压 AC 1200V 或 DC 1500V 及以下的电器。它广泛地应用于输配电系统、电气控制系统中，在电路中起着开关、转换、控制、保护和调节作用。在机械设备电气控制系统中，考虑到控制方便、安全及设备的通用性等因素，一般均选用 380V、220V 电压标准。

低压电器种类繁多，用途广泛，但根据它所控制的主要对象，可分为以下两大类。

（1）用于传动控制系统中。对电器的要求是：工作准确可靠，操作频率高，寿命长，尺寸小，主要电器有继电器、接触器、行程开关、主令电器、变阻器、控制器、电磁铁等。

（2）用于低压配电系统及动力装备中。配电系统对电器的要求是：在系统发生故障的情况下，动作准确，工作可靠，有足够的热稳定性（指电器能承受一定的电流值的平方与通电时间的乘积 i^2t 值，其所有零部件应不引起热损伤）和电动稳定性（指电器能承受一定的电流值下的电动力作用，其所有的零部件应无损坏和无永久变形）。主要电器有刀开关、熔断器、断路器等。

低压电器产品通常分为十二大类，它们分别是刀开关和刀形转换开关、熔断器、断路器、控制器、接触器、启动器、控制继电器、主令电器、电阻器及变阻器、调整器、电磁铁、其他低压电器。

正确选用低压电器应注意以下两个原则：

（1）安全性，选用低压电器必须保证电路及用电设备安全可靠运行；

（2）经济性，选择低压电器要合理、适用。

为满足以上两个原则，选用时应注意以下几点：

（1）控制对象的类型和使用环境；

（2）确认控制对象的有关技术数据，如额定电压、额定电流、额定功率、负载性质、操作频率、工作制等；

（3）了解所选用的低压电器的正常工作条件，如环境温度、相对湿度、海拔高度、允许安装方位角度、抗冲击振动、有害气体、导电尘埃、雨雪侵袭的能力；

（4）了解所选用的低压电器的主要技术性能或技术条件，如用途、分类、额定电压、额定电流、额定功率、允许操作频率、接通分断能力、工作制和使用电寿命等。

为保证电气装配的质量，所有电气元件在上板前应做必要的检查及试验。内容主要有两方面，机械性能和电气性能。

A　一般性检验

（1）所有元件必须有产品合格证书、使用说明书、接线图，仪表还必须有计量检定部门出示的检定证书。断路器、接触器、频敏变阻器、过流继电器、热继电器还应有厂家产品制造许可证的复印件，元件的铭牌应清晰、规则。

（2）检查外观应无破损和机械损伤，可动部分灵活无卡，附件完整齐全，线圈参数清楚可见，铁件无锈蚀，铁芯截面光滑整洁、无毛刺。仪表表门完整，指针可动，接线螺丝坚固。

（3）用 500V 兆欧表测试空气开关、继电器、接触器等元件的相与相、相与外壳（上下闸口都要测），以及频敏变阻器或元件的线圈等正常工作时，通电部件端子对金属外壳的绝缘电阻，其阻值应大于 2MΩ。

B　通电试验

通电试验就是给元件的工作线圈通电，然后测量其触点的开关性能和接触电阻。其方法是：使用升流器给开关的主触点或电流线圈通以电流，测量触点在额定电流或过载电流下的工作状态，以及电流线圈的工作状态，进而证明元件的可靠性和稳定性，保证柜（箱）的质量。

通电试验时，先从电源上引下临时电源，用单相闸接好，并装好熔丝。电源的电压应和元件的线圈电压相符。

a　接触器试验

用绝缘导线将接触器线圈的两端接好（将剥开绝缘的线芯压紧在线圈端子的瓦片下即可），另一端接在单相闸的下闸口，取下接触器的灭弧罩，并将一小条强度较大的薄纸条放在静触头和动触头之间的缝隙上。检查无误后，即可将单相闸合上，接触器立即吸合。这时用力抽取小纸条，如触头接触紧密，压力实足，小纸条则抽不出，或者用力抽，则撕破；如接触不好，则容易抽出，这样的触头运行中易烧坏。

同时可根据纸条撕破的痕迹判断触头的接触面积，如小于 90%，则应用 0 号砂纸打磨或更换新触头。

将闸拉掉，接触器应立即释放，再合闸应立即吸合，否则说明阻卡或铁芯粘连，如阻卡应找出阻卡的位置并修复，用棉丝蘸酒精或汽油将铁芯截面擦洗干净。线圈通电后，接触器应无声响或声响微小。

b　中间继电器的试验

中间继电器的试验和接触器的试验基本相同。

c　电流继电器的试验

电流继电器一般采用空投试验的方法，即用手将电磁铁的衔接按下，使电磁铁在压力下吸合，这相当于负载电流大于整定电流，产生的磁势使电磁铁吸合。这时可用万用表欧姆挡测试其微动开触点的状况，动合闭合，常闭打开；当手松开时，衔铁在弹簧的作用下复位，这相当于负载电流小于整定电流，产生的磁势克服不了弹簧的拉力，使电磁铁释放。这时用万用表测量，断动合开，常闭闭合；也可用两只万用表分别跨接在动合接点和常闭接点上，重复上述的试验，观察触点打开和闭合的情况。

d　空气阻尼时间继电器的试验

空气阻尼时间继电器的空投试验同样是用手按下衔铁，使其在压力下吸合，这相当于线圈通电。对通电延时的时间继电器来讲，手按下衔铁时，其动合点应延时闭合，动断点应延时打开；当手松开后（相当于线圈断电），动合点应立即打开，动断点应立即闭合。对断电延时的时间继电器来讲，手按下衔铁时，其动合点应立即闭合，动断点应立即打开，当手松开后（相当于线圈断电），动合点应延时打开，动断点应延时闭合。对通电和断电都延时的时间继电器来讲，手按下衔铁时，其动合点应延时闭合，动断点应延时打开，当手松开后（相当于断电）动合点应延时打开，动断点应延时闭合。可根据微动开点动作的声音判断触点的动作情况，同样也可以用万用表欧姆挡来观察触点的开闭及延时情况。空投正常后，即可将时间继电器的线圈接到额定的单相电源上，同时将两只万用表分别接在动合点和动断点上，然后把闸合上，接点的开闭情况可通过表针来显示，应和空投相同。同时由改锥调节时间整定螺丝，应看到延时有变化，并可测出最大延时时间和最小延时间；否则，时间继电器不能使用。

e　其他元件的试验

（1）电压表。电压表可接在调压器的输出端和标准电压表比对进行试验，其误差不应超过表本身的精度等级。

$$误差=\frac{示值误差}{示值}\leqslant 表精度等级（\%）$$

示值误差为标准表的读数减去被校表的读数，示值为标准表的读数。试验时至少应取三点进行比较，一般取 0、1/2 刻度和满刻度，试验前应调零位。

（2）电流表。电流表可接在升流器的二次回路里和标准电流表进行比对校验，其误差不应超过表本身的精度等级，其他同电压表。

（3）按钮。按钮可接在万用表欧姆挡的回路里试验，按动按钮，观察指针的变化；按动后应稳定一小段时间，再松手，其指针不能晃动；也可通以 5A 的电流进行电流试验。

（4）指示灯。指示灯应加以额定电压试亮。

（5）接线端子板。接线端子板应用万用表欧姆挡对其测试，其中螺钉不得有脱扣现象，也可做 5A 电流试验。必要时应用兆欧表摇测相邻端子的绝缘电阻，一般应大于或等于 2MΩ。

C　电器元件的安装固定

元件在面板上的安装固定包括划线、钻孔、套丝、垫绝缘、固定等工序。

（1）划线定位。将面板置于平台上，把板上的元件（空开、接触器、继电器、端子板、单相闸、互感器等）按布置图设计排列的位置、间隔、尺寸摆放在面板上，摆放必须方正，并核对间距。对原设计有无修正和变更，必须在划线定位前确定下来，划线定位后不得再进行更改。

(2) 划线。按照元件在面板上的排列位置，用划针划出元件底座的轮廓和安装螺钉孔的位置，划线前再次复核元件摆放是否方正。

(3) 开孔及攻丝。断路器和接触器一般用 M8 或 M10 的螺钉固定，开孔则用 ϕ6.7mm 或 ϕ8.4mm 的钻头，然后用 M8 或 M10 的螺钉锥攻丝。其他元件应用 M4 螺钉固定，应用 ϕ3.3mm 的钻头开孔，用 M4 的丝锥攻丝，元件直接固定在面板上。对于体积较大，质量较重的元件，除在面板上固定外，其板后应加电气梁加固。

(4) 元件的固定。准备 0.1~0.2mm 厚的青壳纸或玻璃纸、油笔和剪子，将元件放在纸上，然后用油笔沿元件底座的轮廓画出元件的底座轮廓线，并用剪子将其剪下。再用冲子在纸上冲出元件固定的螺钉孔。选择和攻丝相应规格的螺钉，先把剪好的绝缘纸垫好，再把元件用螺钉紧固于面板上。

元件全部装好后，应用 500V 兆欧表，再次测量元件正常工作时带电部分及不带电部件、底座与面板的绝缘电阻，应分别大于 2MΩ 和 0.5MΩ。

6.2.2 低压电器常见故障及维修

各种电器元件经过长期使用或因使用不当会造成损坏，这时就必须及时进行维修。电气线路中使用的电器很多，结构繁简程度不一，这里首先分析各电器所共有的各零部件常见故障及维修方法，然后再分析一些常用电器的常见故障及维修方法。

6.2.2.1 电器零部件共有的常见故障及维修

A 触头的故障及维修

a 触头过热

触头接通时，有电流通过便会发热，正常情况下触头是不会过热的。当动静触头接触电阻过大或通过电流过大，则会引起触头过热；当触头温度超过允许值时，会使触头特性变坏，甚至产生熔焊。产生触头过热的具体原因分析如下。

(1) 通过动、静触头间的电流过大。任何电器的触头都必须在其额定电流值下运行，否则触头会过热。造成触头电流过大原因有系统电压过高或过低、用电设备超载运行、电器触头容量选择不当和故障运行四种可能。

(2) 动静触头间的接触电阻变大。接触电阻的大小关系到触头的发热程度，其增大的原因有：一是因触头压力，弹簧失去弹力而造成压力不足或触头磨损变薄，针对情况应更换弹簧或触头；二是触头表面接触不良。例如在运行中，粉尘、油污覆盖在触头表面，加大了接触电阻。再如，触头闭合分断时，因有电弧会使触头表面烧毛、灼伤，致使残缺不平和接触面积减小而造成接触不良。因此，应注意对运行中的触头加强保养。对铜制触头、表面氧化层和灼伤的各种触头可用刮刀或细锉修正。对大、中电流的触头，表面不求光滑，重要的是平整。对小容量触头则要求表面质量好。对银制触头，只需用棉花浸汽油或四氯化碳清洗即可，其氧化层并不影响接触性能。

在修磨触头时，切记不要刮削、铣削太过，以免影响使用寿命，同时不要使用砂布或砂轮修磨，以免石英砂粒嵌于触头表面，反而影响触头接触性能。

对于触头压力的测试可用纸条凭经验来测定。将一条比触头略宽的纸条（厚 0.01mm）夹在动、静触头间，并使开关处于闭合位置，然后用手拉纸条，一般小容量的电器稍用力，纸条即可拉出。对于较大容量的电器，纸条拉出后有撕裂现象。以上现象表示触头压力合适。若纸条被轻易拉出，则说明压力不够；若纸条被拉断，说明触头压力太大。

调整触头的压力可通过调整触头弹簧来解决，如触头弹簧损坏可更换新弹簧或按原尺寸自制。触头压力弹簧常用碳素钢弹簧丝来制造，新绕制的弹簧要在 250~300℃ 的条件进行回火处理，保持时间 20~40min，钢丝直径越大，所需时间越长。镀锌的弹簧要进行去氧处理，在 200℃ 左右温度中保持 2h，以便去脆性。

b　触头磨损

触头磨损有两种：一种是电磨损，由于触头间电火花或电弧的高温使触头金属气化所造成的；另一种是机械磨损，由于触头闭合时的撞击、触点接触面滑动摩擦等原因造成。

触头在使用过程中，因磨损会越来越薄，当剩下原厚度的 1/2 左右时，就应更换新触头。若触头磨损太快，应查明原因，排除故障。

c　触头熔焊

动静触头表面被熔化后焊在一起而分断不开的现象，称为触头的熔焊。当触头闭合时，由于撞击和产生震动，在动静触点间的小间隙中产生短电流、电弧温度高达 3000~6000℃，可使触头表面被灼伤或熔化，使动、静触头焊在一起。发生触头熔焊的常见原因是选用不当，使触头容量太小、负载电流过大、操作频率过高、触头弹簧损坏、初压力减小。触头熔焊后，只能更换新触头，如果因触头容量不够而产生熔焊，则应选用容量大一些的电器。

B　电磁系统的故障及维修

a　铁芯噪声大

电磁系统在工作时发生一种轻微的“嗡嗡”声，这是正常的。若声音过大或异常，可判断电磁机构出现了故障。

（1）衔铁与铁芯的接触面接触不良或衔铁歪斜。铁芯与衔铁经过多次磁撞后端面会变形和磨损，或因接触面上积有尘垢，油污、锈蚀等，都将造成相互间接触不良而产生振动和噪声。铁芯的振动会使线圈过热，严重时会烧毁线圈，对 E 形铁芯，铁芯中柱和衔铁之间留有 0.1~0.2mm 的气隙，铁芯端面变形会使气隙减小，也会增大铁芯噪声。铁芯端面若有油垢，应拆下清洗端面。若有变形或磨损，可用细砂布平铺在平板上，修复端面。

（2）短路环损坏。铁芯经过多次碰撞后，装在铁芯槽内的短路环，可能会出现断裂或脱落。短路环断裂常发生在槽外的转角和槽口部分，维修时可将断裂处焊牢，两端用环氧树脂固定。若不能焊接也可换短路环或铁芯，短路环跳出时，可先将短路环压入槽内。

（3）机械方面的原因。如果触头压力过大或因活动部分运动受阻使铁芯不能完全吸合，都会产生较强振动和噪声。

b　线圈的故障及维修

（1）线圈的故障。当线圈两端电压一定时，它的阻抗越大，通过的电流越小。当衔铁在分离位置时，线圈阻抗最小，通过的电流最大。铁芯吸合过程中，衔铁与铁芯间的间隙逐渐减小，线圈的阻抗逐渐增大。当衔铁完全吸合后，线圈电流最小，如果衔铁与铁芯间不管是何原因，不完全吸合，会使线圈电流增大，线圈过热，甚至烧毁。如果线圈绝缘损坏或受机械损伤而形成匝间短路或对地短路，在线圈局部就会产生很大的短路电流，使温度剧增，直至使整个线圈烧毁。另外，如果线圈电源电压偏低或操作频率过高，都会造成线圈过热烧毁。

（2）线圈的修理。线圈烧毁一般应重新绕制。如果短路的匝数不多，短路又在接近线圈的端头处，其他部分尚完好，即可拆去已损坏的几圈，其余的可继续使用，这时对电器的工作性能的影响不会很大。

c　灭弧系统的故障及维修

灭弧系统的故障是指灭弧罩破损、受潮、炭化、磁吹线圈匝间短路，弧角和栅片脱落等，这些故障均能引起不能灭弧或灭弧时间延长。若灭弧罩受潮，烘干即可使用。炭化时可将积垢刮除。磁吹线圈短路时可用一字改锥拨开短路处，弧角脱落时应重新装上，栅片脱落和烧毁时可用铁片按原尺寸配做。

6.2.2.2　常用电器故障及维修

A　接触器的故障及维修

除以上介绍的触头和电磁系统的故障分析和维修外，其他常见故障如下所述。

（1）触头断相。因某相触头接触不好或连接螺钉松脱造成断相，使电动机缺相运行。此时，电动机也能转动，但转速低并发出较强的“嗡嗡”声。发现这种情况，要立即停车检修。

（2）触头熔焊。接触器操作频率过高、过载运行、负载侧短路、触头表面有导电颗粒或触头弹簧压力过小等原因，都会引起触头熔焊。发生此故障即使按下停止按钮，电动机也不会停转，应立即断开前一级开关，再进行检修。

（3）相间短路。由于接触器正反转联锁失灵，或因误动作致使两台接触器同时投入运行而造成相间短路，或因接触器动作过快，转换时间短，在转换过程中，发生电弧短路。凡是此类故障，可在控制线路中采用接触器、按钮复合联锁控制电动机的正反转。

B　热继电器的故障及维修

热继电器的故障一般有热元件烧断、误动作和不动作等现象。

（1）热元件烧断。当热继电器动作频率太高时，负载侧发生短路或电流过大，致使热元件烧断。欲排除此故障应先切断电源，检查电路排除短路故障，再重新选用合适的热继电器，并重新调整定值。

（2）热继电器误动作。这种故障的原因是：整定值偏小，以致未过载就动作；电动机启动时间过长，使热继电器在启动过程中就有可能脱扣；操作频率过高，使热继电器经常受启动电流冲击；使用场所强烈的冲击和振动，使热继电器动作机构松动而脱扣；另外，如果连接导线太细也会引起热继电器误动作。针对上述故障现象，应调换适合上述工作性质的热继电器，并合理调整整定值或更换合适的连接导线。

（3）热继电器不动作。由于热元件烧断或脱落，电流整定值偏大，以致长时间过载仍不动作，导板脱扣连接线太粗等原因，使热继电器不动作，因此对电动机也就起不到保护作用。根据上述原因，可进行针对性修理。另外，热继电器动作脱扣后，不可立即手动复位，应过2min，待双金属片冷却后，再使触头复位。

C 时间继电器的故障维修

空气式时间继电器的气囊损坏或密封不严而漏气，使延时动作时间缩短，甚至不产生延时。空气室内要求极清洁，若在拆装过程中使灰尘进入气道内，气道将会阻塞，时间继电器的延时时间会变得很长。针对上述情况可拆开气室，更换橡胶薄膜或清除灰尘，即可解决故障。空气式时间继电器受环境温度变化影响和长期存放都会发生延时时间变化，可针对具体情况适当调整。

D 速度继电器的故障和维修

速度继电器发生故障后，一般表现为电动机停车时，不能制动停转。此故障如果不是触头接触不良，就可能是调整螺钉调整不当或胶木摆杆断裂引起的。只要拆开速度继电器的后盖进行检修即可。

任务 6.3 电气控制线路布线

6.3.1 电气控制线路布线基础知识

6.3.1.1 配制主回路母线

主回路母线常用铝母带、铜母带制作，对于主回路容量较小的系统也可用铜导线制作。

A 铜（铝）母线的制作

(1) 母线模型的制作。截两段长度一定的单根独股 2.5～4.0mm 的导线线芯并将其伸直，然后从两个元件的结线螺栓孔开始比试，再将导线煨成一定的形状，如图 6-6 所示。图中所示为空气开关到电流继电器的模型及制成母线的示意图。模型煨制两个：一个用作模型，比照其制作母线；另一个伸直后作为该段母线长度的下料尺寸。

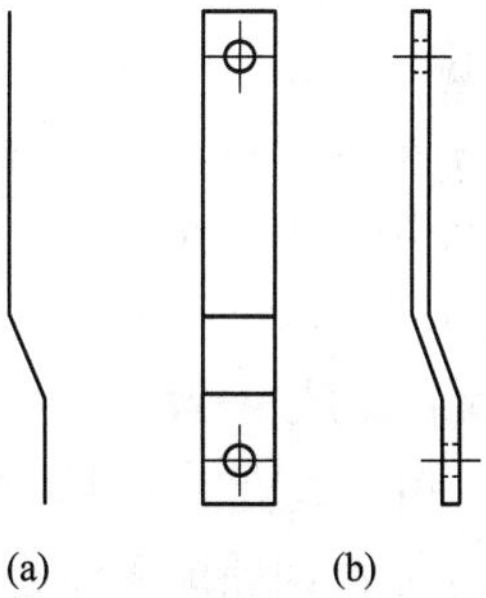

图 6-6 母线模型（a）及制作（b）

(2) 母线的下料。将伸直模型的长度，再加上两倍的母线厚度（一个弯加一个）即为该段母线的下料尺寸。下料应用手工钢锯锯割，不得用扁铲或气割，注意观察所下的料不得有沙眼、气泡等。

(3) 弯曲成型。将母带夹在台钳上比照模型进行煨制成型，其弯曲的角度应和模型一致。任何时候、任何条件下，不准将煨好的母带弯平直后再重新煨弯，因为这样弯平直后母线已有损伤，今后运行时容易烧断或发热。

(4) 钻孔。先将煨好的母线在两个元件间进行比试并画出钻孔的位置，然后再在台钻上钻孔。钻好孔后应用锉将锯口和钻孔部位的毛刺、棱角锉光，使其形成圆弧状、避免尖端放电。

(5) 刷漆。将煨制好的母线两面按 U、V、W 相序分别刷上黄、绿、红色的调合漆，其端部和元件接触部分不刷，应留出 30mm（一个板宽），也可用彩色涤纶不干胶带标出相序。

B　铜（铝）母线的安装

铜（铝）母线的安装在刷漆干后即可进行，安装前应在母线和元件接触部分的两侧抹上导电膏，不要太多，然后用螺栓紧固好，同时应配以平光垫和弹簧垫。紧固时必须用套筒扳手，并用 0.05mm×10mm 塞尺检查，塞入部分应小于或等于 4mm。

C　制作安装注意事项

（1）主回路的母线必须悬空安装，距面板及相与相之间最小距离为 30mm，距门的距离应大于 100mm。

（2）主回路母线安装好后，应用 500V 兆欧表测量其绝缘电阻，应大于 2MΩ。

（3）紧固母线的螺栓，其螺母应露出 2~3 扣，最多不超过 5 扣，且应一致。

（4）对应母线的弯曲应一致，力求美观。

6.3.1.2　配置二次控制回路导线布线材料的准备

A　布线材料的准备

配制二次控制回路应用 1.5~2.5mm^2、500V 的单股塑料铜线，一般用黑色导线，不得用铝芯导线配线。如果有电子线路、弱电回路等可用满足电流要求的细塑料铜线配制，但要求正极用棕色、负极用蓝色、接地中线用淡蓝色，三极管的集电极用红色、基极用黄色、发射极用蓝色，二极管与晶闸管的阳极用蓝色、阴极用红色、控制极用黄色等。

配线前要准备好剥线钳和端子号管。成品端子号管的主要型号有 FH1、FH2、PGH 和 PKH 系列。其中 FH1 和 PGH 为管状接线号，使用时可在导线压接端头以后，利用引导杆将接线号套入导线上，也可直接采用打号机在线上打号。

如采用自制端号管，其方法是采用白色异型管并用医用紫药水按设计图上的编号书写。每隔 15mm 写一组端子的一个号，一组为两个相同编号的端子号，写好后在电炉上烘烤 3~5min 即可，永不褪色。使用时用剪子剪下，一对一对地使用，分别套在一根导线的两端。写号一般用专用写号笔写。

B　二次回路的配线及工艺

二次回路的配线是控制柜（箱）制造中的重要环节，技术性强，工艺要求较高。不但要求接线正确可靠，还要求有规则且美观大方，才能达到具有较高的安装质量。二次回路的配线工艺要求如下。

（1）应从控制电源的始端开始接线直至第一个回路接完，并使回路最后回到控制电源的末端，然后按回路编号再接第二回路、第三回路直到最后一个回路。如果一个元件有几个得电的通路，应按顺序一一接完，才算完成该回路的接线。

（2）每接完一个回路，应将控制电源的开关合上，使控制回路有电，并操作该回路或通路中能使回路通电的部件，如按钮、继电器的有关接点等。有时需接临时按钮试验，然后拆掉。继电器接点的动作可用手压下电磁铁的衔铁，使其接点闭合或打开。然后根据电路的原理，看其动作是否正确。若动作不正确或不动作，则说明接线有错误、导线折断、接线松动或者元件损坏等原因，应立即查出并修复。

（3）接往门上各个元件的导线，应将其先接在端子板上。面板上的二次线全部接完以后，再将柜门上各个元件的导线接至柜门上的端子板，然后对照编号用 2.5mm^2 的单芯多股软塑料绝缘铜线将两个端子板上的端子对应连接起来，最后将软铜塑线用绝缘布包扎好。接线时同样应按回路进行试验，以免错误。

（4）每接一根导线时，无论接到任何部件上，都应套上接线号，一端一个，最后把接线号固定在元件的端子一端，字符朝外，任何导线中间不得有接头。端子板或元件的接线端子一般接一根导线，最多不得超过两根。

（5）每个接线端子都应用平光垫或瓦型片及弹簧垫。用瓦型片压接的接线螺钉处，导线剥掉绝缘直接插入瓦片下，用螺钉紧固即可如 π 型线；用圆形垫片压接的接线螺钉处，导线剥掉绝缘后需弯制顺时针的小圆环，直径略大于螺钉直径，穿在平垫的螺钉上，拧紧即可。

（6）二次导线应从元件的结线螺钉接出，然后拐弯至面板并沿着板面走竖直或水平直线到另一元件的结线螺钉。用上述方法接到另一元件的端子上，一般不悬空走线，但同一元件的接点连接，或者相邻很近的元件之间的连接可以悬空接线。二次导线应横平竖直，避免交叉，拐弯处应为 90°角，但应有足够的弧度，以免折断导线。

（7）二次导线应从元件的下侧走线，送至端子板或其他元件，并尽力使两列元件之间（上下之间、左右之间）的导线走同一路径，并用线卡或捆线带捆紧，使其成为一束，不得用金属线捆扎。一束导线的截面应为长方形、正方形、三角形、梯形等规则图形，如图 6-7 所示。束的横向 300mm、纵向 400mm 应有一固定点使其不能晃动，二次导线在上述条件的约束下应尽可能地走捷径。

（8）接线前应将整盘的导线用放线架放开，接线时按需截下一节，然后用钳子夹住端部把导线伸直，不得有任何死弯，打扭的线伸直后不得再用。在绝缘导线可能遭到油类腐蚀的地方，应采用耐油的绝缘导线或采取防油措施。

C　用行线槽配线的工艺方法

行线槽，顾名思义就是放导线的槽子。市场上出售的主要有 TC 系列行线槽。采用行线槽配线，比上述配线方法简单，其基本工艺方法是：

（1）柜内元件直接固定在称为电器梁的角钢架上；

（2）在钢板做成的电器横板上；

（3）把行线槽固定在电器板、梁架的后面、元件的下边或端子板的侧面。

接线顺序、方法和前述相同，只是将导线置于行线槽内。用行线槽配线的工艺方法如图 6-8 所示。

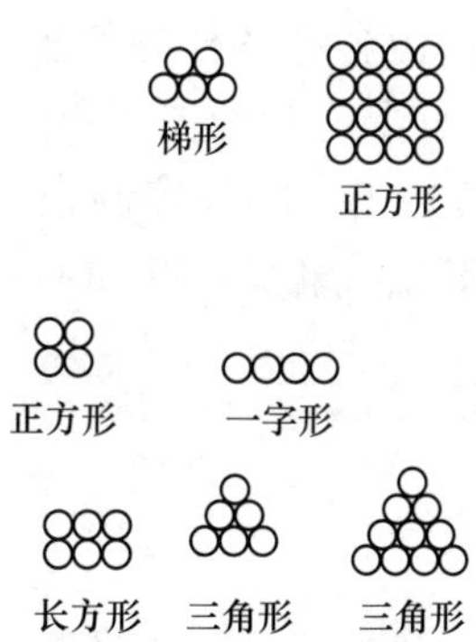

图 6-7　导线束的截面

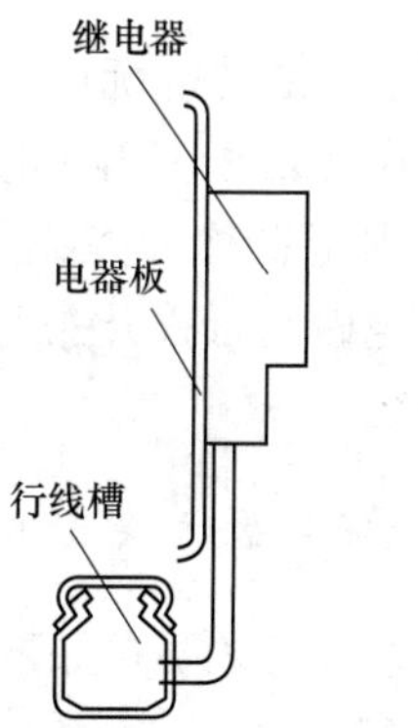

图 6-8　行线槽配线示意图

D　配线的修整

装配好的控制柜应进行修整，修整的内容主要有捆扎线束、紧螺钉、过门软线处理及其他不妥之处等。

（1）捆扎线束。捆扎线束主要是线束的拐角处和中间段，捆扎长度一般为10～20mm。方法有两种：一种是用塑料或尼龙小绳；另一种是用专用的成品件，型号为PKD1系列捆线带，如图6-9所示。采用塑料或尼龙小绳捆扎，具体方法如图6-10所示。不得使用金属性的扎头，如钢精扎头等。

图6-9　PKD1型捆线带

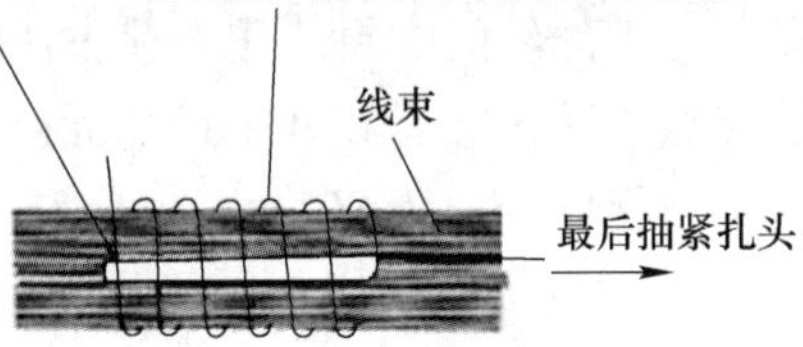

图6-10　捆扎线束示意图

（2）过门软线的处理主要是增加过门软线的强度和韧性，增加绝缘强度，通常有两种方法：一种是先用小绳隔段捆扎，然后再用塑料带统包二层，最后用卡子将过门软线的两端分别固定在柜侧和柜门上；另一种办法是采用PQG缠绕管，将过门线先用小绳扎住几道，然后将PQG缠绕管包在外面。PQG缠绕管如图6-11所示。其规格按直径分有4mm、6mm、10mm、12mm、16mm、20mm六种。

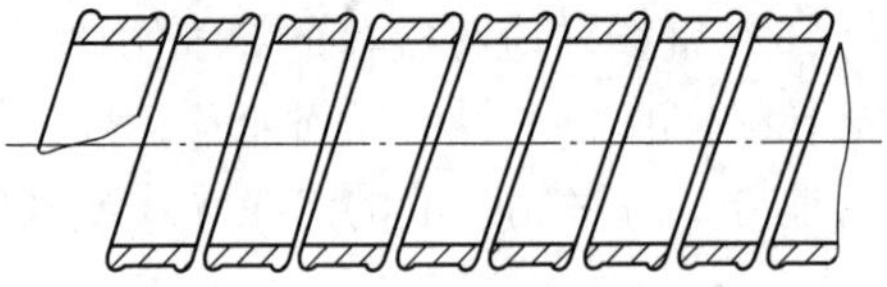

图6-11　PQG缠绕管

（3）螺钉。将柜内主回路、二次回路所有的螺钉紧固一遍，并将螺钉漏装平垫圈和弹簧垫圈的补齐。

（4）修整其他不妥之处。

6.3.2　电气控制系统的软布线

6.3.2.1　基本知识

在机械设备电力拖动系统中，其电气控制系统是由各种各样的低压电器元件所构成的，它们完成对执行元件（例如电动机、电磁阀等）进行有效的控制和保护，在工程上一般将它们安装、固定在称为控制柜（箱）的柜（箱）内。电气控制柜（箱）与执行机构（如电动机、电磁阀行程开关等）之间、电气控制柜（箱）与电气控制柜（箱）之间的布线称为软布线。

6.3.2.2　软布线的方法及工艺

软布线的方法及工艺要求如下。

（1）引向执行机构与控制柜（箱）的电线管，应尽量沿最短路径敷设，并减少弯曲，以便穿线方便、节省材料。

（2）埋设的电线管与明设的电线管的连接处，应装有接线盒。

（3）电线管弯曲时其弯曲半径应不小于电线管外径的 6 倍，若只有一个弯曲时可减至 4 倍。敷设在混凝土内的电线管弯曲半径不少于外径的 10 倍。管子弯曲后不得有裂缝、凹凸等缺陷，弯曲角度不应小于 90°，椭圆度不应大于 10%。

（4）电线管埋入混凝土内铺设时，管子外径不得超过混凝厚度的 1/2，管子与混凝土模板间应有 20mm 间距；并列敷设在混凝土内的管子，应保证管子外皮间 20mm 以上的间距。

（5）明敷电线管时，布置要横平竖直，排列整齐美观，电线管的弯曲处及长管路一般每隔 0.8~1.0m 应用管夹固定，多排电线管弯曲度应保持一致。

（6）金属软管只适用电气设备与铁管之间的连接，或埋管施工有困难的个别线段。金属软管的两端应配置管接头，每隔 0.5m 处应有弧形管夹固定，如需中间引线时要采用分线盒。

（7）穿入控制柜内的管子，在柜子内、外处都应配置管垫固定，管头两端均戴护帽。

（8）所有电线管在电气上必须可靠连接，在管子之间、管子与接线盒之间要用金属地线连接，而地线要用直径不得小于 4mm 钢筋连接。

（9）所有电线管不得有裂口及脱开现象，电线管接头必须用管接头牢固连接，不可松动或脱节。

（10）金属管口不得有毛刺，在导线与管口接触处应套上橡皮（塑料）管套，以免导线绝缘损坏，管中导线不得有接头，并不得承受拉力。

任务 6.4　电气控制线路的故障排除

6.4.1　电气控制线路的故障检修基础知识

电气控制线路在运行中会发生各种故障，造成停机而影响生产，严重时还会造成事故。常见的电气故障有断路性故障、短路性故障、接地故障等。电气设备的故障检修包含检测和修理，检测主要是判断故障产生的确切部位，修理是对故障部分进行修复。

电气控制线路的故障检修范围包括电动机、电器元件及电气线路等，电气线路检修时常用的工具有试电笔、试灯、电池灯、万用表等。

6.4.1.1　试电笔

试电笔是检验导线、电器和电气设备是否带电的一种电工常用测试工具，只要带电体与大地之间的电位差超过 60V 时，电笔中的氖管就会发光，低压试电笔的测试电压范围为 60~500V。

使用试电笔时应以手指触及笔尾的金属体，使氖管小窗背光朝向自己。试电笔仅需要很小的电流就能使氖管发亮，一般绝缘不好而产生的漏电流及处在强电场附近都能使氖管发亮，这些情况要与所测电路是否确实有电加以区别。

试电笔除用来测试火线与地线之外，还可以根据氖管发光的强弱来估计电压的高低；根据氖管一端还是两端发光来判断是直流电还是交流电等。

6.4.1.2　试灯

试灯又称为校灯。利用试灯可检查线路的电压是否正常，线路是否断路或接触不良等故障。使用试灯时要注意使灯泡的电压与被测部位的电压相符，电压相差过高会烧坏灯泡，相差过低时灯泡不亮。

检查时将试灯接在被测线路两端，如果试灯亮说明线路两端有电压，同时根据灯泡的明亮程度可以进一步估计电压的高低。一般检查线路是否断路采用 10～60W 小容量的灯泡，而查找接触不良的故障时应采用 150～200W 的大灯泡，这样可以根据灯泡的明亮程度来分析故障情况。

6.4.1.3　电池灯

电池灯又称为对号灯，由两节 1 号电池和一个 2.5V 的小灯泡组成，常用来检查线路的通断及线号等。

测量时将电池灯接在被测电路两端，如果线路开路（或线路中有 KM 线圈等较大电阻）时电池灯不亮，如果线路通则灯泡亮。

如果线路中串接有电感元件（如接触器、继电器及变压器线圈等），则用电池灯测试时应与被测回路隔离，防止在通电的瞬间因电动势过高而使测试者产生麻电的感觉。

6.4.1.4　万用表

万用表可以测量交、直流电压直流电流及电阻，有的万用表还可以测量交流电流、电感及电容等。

电气线路检修时通常使用万用表的电压挡及电阻挡。使用时应注意选择合适的挡位及量程，使用完毕应及时将选择开关放到空挡或交流电压量程的最高挡，长期不用应将万用表中的电池取出。

6.4.1.5　兆欧表

兆欧表可以用来测量电气设备的绝缘电阻，使用时应注意兆欧表的额定电压必须与被测电气设备或线路的工作电压相适应。在低压电气设备的维修中，通常选择额定电压为 500V 的兆欧表。

兆欧表接线柱有三个，即线（L）、地（E）和屏（G）。在进行一般测量时，只要把被测绝缘电阻接在 L、E 之间即可。当绝缘电阻本身不干净或潮湿时，必须在绝缘层表面加接 G 接线柱，保证测出绝缘体内部的电阻值。

6.4.2　电气控制线路的故障检修方法

6.4.2.1　电气控制线路故障检修的步骤

A　故障调查

故障调查就是在处理故障前，通过“问、嗅、看、听、摸”了解故障前后的详细情况，以便迅速地判断出故障的部位，并准确地排除故障。

问：向操作者详细了解故障发生的前后情况。一般询问的内容是：故障是经常发生还是偶尔发生？有哪些现象？故障发生前有无频繁启动、停止或过载？是否经历过维护、检修或改动线路？等等。

嗅：就是要注意电动机和电器元件运行中是否有异味出现。当发生电动机、电器绕组烧损等故障时，就会出现焦臭味。

看：就是观察电动机运行中有否异常现象（如电动机是否抖动、冒烟、接线处打火等），检查熔体是否熔断，电器元件有无发热、烧毁、触点熔焊、接线松动、脱落及断线等。

听：就是要注意倾听电动机、变压器和电器元件运行时的声音是否正常，以便帮助寻找故障部位。电动机电流过大时，会发出“嗡嗡”声；接触器正常吸合时声音清脆，有故障时常听不到声音或听到“嗒嗒”抖动声。

摸：就是在确保安全的前提下，用手摸测电动机或电器外壳的温度是否正常，如感觉温度过高，就是电动机或电器绕组烧损的前兆。

“问、嗅、看、听、摸”是寻找故障的第一步，有些故障还应做进一步检查。

B　电路分析

简单的机床控制线路，对每个电器元件及每根导线逐一进行检查，固然能找出故障部位，但复杂的机床控制线路，往往有上百个电器元件及成千条连线，采取逐一检查不仅耗费大量的时间，而且也容易发生遗漏，故往往根据调查结果。参考该电气设备的电气原理图进行分析，初步判断出故障产生的部位，然后逐步缩小故障范围，直至找到故障点并加以消除。

分析故障时应有针对性，如接地故障一般先考虑电器柜外面的电气装置，后考虑电器柜内的电气元件，断路和短路故障应先考虑动作频繁的元件，后考虑其余元件。

C　断电检查

检查前先断开机床总电源，然后根据故障可能产生的部位，逐步找出故障点。检查时应先检查电源线进线处有无碰伤而引起的电源接地、短路等现象，螺旋式熔断器的熔断指示器是否跳出，热继电器是否动作等，然后检查电器外部有无损坏，连接导线有无断路、松动，绝缘有否过热或烧焦。

D　通电检查

在外部检查发现不了故障时，可对机床作通电试验检查，具体步骤如下。

（1）通电试验检查时，应尽量使电动机和传动机构脱开，调节器和相应的转换开关置于零位，行程开关还原到正常位置。若电动机和传动机构不易脱开时，可将主电路熔体或开关断开，先检查控制电路，待其正常后，再恢复接通电源检查主电路。开动机床时，最好在操作者配合下进行，以免发生意外事故。

（2）通电试验检查时，应先用校灯或万用表检查电源电压是否正常，有无缺相或严重不平衡情况。

（3）通电试验检查，应先易后难、分步进行。每次检查的部位及范围不要太大，范围越小，故障情况越明显。检查的顺序是：先控制电路、后主电路，先辅助系统后主传动系统、先开关电路后调整电路，先重点怀疑部位、后一般怀疑部位。较为复杂的机床控制线路检查时，应拟定一个检查步骤，即：将复杂线路划分成若干简单的单元或环节，按步骤、有目的地进行检查。

(4) 通电试验检查也可采用分片试送法，即先断开所有的开关，取下所有的熔体，然后按顺序逐一插入要检查部位的熔体。合上开关，观察有无冒烟、冒火及熔断器熔断现象，如无异常现象，给以动作指令，观察各接触器和继电器是否按规定的顺序动作，即可发现故障。

6.4.2.2　电气控制线路的检修方法

电气控制线路是多种多样的，它们的故障又往往和机械、液压、气动系统交错在一起，较难分辨。不正确的检修甚至会造成人为事故，故必须掌握正确的检修方法。一般的检查和分析方法有通电检查法、断电检查法等。通常应根据故障现象，先判断是断路性故障还是短路性故障，然后再确定具体的检修方法。

A　通电检查法

通电检查法主要用来检修断路性故障。如果按下启动按钮后接触器不动作，用万用表测量线路两端电压正常，则可断定为断路性故障。检修时合上电源开关通电，适当配合一些按钮等的操作，用试电笔、校灯、万用表电压挡、短接法等进行检修。

a　试电笔检修法

试电笔检修断路故障的方法如图6-12所示。检修时用试电笔依次测试1、2、3、4、5、6各点，并按下SB_2，测量到哪一点试电笔不亮即为断路处。在机床控制线路中，经常直接用380V或经过变压器供电，用试电笔测试断路故障应注意，防止由于电源通过另一相熔断器而造成试电笔亮，影响故障的判断。同时应注意观察试电笔的亮度，防止由于外部电场泄漏电流造成氖管发亮，而误认为电路没有断路。

b　校灯检修

用校灯检修断路故障的方法如图6-13所示。检修时将校灯一端接0上，另一端依1、2、3、4、5、6次序逐点测试，并按下SB_2，如接至4号线上校灯亮，而接至5号线上校灯不亮，则说明KM_1(6~5)断路。

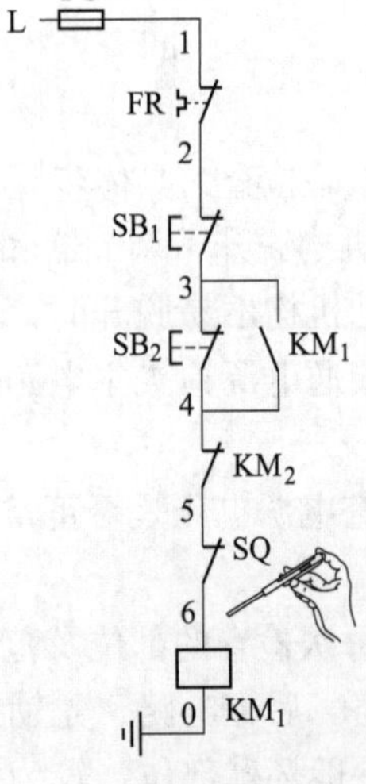

图6-12　试电笔检修断路故障

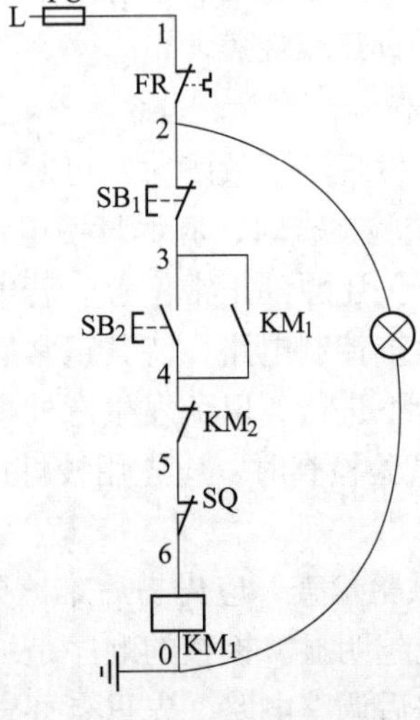

图6-13　校灯检修断路故障

用校灯检修故障时，应注意灯泡的额定电压和灯泡的容量要合适。

c　电压的分阶测量法

电压的分阶测量法如图 6-14 所示。检查时把万用表旋到交流电压 500V 挡位上。检查时，首先用万用表测量 7~1 之间的电压，若电路正常应为 380V，然后按下按钮 SB_2 不放，依次测 7~2、7~3、7~4、7~5、7~6 之间的电压，正常情况下各阶的电压值均为 380V，如测到 7~2 电压为 380V，而 7~3 无电压，则说明按钮 SB_1 的动断触点（2~3）断路。这种测量方法像台阶一样，所以称为分阶测量法。

d　分段测量法

电压的分段测量法如图 6-15 所示。

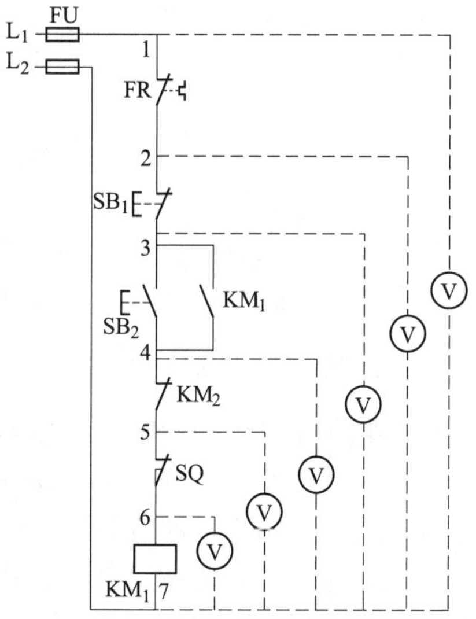

图 6-14　电压的分阶测量法

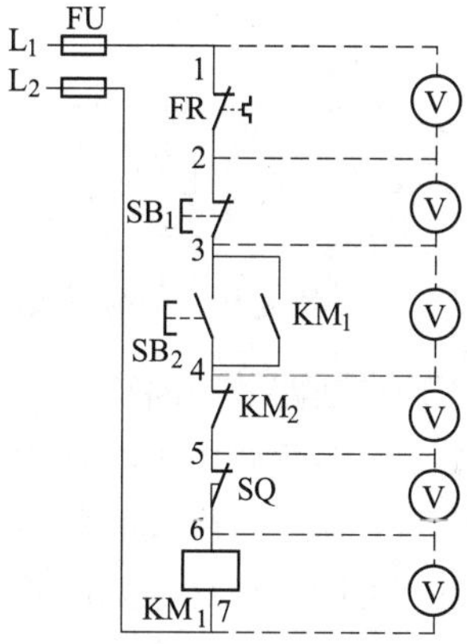

图 6-15　电压的分段测量法

检查时把万用表旋到交流电压 500V 挡位上。如按下启动按钮 SB_2，接触器 KM_1 不吸合，说明发生断路故障，用电压表逐段测试各相邻两点间的电压。检查时先用万用表测 1~7 两点电压，看电源是否正常，然后依次测量 1~2、2~3、3~4、4~5、5~6、6~7 间的电压，如电路正常，按下 SB_2 后除 6~7 之间电压为 380V 外，其余相邻各点之间的电压均应为零。

e　短接法

短接法是接通电源，用一根绝缘良好的导线，把所怀疑的断路部位短接，如短接过程中，电路被接通，就说明该处断路。这种方法便于快速寻找断路性故障，缩小故障范围。

（1）局部短接法。局部短接法检查断路故障如图 6-16 所示。检查时先用万用表电压挡测量 1~7 两点间电压值，若电压正常，可按下启动按钮 SB_2 不放，然后用一根绝缘良好的导线，分别短接 1~2、2~3、3~4、4~5、5~6。当短接到某两点时，若接触器 KM_1 吸合，说明断路故障就在这两点之间。

（2）长短接法。长短接法检修断路故障如图 6-17 所示，长短接法是指一次短接两个或多个触点来检查断路故障的方法。

当 FR 的动断触点和 SB_1 的动断触点同时接触不良，如用上述局部短接法短接 1~2

点，按下启动按钮 SB_2，KM_1 仍然不会吸合，故可能会造成判断错误。而采用长短接法将 1~6 短接，如 KM_1 吸合，说明 1~6 段电路中有断路故障，然后再短接 1~3 和 3~6 等，进一步判断故障部位。

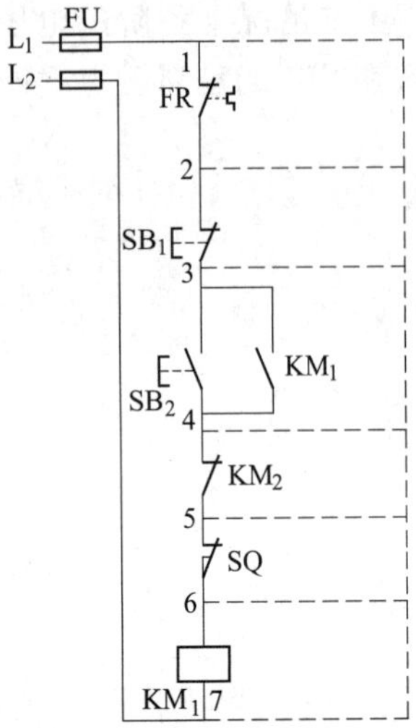

图 6-16　局部短接法

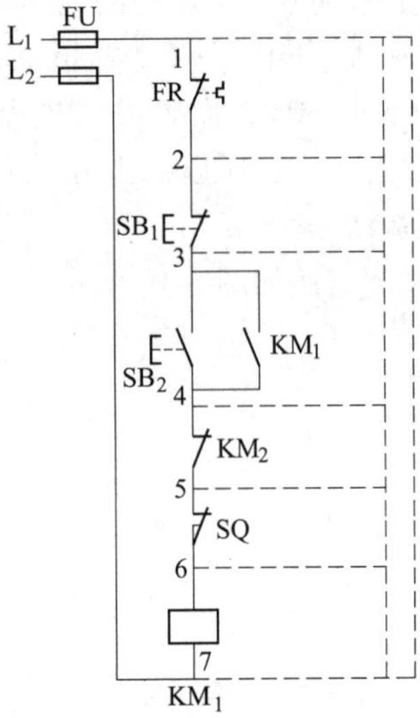

图 6-17　长短接法

短接法检查断路故障时应注意：首先，短接法是用手拿绝缘导线带电操作的，所以一定要注意安全，避免触电事故发生；其次，短接法只适用于检查压降极小的导线和触点之间的断路故障，对于压降较大的电器，如电阻、接触器和继电器的线圈等断路故障，不能采用短接法，否则会出现短路故障；最后，对于机床的某些要害部位，必须保障电气设备或机械部位不会出现事故的情况下才能使用短接法。

B　断电检查法

断电检查法既可检修断路性故障又可检修短路性故障。合上电源开关，操作时发生熔断器熔断、接触器自行吸合或吸合后不能释放等都表明控制线路中存在短路性故障，尤其是短路性故障采用断电检查法检修可以防止故障范围的扩大。

断电检查法必须先切断电源，并保证整个电路无电，然后用万用表电阻挡、电池灯等判断故障点。

a　电阻法

对断路性故障一般可以采用电阻的分阶测量法和分段测量法，而短路性故障采用直接测量可疑线路两端的电阻并配合适当的操作（断开某些线头等）进行分析。测量时通常使用万用表的 1Ω 挡。

（1）分阶测量法，电阻的分阶测量法如图 6-18（a）所示。先断开电源，然后按下 SB_2 不放，测量 1~7 之间的电阻，如阻值为无穷大，说明 1~7 之间的电路断路。然后分阶测 1~2、1~3、1~4、1~5、1~6 各点间电阻值。若电路正常，则该两点间的电阻值为“0”；当测量到某标号间的电阻值为无穷大时，则说明表棒刚跨过的触点或连接导线断路。

（2）分段测量法，电阻的分段测量法如图 6-18（b）所示。

检查时先切断电源，按下启动按钮 SB_2，然后依次逐段测量相邻两点 1~2、2~3、3~4、4~5、5~6、6~7 间的电阻。如测得两点间电阻为无穷大，说明这两点间的元件或连接导线断路。

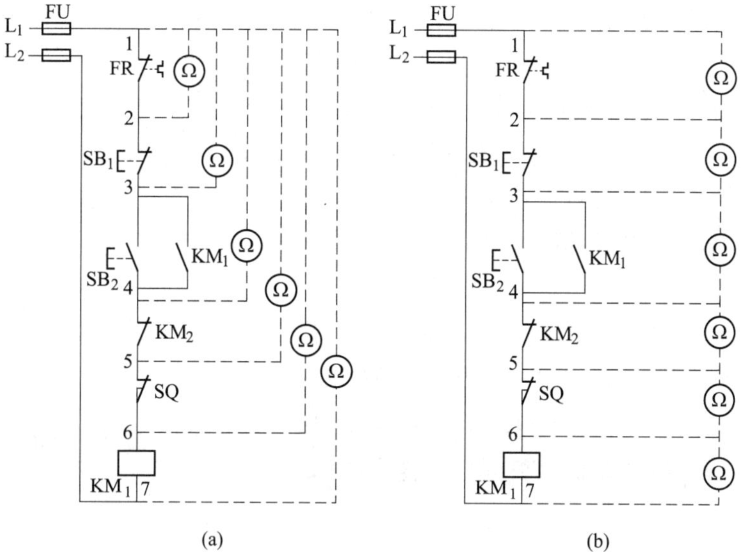

图 6-18　电阻测量法

（a）分阶测量法；（b）分段测量法

电阻测量法的优点是安全，缺点是测得的电阻值可能是回路电阻，容易造成判断错误。为此，必要时应注意将该电路与其他电路断开。

（3）电阻法检修短路故障，设接触器 KM_1 的两个辅助触点在 3 号和 8 号线间因某种原因而短路，这样合上电源开关，接触器 KM_2 就自行吸合，如图 6-19 所示。

将熔断器 FU 拔下，用万用表的电阻挡测 2~9 之间的电阻，若电阻为“0”，则表示 2~9 之间有短路故障；然后按 SB_1，若电阻为“∞”，说明短路不在 2 号；再将 SQ_2 断开，若电阻为“∞”，则说明短路也不在 9 号。然后将 7 号断开，电阻为“∞”，则可确定短路故障点在 3 号和 8 号。

b　电池灯检修法

电池灯检修时的原理、方法与电阻法一样，测量时电阻为“0”对应电池灯“亮”，电阻为“∞”对应电池灯“灭”。

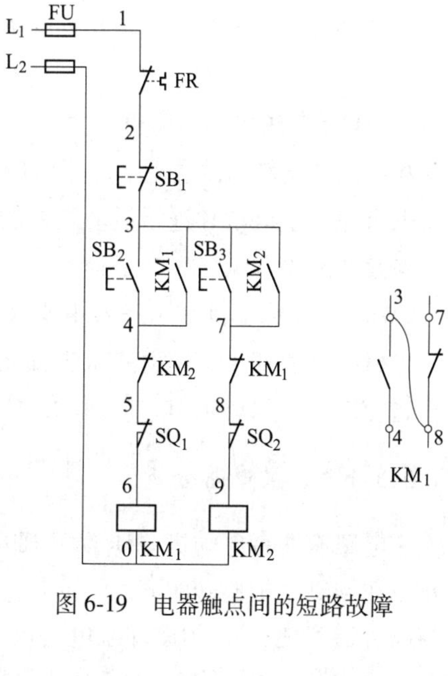

图 6-19　电器触点间的短路故障

下面以电源间短路故障的检修为例，说明电池灯法检修的应用。

电源间短路故障一般是通过电器的触点或连接导线将电源短路，如图 6-20 所示。设行程开关 SQ 中的 2 号线与 0 号线因某种原因连接将电源短路。合上电源，按下按钮 SB_2 后，熔断器 FU 就熔断，说明电源间短路。

断开电源，去掉熔断器 FU 的熔芯，将电池灯的两根线分别接到 1～0 线上，如灯亮，说明电源间短路。依次拆下 SQ 上的 0 号线、SQ 上的 9 号线、KM_2 线圈上的 9 号线、KM_2 上的 8 号线等，以及 SB_1 上的 3 号线、SQ 上的 3 号线、SQ 上的 2 号线等，如果拆到某处时电池灯灭，则该处即为要找的短路点。

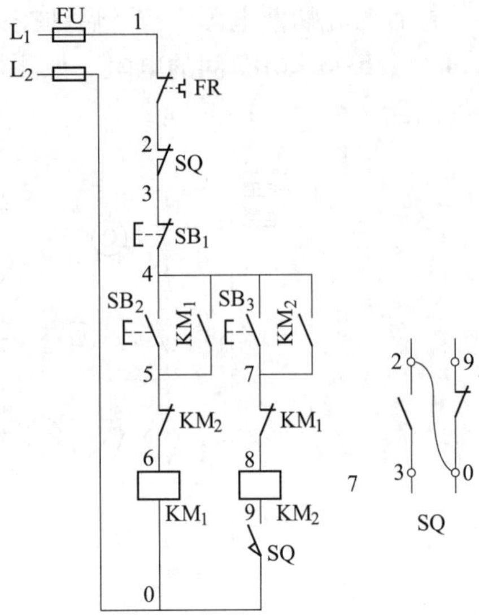

图 6-20　电源间的短路故障

机床控制线路的故障不是千篇一律的，就是同一故障现象，发生的部位也不尽相同，故应理论与实践密切结合，灵活处理，切不可生搬硬套。故障找出后，应及时进行修理，并进行必要的调试。

任务 6.5　典型机床电气控制线路的故障及排除

6.5.1　CW6140 车床电气控制线路基础知识

CW6140 车床的应用极为普遍，在机床总数中占比重最大，主要用于加工各种回转表面（内外圆柱面、圆锥面、成型回转面等）和回转体的端面，是一种用途广泛的金属切削机床。

CW6140 车床主要由床身、主轴箱、进给箱、溜板箱、刀架和尾座等部件组成。加工时通常由工件旋转形成主运动，而刀具沿平行或垂直于工件旋转轴线移动，完成进给运动。机床除了主运动和进给运动之外的其他运动称为辅助运动，例如刀架的快速移动、工件的夹紧和放松等。

CW6140 车床车削加工一般不要求反转，只在加工螺纹时，为避免乱扣，要求反转退刀，再纵向进刀加工，这就要求主轴能够正、反转。另外该车床带有冷却泵，为车削加工时输送冷却用，只要求单方向启动。CW6140 普通车床电气原理如图 6-21 所示。

6.5.1.1　主电路分析

主电路有两台电动机：M_1 为主轴电动机，由接触器 KM 的主触点来控制 M_1 的启动和停止，在拖动主轴旋转的同时，通过进给机构实现车床的进给运动，主轴的正反转由机械摩擦离合器实现；M_2 为冷却泵电动机，冷却泵电动机必须在主轴电动机启动后才能工作，受开关转换开关 SA 控制，QS 为机床电源总开关。热继电器 FR_1、FR_2 分别对电动机 M_1 和 M_2 进行长期过载保护。FU_1 对 M_2 实现短路保护。

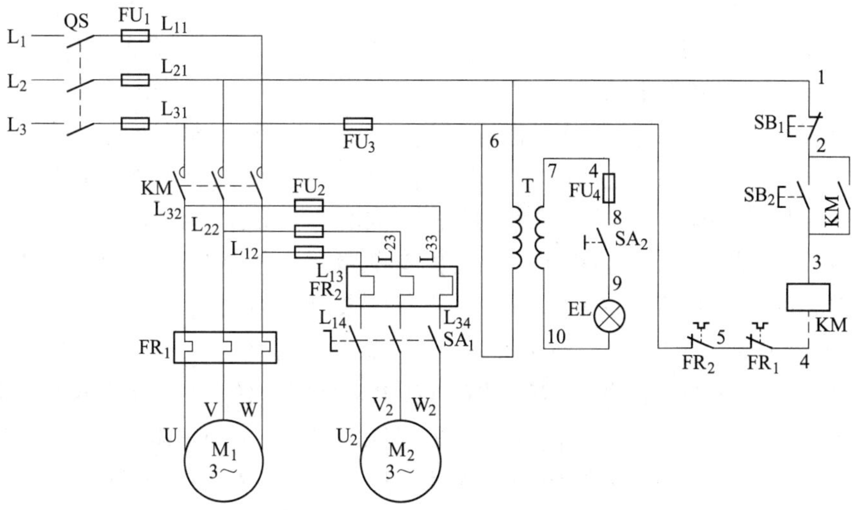

图 6-21　CW6140 普通车床电气原理图

6.5.1.2　控制电路分析

控制电路采用 380V 交流电源供电，由于电动机 M_1 和 M_2 都小于 10kW，采用全压直接启动。

A　主轴电动机的控制

按下启动按钮 SB_2，KM 线圈便得电自锁，M_1 启动。按下停止按钮 SB_1，KM 线圈断电，主轴电动机停转。

B　冷却泵电动机的控制

电动机 M_2 的功率很小，采用转换开关 SA_1 在主电路直接控制电动机的启动和停止。M_2 和 M_1 是联锁的，只有主轴电动机 M_1 运转后，冷却泵电动机 M_2 才能运转提供冷却液。

6.5.1.3　辅助照明电路

机床照明由 380V/36V 变压器 T 提供安全电压，经熔断器 FU_3 及照明开关 SA_2 构成二次低压照明电路，使用时合上 SA_2 即可。

6.5.2　CW6140 车床电气控制线路故障及排除

检修 CW6140 车床电气线路故障时，应先根据故障现象进行必要的分析以及适当的操作，以缩小故障范围，然后再着手检修。下面介绍常见故障的分析与处理方法。

6.5.2.1　接触器不吸合，主轴电动机不启动

合上电源开关 QS，按下启动按钮 SB_2，若接触器 KM 不动作，则故障必定在控制电路或电源电路中，并且是断路性故障，以电压法和电阻法为例说明检修步骤。

A　电压法检修

先检查电源电压及熔断器 FU_2 是否正常。用万用表交流 500V 挡测量 FU_2 进线及出线

电压，如果进线没有电压，则为电源故障；如果进线有而出线没有电压，则为 FU_2 的熔体断或接触不良。注意：测量电源电压时，因空间狭小，切勿因表笔造成短路，万用表的挡位一定要正确，以免损坏万用表。

如没有发现故障，继续分阶测量法检查 1→2→3→4→5→6 线路间电路是否正常。先以 6 号线为基准，测量 2~6 之间的电压，如有 380V，则为正常；否则 SB_1 按钮动断触点没接通或两端接线故障。然后以 1 号线为基准，依次测 1~3、1~4、1~5 电压，如 1~5 有 380V 而 1~4 没有电压，则故障是 4~5 点之间有断路，可进行修复。有时也可以固定以 6 号线为基准，配合按钮 SB_2 的操作，测量各点电压来判断故障位置。

B　电阻法检修

在切断电源电压的情况下，用万用表的 1Ω 电阻挡测量各点的电阻值也可以找到故障点。测量 1~2、3~4、4~5、5~6 间的电阻值，除 3~4 间有低值电阻外，其余几点间的电阻应为零。如果出现某两点间的电阻为无穷大，则这两点间为断路，可修复之。

但是要注意的是，为了缩小判断范围，应充分利用断点（必要时可以去掉熔体、某一线头等），防止测量到回路电阻而引起错误判断。本例中，如测量 2~3 间电阻，不是无穷大而是一个低值电阻，原因在于测到了变压器 T 和接触器 KM 的线圈电阻，如果先去掉变压器上的 6 号线头再测量，就不会发生上述现象。

若所有各点的电压值（或电阻值）均正常，则是接触器 KM 的动铁芯卡死。当电源开关 QS 合闸时，按下启动按钮 SB_2，接触器 KM 应在线圈通电的情况下有微微抖动及电磁噪声，这时可以断电，拆下接触器 KM 检查，或修理，或更换。

本例所讲的检修方法，在机床检修中应用非常广泛，有时在测量的同时配合一些按钮等的操作，可以进一步方便找出故障点。

6.5.2.2　主轴电动机能启动，但不能自锁

按下 SB_2，主轴电动机启动运转；松开 SB_2，主轴电动机随之停转。其故障原因是：接触器 KM 的自锁触点（2~3）接头松动或接触不良，检修如下。

（1）接触器 KM 自锁功能的测试。断开开关 QS，用螺钉旋具顶压接触器动触点，使接触器呈吸合状态，再用万用表的 1Ω 挡测量 2~3 间的电阻值。如电阻不为零，则属自锁触点故障，修复后即可排除。

（2）导线连接状况的检测。仍然在切断电源的情况下，人工压合接触器。如自锁触点接触良好，则用万用表 1Ω 挡测量按钮 SB_1 的 2 号与 KM 自锁触点的 3 号间的电阻，KM 的 3 号与 SB_2 的 3 号和 KM 线圈的 3 号间的电阻，它们的阻值均应为零。如发现电阻有无穷大的情况，则是导线断裂、连接处脱落等造成自锁回路断路，找出后修复。

6.5.2.3　接触器能吸合，但主轴电动机不启动

接触器能吸合，但主轴电动机不启动，这种故障必定发生在主电路，如接触器 KM 主触点接触不良、电源和电动机及热继电器是否断线等，仔细检查即能排除。

如要采用通电检查法，应先拆下主轴电动机的三个线头，然后用电压法或校灯检查主电路各点电压寻找故障点。

6.5.2.4　主轴电动机不能停转

按下停止按钮 SB_1，电动机不停转。可能的故障原因是：接触器主触点熔焊、衔铁部位有异物卡住，或新调换的接触器未擦去铁芯的防锈油致使衔铁粘住等。这时只有切断电源开关 QS，电动机才能停转。

断开 QS 后仔细观察接触器，应能发现接触器没有复位，拆下后将其修复。

6.5.2.5　主轴电动机缺相运行

按下启动按钮 SB_2 后，主轴电动机不能启动或转速极慢，且发出“嗡嗡”声，或在运转中突然出现“嗡嗡”声并伴随较强烈的振动，均为缺相运行。此时，应立即按停止按钮 SB_1 或关断电源总开关 QS，切断电源，以免烧毁电动机。其故障原因有：进线电源缺相、开关或接触器有一相接触不良，热继电器电阻丝烧断，以及电动机内部断线、损坏等。

检测时，合上电源开关（但不要启动电动机），用万用表交流 500V 挡测量电源开关 QS 进线及出线电压应为 380（1±10%）V。如果是电源进线缺相，可检修电源；若是出线缺相，则是开关 QS 损坏，可拆修或更换。

如进线及出线电压正常，可以先断开电源开关，拆下电动机 M_1、M_2 的接线，再合上 QS，按下 SB_2，测量接触器 KM 主触点进线及出线电压，如果进线缺相，则是线路断路；如是出线缺相，则为接触器 KM 主触点损坏。

6.5.2.6　主轴电动机在运行过程中自动停转的检修

先检查热继电器 FR_1、FR_2 的状况，电动机在运行过程中自动停止的故障通常是热继电器动作所致。这时，可在电动机运行时用钳形电流表测量电动机 M_1 和 M_2 的定子电流，然后判断发生故障的原因后进行排除。

（1）如电动机电流达到或超过额定值的 120%，则电动机为过载运行，应减小负载。

（2）电动机定子电流接近或稍大于额定值，使热继电器动作，这是因为电动机运行时间过长、环境温度过高或机床有振动的缘故，从而使热继电器产生误动作。

（3）若电动机定子电流小于额定值，这可能是热继电器的整定值偏移过大，这时可拆下热继电器送有关部门进行校验。

6.5.2.7　一按启动按钮熔丝立即爆断的检修

一按启动按钮熔丝立即爆断，这是典型的短路性故障，往往是由于线路短路、开关短路或电动机短路所致。可切断总电源，拆去电动机 M_1、M_2 接线盒中的连接导线（注意：自始至终要确保设备无电），进行检查。

A　对地短路故障点的检查

（1）用兆欧表检测进线的绝缘电阻。如导线对地电阻或线间电阻为零，则必须更换导线。这种电源线通常是暗管埋地敷设的，更换时先将两端从连接端上拆下，将一端剥去一段绝缘层，与已剥去绝缘层的同截面积的新导线铰接，用绝缘带略加包扎，从另一端将对地短路的导线抽出，同时穿进新线。如果用这种带线方式抽不动旧线时，则只能抽出四根导线，重新穿线。

（2）用兆欧表测量线路对地和线间的绝缘电阻。合上 QS，卸掉 FU_2 熔体，要求所检查的线段到接触器 KM 及熔断器 FU_2 的进线处为止。

（3）断开 Q_1 后测量 KM 出线的对地绝缘电阻及线间电阻。合上 Q_1，测量线间及对地绝缘电阻。

（4）如在导线上没有发现故障点，则检查开关 QS、Q_1。拆去开关所有接线端，检查开关各接线端的对地和接线端之间的绝缘电阻。

（5）在安装开关的空间较狭窄时，接线端部分碰地的可能性也是很大的，在用仪表检测的同时，也必须加以观察。

B　电动机转子是否堵转的检查

电动机转子堵转也能造成电源熔丝在电动机启动瞬间立即爆断。检查时先切断电源，再用人工转动电动机转轴，电动机应能转动。如若纹丝不动，则为电动机转子卡死或传动机构卡死。若传动机构卡死，应由钳工修理。电动机转子本身卡死（普通车床用的电动机都用滚动轴承，卡死可能性不大；但对于滑动轴承的其他设备，则有可能使电动机转轴卡死），其原因大多是因为轴承磨损或滚珠碎裂后造成的，可拆修电动机更换轴承。

C　电动机定子绕组是否短路的检查

断电后用万用表的电阻挡分别测量定子绕组 U ~ V、V ~ W、W ~ U 之间的电阻值，看是否对称并且阻值在合理范围。

6.5.2.8　控制回路熔体爆断的检修

测量控制回路和照明回路是否短路或对地短路。如果 Q_2 断开，故障消失，则为照明电路有短路或对地短路。若 Q_2 断开故障依旧，则短路点在控制回路。控制回路短路的检测常用电阻法：

（1）QS、Q_2 断开，用万用表 1Ω 挡测量接触器 KM 线圈两端间的电阻，这时应有较大的电阻值。如为零则是线圈短路，需更换线圈；如电阻值很小，而且线圈发烫，并有焦臭味，则可能是线圈存在匝间短路，也要拆下更换。

（2）用 1kΩ 挡测量 FU_2 出线端的 6 号对“地”及 V_{11} 号对“地”电阻，其电阻值应保持在无穷大处。如发现某点对地电阻值极小或为零，则存在对地短路。例如，检查 6 号线对地短路，这时可拆去 KM 线圈上的 4 号线；若故障依旧，再拆去热继电器 FR_1 上的 4 号线后测量，直到故障消除为止。

6.5.2.9　照明灯不亮

一般是灯泡 EL 损坏，熔断器 FU_3 熔断，灯头接触片短路，变压器 T 的一次、二次绕组断线或松脱、短路等原因引起的。此时首先检查灯泡，若灯泡已坏，必须更换 36V 电压的专用灯泡。

A　短路点的检查

如果 Q_2 合闸后 FU_2 熔断，这是照明回路存在短路及对地短路的故障。

（1）若 Q_2 断开，故障消失，则是照明灯存在短路。可取下灯泡，检查灯座中心的铜片有无与灯座内另一导电螺纹圈电极相碰，通常是中心导电极紧固螺钉松动引起位置偏移而短路。将电极铜片拨正，紧固螺钉后即可排除。

（2）若 Q_2 断开，故障依旧，应切断电源，拆去变压器 T 一次、二次侧的全部接线，用万用表 1Ω 挡测量 7 号、8 号、9 号、10 号线对地电阻值。如其中某一点对地电阻为零，则为该导线对地短路，这时只需更换导线即可排除故障。

（3）如未发现线路、灯具等存在任何接地故障，则属变压器一次或二次侧绕组内部短路，这种情况通常表现为变压器过热，并有焦臭味。

B　开路点的检查

当照明回路（包括变压器一次、二次侧绕组）存在导线折断、联结脱落、熔体熔断及变压器绕组开路等故障时，照明灯不亮。

（1）合上电源开关后，用万用表测量变压器一次、二次侧电压及灯座中心对外圈的电压。如某一级有正常电压而后一级没有电压，则开路点为这一段，可针对故障情况予以修复。

（2）若各级电压都正常，则通常是灯座中心接触铜片变形内陷。切断电源后将灯座中心铜片挑高，以保证与灯泡接触。

6.5.3　X62W 铣床电气控制线路基础知识

X62W 铣床的应用极为普遍，可以加工平面（水平面、垂直面等）、沟槽（键槽、T 形槽、燕尾槽等）、分齿零件（齿轮、链轮、棘轮、花键轴等）、螺旋形表面（螺纹、螺旋槽）及各种曲面。此外，还可以用于对回转体表面和内孔进行加工，以及进行切断工作等。

X62W 铣床加工时的运动有：主运动（铣刀的旋转）和进给运动（工作台的上、下、左、右、前、后运动）以及辅助运动（工作台的上、下、左、右、前、后六个方向上的快速运动，这些运动分别由两台电动机拖动），其控制原理如图 6-22 所示。

6.5.3.1　主电路分析

主电路中共有三台电动机，M_1 是主轴电动机，M_2 是工作台进给电动机，M_3 是冷却泵电动机。

对 M_1 的要求是在铣削加工时主轴能够正反转，完成顺铣和逆铣工艺，但这两种铣削方法变换不频繁，所以通过换向开关 SA_5 手动控制 M_1 的旋转方向。主轴变速由机械机构完成，不需要电气调速。接触器 KM_1 接通时主轴正转加工，KM_2 接通时串入制动电阻 R 进行电气反接制动或瞬动（冲动）控制，以使主轴快速停转或便于齿轮啮合。对 M_2 的要求是能正反转、快慢控制和限位控制，并通过机械机构使工作台能做上下、左右及前后运动方向的改变。对 M_3 只要求单向运行，供给铣削用的冷却液。

6.5.3.2　控制电路分析

A　主轴电动机 M_1 的控制

主轴电动机启动按钮 SB_1、SB_2，停止按钮 SB_3、SB_4。为方便操作，分别装在机床的

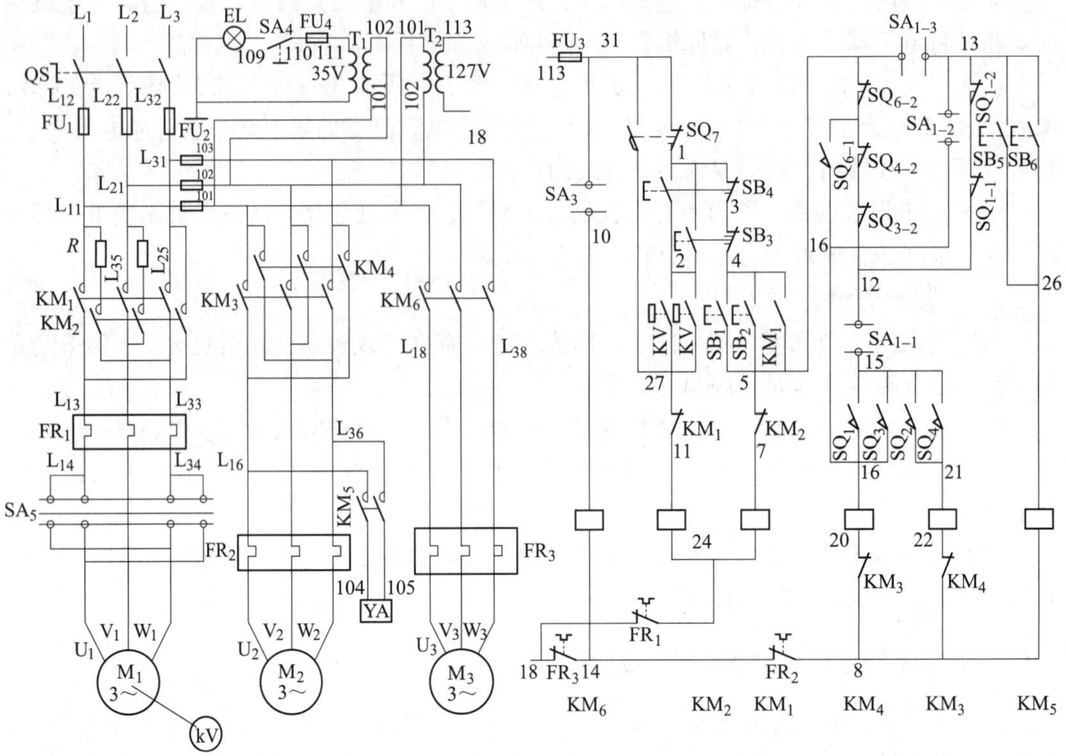

图 6-22　X62W 铣床电气线路图

两个操作位置上，实现双点控制。KM_1 是主轴电动机启动接触器，KM_2 是反接制动接触器。SQ_7 是与主轴变速手柄联动的瞬动行程开关。主轴电动机是通过弹性联轴器和变速机构的齿轮传动链来传动的，可使主轴获得 18 级不同的速度。

a　主轴电动机 M_1 的启动

启动前，先合上电源开关 QS，再将主轴换向开关 SA_5 扳到主轴所需要的旋转方向，然后按下启动按钮 SB_1 或 SB_2，接触器 KM_1 线圈得电并自锁，主轴电动机 M_1 启动。启动后速度继电器 KV 的动合触点闭合，为电动机的停车制动做准备。

b　主轴电动机 M_1 的停车制动

主轴需停止时，按下停止按钮 SB_3 或 SB_4，切断 KM_1 通路，KM_1 线圈断电释放，同时接触器 KM_2 线圈通电吸合，改变了 M_1 的电源相序，实现定子绕组串接电阻的反接制动。当 M_1 的转速低于 100r/min 时，速度继电器 KV 的动合触点自动断开，切断电动机 M_1 电源，制动过程结束。

c　主轴变速时的瞬动（冲动）控制

主轴变速时的瞬动（冲动）控制，是利用变速手柄与瞬动行程开关 SQ_7 通过机械联锁机构进行控制的。变速时手柄的操作过程为：向下压变速手柄→将手柄向前拉→转动变速盘，选择需要的转速→以连续较快的速度将手柄推回原位。

在拉出或推回变速手柄时，都会使冲动行程开关 SQ_7 短时间动作一下，其动断触点（31~1）断开、动合触点（31~27）接通。手柄拉出时，SQ_7 动断触点断开使 KM_1 线圈失电，同时动合触点接通使 KM_2 线圈得电动作，M_1 被反接制动而快速停车，以方便主轴电动机 M_1 工作中直接进行变速操作。手柄推回时，SQ_7 动作使 KM_2 线圈再次得电，M_1 反向转动一下，以利于变速后的齿轮啮合。变速手柄继续以较快的速度推到原来位置时，SQ_7 复位，KM_2 线圈失电，M_1 停转，操作过程结束。

B　工作台进给电动机的控制

进给运动必须在主轴电动机启动后（5 号线得电）才能进行控制，从而实现了主轴运动和进给运动的联锁。

进给电动机拖动工作台实现上下、左右、前后六个方向的运动，通过机械操作手柄（纵向手柄和十字形手柄）控制三个垂直方向，利用 M_2 的正反转实现每个垂直方向上的两个相反方向的运动。

在工作台进给运动时，是不能进行圆工作台运动的，由转换开关 SA_1 控制圆工作台运动。在不需要圆工作台运动时，转换开关 $SA_{1\text{-}1}$、$SA_{1\text{-}3}$ 两个触点闭合，$SA_{1\text{-}2}$ 触点断开。圆工作台转换开关说明见表 6-1。

表 6-1　圆工作台转换开关状态表

触　点	位　置	圆工作台工作状态	
		接　通	断　开
$SA_{1\text{-}1}$	12～15	−	+
$SA_{1\text{-}2}$	16～13	+	−
$SA_{1\text{-}3}$	13～5	−	+

a　工作台垂直（上下）运动和横向（前后）运动的控制

工作台垂直运动和横向运动是由工作台升降与横向操作手柄（十字形手柄）控制的，由两个完全相同的复式手柄分别装在工作台左侧的前方和后方。手柄的联动机构与行程开关 SQ_3、SQ_4 相连接，行程开关装在工作台左侧。前面一个是 SQ_4，控制向上及向后运动；后面一个是 SQ_3，控制工作台向下及向前运动；此手柄有上、下、左、右、中五个位置，五个位置是联锁的。中间位置对应停止；上、下位置对应机械传动链接入垂直传动丝杠；左、右位置对应机械传动链接入横向传动丝杠。工作台横向及升降进给行程开关说明见表 6-2。

表 6-2　工作台横向及升降进给行程开关状态表

触　点	位　置	向前、向下	停　止	向后、向上
$SQ_{3\text{-}1}$	15～16	+	−	−
$SQ_{3\text{-}2}$	12～19	−	+	+
$SQ_{4\text{-}1}$	12～21	−	−	+
$SQ_{4\text{-}2}$	9～19	+	+	−

工作台向上运动的控制：KM_1 闭合后，将十字形手柄扳到“上”位置，机械传动系统接通垂直传动丝杠的离合器，为垂直传动丝杠的转动做准备；电气上十字形手柄压合行程开关 SQ_4，其触点 $SQ_{4\text{-}2}$ 断开、$SQ_{4\text{-}1}$ 闭合，接触器 KM_3 线圈得电，M_2 正转，工作台向上运动。KM_3 线圈得电的电流路径为：5→13→141→12→15→21→22→8→14→18。

工作台向下运动的控制：将十字形手柄扳到“下”时，机械传动系统接通垂直传动丝杠的离合器，为垂直丝杠的传动做准备；电气上十字形手柄压合行程开关 SQ_3，使 $SQ_{3\text{-}2}$断开、$SQ_{3\text{-}1}$闭合，KM_4 线圈得电，M_2 反转，工作台向下运动。KM_4 线圈得电的电流路径为：5→13→141→12→15→16→20→8→14→18。

工作台向后运动的控制：操作手柄向“后”时，电路上与向上运动一样，也是由 SQ_4 和 KM_3 控制；不同之处是，通过机械联动机构拨开垂直传动丝杠的离合器使它停止转动，而将横向传动丝杠的离合器接通，横向传动机构使工作台向后运动。

工作台向前运动的控制：将手柄扳向“前”时，电路上与向下运动一样，也是由 SQ_3 和 KM_4 控制；不同之处是，通过机械联动机构将垂直传动丝杠的离合器脱开，而横向传动丝杠的离合器接通传动机构，横向传动丝杠使工作台向前运动。

工作台上下限位终端保护，是利用床身导轨旁的挡铁和工作台座上的挡铁撞动十字手柄，使其回到中间位置，迫使升降台停止运动。横向运动的终端保护，也是利用装在工作台上挡铁撞动手柄来实现的。

b 工作台的纵向（左右）运动

工作台的纵向运动也是由进给电动机 M_2 传动，并由工作台纵向操作手柄来控制的。此手柄也是复式的，一个安装在工作台底座的顶部中央部位，另一个安装在工作台底座的左下方。手柄有左、中、右三个位置，中间位置对应停止。当手柄扳到“右”或“左”运动方向时，其机械联动机构一方面接通纵向传动丝杠的离合器，为纵向传动丝杠的转动做准备；另一方面压下行程开关 SQ_1 或 SQ_2，使接触器 KM_4 或 KM_3 动作，在进给电动机 M_2 的正、反转拖动下，实现向左或向右进给运动。工作台纵向进给行程开关说明见表6-3。

表 6-3 工作台纵向进给行程开关状态表

触 点	位 置	向 左	停 止	向 右
$SQ_{1\text{-}1}$	15～16	−	−	+
$SQ_{1\text{-}2}$	12～141	+	+	−
$SQ_{2\text{-}1}$	15～21	+	−	−
$SQ_{2\text{-}2}$	13～141	−	+	+

工作台向左运动的控制：KM_1 闭合后，将操纵手柄扳向“左”位，其联动机构压下行程开关 SQ_2，使 $SQ_{2\text{-}2}$断开、$SQ_{2\text{-}1}$闭合，接触器 KM_3 线圈经 5→9→19→12→15→21→22→8→14→18 通路得电，电动机 M_2 反转，拖动工作台向左运动。

工作台向右运动的控制：主轴启动后，将操纵手柄扳向“右”位，其联动机构压下行程开关 SQ_1，使 $SQ_{1\text{-}2}$断开、$SQ_{1\text{-}1}$闭合，接触器 KM_4 得电，电动机 M_2 正转，拖动工作台向右运动。KM_4 得电的电流路径为：5→9→19→12→15→16→20→8→14→18。

工作台左右行程可调整安装在工作台两端的挡铁来控制，当工作台纵向运动到极限位置时，挡铁撞动纵向操纵手柄，使它回到零位，工作台便停止运动，从而实现了纵向终端保护。

需要注意的是：工作台六个方向的运动，在同一时刻只允许一个方向有进给运动，这就存在互锁问题。X62W 控制线路中，采用机械和电气方法实现互锁。机械方法是使用两套操作手柄，每个操作手柄的每个位置只能有一种操作。而电气互锁是由行程开关 $SQ_{1\text{-}2}$、$SQ_{2\text{-}2}$、$SQ_{3\text{-}2}$、$SQ_{4\text{-}2}$实现的，两个进给手柄同一时间只能操作一个，否则进给电动机无法工作。当升降与横向操作手柄操作时，$SQ_{3\text{-}2}$或 $SQ_{4\text{-}2}$将 9→19→12 通路切断；当纵向进给手柄操作时，$SQ_{1\text{-}2}$或 $SQ_{2\text{-}2}$将 13→141→12 通路切断，如果两个手柄同时操作，12 号线无法得电，进给电动机不能工作，这就保证了六个进给运动方向的联锁。

c　工作台快速移动控制

为了提高劳动生产率，当工作台在安装工件和对刀时，要求工作台能快速移动。X62W 万能铣床的快速移动是通过机械方法来实现的。也由进给电动机 M_2 拖动，在纵向、横向、垂直六个方向都可以实现快移控制，其动作过程为：在主轴电动机启动后，将进给操纵手柄扳到所需要位置，工作台按照选定的速度和方向做进给移动时，再按下快速移动按钮 SB_5 或 SB_6，使接触器 KM_5 线圈得电，接通牵引电磁铁 YA，电磁铁通过杠杆使摩擦离合器合上，减少了中间传动装置，使工作台按原运动方向快速移动。当松开快移按钮时，电磁铁 YA 断电，快速移动停止，工作台仍按原进给速度继续移动。

d　变速冲动

在改变工作台进给速度时，为了使齿轮易于啮合，也需要进给电动机 M_2 瞬间冲动一下。进给变速与主轴变速控制一样，先外拉变速盘，调好速度，再推回变速盘。在推回过程中，瞬时压动 SQ_6，在压下 SQ_6 时，$SQ_{6\text{-}1}$（9~16）接通、$SQ_{6\text{-}2}$（5~9）断开，接触器 KM_4 线圈经 5→13→141→12→19→9→16→20→8→14→18 通路得电。由于 SQ_6 很快就被释放，所以 M_2 只是瞬间抖动一下。

C　圆工作台运动控制

圆工作台进给运动是使工作台绕轴心回转，以便进行弧形加工。先将转换开关 SA_1 扳到接通位置，这时 $SA_{1\text{-}2}$闭合、$SA_{1\text{-}1}$和 $SA_{1\text{-}3}$断开。然后将工作台的进给操纵手柄扳到零位，此时行程开关 SQ_1~SQ_4 的触点都处于复位状态。再按下主轴启动按钮 SB_1 或 SB_2，主轴电动机启动，进给电动机也因接触器 KM_4 线圈得电而启动，并通过机械传动使圆工作台按需要方向移动。KM_4 线圈得电的电流路径为：5→9→19→12→141→13→16→20→8→14→18。

圆工作台运动与工作台进给运动间不能同时进行，电路上圆工作台运动的电气回路需经过 SQ_1~SQ_4 四个行程开关的动断触点。若扳动任一进给手柄，SQ_1~SQ_4 的动断触点总有一个会断开，将使圆工作台停止工作，这就实现了互锁，保证了两种运动不可能同时进行。

6.5.4　X62W 铣床电气控制线路故障及排除

X62W 的主轴运动控制，除旋转外还有在变速过程中采用了电动机的冲动和制动。铣床的进给运动是工作台导轨的左右、上下及前后移动，辅助运动是上述六个方向的快速移动，改变进给速度时也采用冲动。工作台六个方向的运动控制与互锁控制，以及圆工作台的运动控制是本机床的特殊环节。由于万能铣床的机械操纵与电气控制配合十分密切，因此调试与维修这种机床时，不仅要熟悉电气原理，同时要对机床的操作与机械结构，特别是机电配合应有必要的了解。

下面介绍 X62W 铣床常见故障的分析与处理方法。

6.5.4.1　主轴电动机不能启动

从电路图 6-22 中可见，主轴电动机启动线路很简单，它可以在两处分别启动、停止主轴电动机。为了主轴变速方便，电路中加入了变速冲动开关 SQ_7。

检查时，可以先按下启动按钮 SB_1 或 SB_2，若听到接触器吸合的声音，说明故障在主电路，通电后依次检查 FU_1、KM_1 主触点、FR_1 发热元件、SA_5 等进线和出线端的电压，可以方便地分析出故障部位；若听不到接触器吸合的声音，说明故障在电源部分或控制电路，可以检查变压器 T_2 侧 18 号线对 113 号、31 号、1 号、3 号、4 号线电压，以及变压器侧 113 号线对 5 号、7 号、24 号、113 号线电压，判断出具体的故障部位。

6.5.4.2　主轴停车时没有制动作用或产生短时反向旋转

主轴停车时没有制动作用或产生短时反向旋转，这种故障采用电压法或电阻法检修是较为困难的，应采用分析观察的方法检修。

根据故障现象，其主要原因集中在速度继电器 KV 上。速度继电器 KV 的动合触点不能按旋转方向正常闭合，使停车时没有制动作用；速度继电器触点弹簧调得过紧或永久磁铁转子的磁性消失时，会使反接制动电路过早切断，制动效果不明显；而当速度继电器弹簧调节过松时，会使触点分断过迟，以致在反接的惯性作用下，电动机停止后，仍会有短时反转现象。

检修时应找出故障原因，对速度继电器 KV 进行修理、更换或适当调节 KV 触点弹簧便可消除故障。

6.5.4.3　主轴电动机不能冲动（瞬时转动）

主轴变速拉出或推回变速手柄时，行程开关 SQ_7 被瞬间压合，31～27 闭合使接触器 KM_2 瞬时接通，主轴电动机瞬时冲动。由于 SQ_7 经常受到频繁冲击，使开关位置改变（压不上开关），甚至开关底座被撞碎或接触不良，使电路断开，从而造成主轴电动机不能冲动的故障。修理或更换开关，并调整好开关动作行程，就能使主轴电动机恢复瞬时冲动。

切断电源后，用电阻法直接测量 SQ_7（31～27）两端的电阻，在操作主轴变速手柄到某点时，阻值应为“0”，否则 SQ_7 发生故障。

6.5.4.4　工作台各个方向都不能进给

铣床工作台的进给运动是通过进给电动机 M_2 正反转配合机械传动来实现的。若各个方向都不能进给，多是因为电动机不能启动所致。排除故障时，应先检查主轴电动机接触器是否已吸合，因为只有接触器 KM_1 吸合后，控制进给电动机的接触器 KM_4、KM_3 才能得电。

如果接触器 KM_1 不能得电，则表明控制电路电源故障，应该检测控制变压器一、二次绕组和电源电压是否正常，熔断器是否熔断。

如电压正常、接触器 KM_1 吸合、主轴旋转后，各个方向仍无进给运动，可扳动手柄至各个运动方向，观察其相关的接触器 KM_3、KM_4 是否吸合。如吸合则表明故障发生在主回路或进给电动机上，常见故障有接触器主触点接触不良、主触点脱落、机械卡死、电动机接线脱落和电动机绕组断路等。如不吸合则表明故障发生在控制回路，应先将进给手柄都放在原位，检查 5 号、12 号、15 号线对 18 号线的电压是否正常，如正常再压合其中一个进给手柄，检查 15 号、16 号（21 号）、20 号（22 号）、8 号、14 号、18 号线对 113 号线电压，判断出故障点。

由于经常扳动操作手柄，开关受到冲击，行程开关 $SQ_1 \sim SQ_4$ 位置发生变动或开关撞坏使线路断开，变速冲动开关 SQ_{6-2} 在复位时不能闭合接通，开关 SA_{1-1} 接触不良经常使工作台没有进给运动。

6.5.4.5　进给电动机不能冲动（瞬时转动）

造成进给电动机不能瞬时冲动故障的元件是行程开关 SQ_{6-1}，其故障原因、排除方法与主轴电动机不能冲动相同。

6.5.4.6　工作台能向左、向右进给，但不能向前、向后、向上、向下进给

铣床工作台六个方向的进给运动，向下、前、右进给时 KM_4 吸合，向上、后、左进给时 KM_3 吸合。由于工作台能够左右进给，所以故障点肯定与接触器无关。

从电路图 6-22 上可知，控制工作台六个方向运动的开关是互相联锁的，使之同时只有一个方向的运动。工作台前、下（或后、上）运动时，KM_4（或 KM_3）线圈的得电通路为：$5 \to SA_{1-3} \to 13 \to SQ_{2-2} \to 141 \to SQ_{1-2} \to 12 \to SA_{1-1} \to 15 \to SQ_{3-1}$（或 SQ_{4-1}）$\to 16$（或 21），所以故障点主要应该在 $13 \to SQ_{2-2} \to 141 \to SQ_{1-2} \to 12$ 范围。

排除故障时，用万用表欧姆挡，测量 SQ_{1-2} 或 SQ_{2-2} 的接触情况，查找故障部位，修理或更换元件，就可排除故障。但是，在测量 SQ_{1-2} 或 SQ_{2-2} 的接触情况时，应手动操纵工作台向前后或向上下手柄，让 SQ_{3-2} 或 SQ_{4-2} 断开；否则，通过 $12 \to SQ_{3-2} \to 19 \to SQ_{4-2} \to 9 \to SQ_{6-2} \to 5 \to SA_{1-3} \to 13$ 的导通，会误认为 SQ_{1-2} 或 SQ_{2-2} 开关接触是良好的，这一点应引起注意。

6.5.4.7　工作台能向前、向后、向上、向下进给，但不能向左、向右进给

故障原因及排除方法与上例类似，只是故障元件应是 SQ_{3-2} 或 SQ_{4-2} 限位开关。

6.5.4.8　工作台不能快速移动

工作台在进给中，按下按钮 SB_5、SB_6，接触器 KM_5 得电，使牵引电磁铁 YA 得电吸合，从而推动离合器实现工作台的快移。牵引电磁铁由于启动冲击大，操作频繁，经常引起线圈烧坏或线头松动，是本故障的主要原因。按钮 SB_5 或 SB_6 接线松动、脱落，也会引起工作台没有快移。

检修时先通电操作，在某方向进给运动时按下按钮 SB_5 或 SB_6，如听到接触器吸合的声音，说明故障在主电路，是 YA 损坏；反之，故障在控制电路，故障范围在 13→SB_5、SB_6→26→KM_5→8 之间。

习　题

6-1　什么是电气原理图?

6-2　电气原理图的读图有哪些方法? 电器布置图的绘制有哪些原则?

6-3　电气安装接线图要掌握哪些原则?

6-4　简述零部件常见故障、维修方法，常用电器的常见故障及维修方法。

6-5　电气控制线路布线要掌握哪些原则?

6-6　简述电气控制线路的故障检修方法。

6-7　简述 X62W 铣床电气控制线路的故障及排除方法。

6-8　简述 CW6140 车床电气控制线路的故障及排除方法。

项目 7　变频器的使用及维修

项目 7 课件

任务 7.1　变频器操作与认识

7.1.1　变频器的初步认识

通常，把电压和频率固定不变的交流电变换为电压或频率可变的交流电的装置称为变频器（inverter）。

随着大功率电力晶体管和计算机控制技术的发展，通用变频器被广泛应用于三相交流异步电动机的无级调速、工业自动化和节能改造等方面，极大地提高了设备的自动化程度，满足了生产工艺的调速要求，应用前景十分广泛。

目前国内外生产的变频器种类很多，下面从变频器的外部结构、分类两个方面对变频器进行初步认识。

7.1.1.1　变频器的外部结构

变频器一般由外壳、散热器/冷却风扇、电路板、显示/操作盘、电源接线端子、信号接线端子等组成。

变频器从外部结构来看有开启式和封闭式两种，图 7-1 为西门子 MM420 变频器实物图。

图 7-1　西门子 MM420 变频器

7.1.1.2　变频器的内部结构

变频器的内部结构框图如图 7-2 所示，主要包括整流器、逆变器、中间储能环节、采样电路、驱动电路、主控电路和控制电源。

7.1.1.3　变频器的工作原理

A　三相交流异步电动机调速的基本原理

调速就是在同一负载下用人为的方法得到不同的转速，以满足生产过程的要求。

三相交流异步电动机的转速公式如下：

$$n = (1 - s)n_1 = (1 - s)\frac{60f_1}{p}$$

式中　n_1——磁场转速；

f_1——电源频率；

p——极对数；

s——转差率。

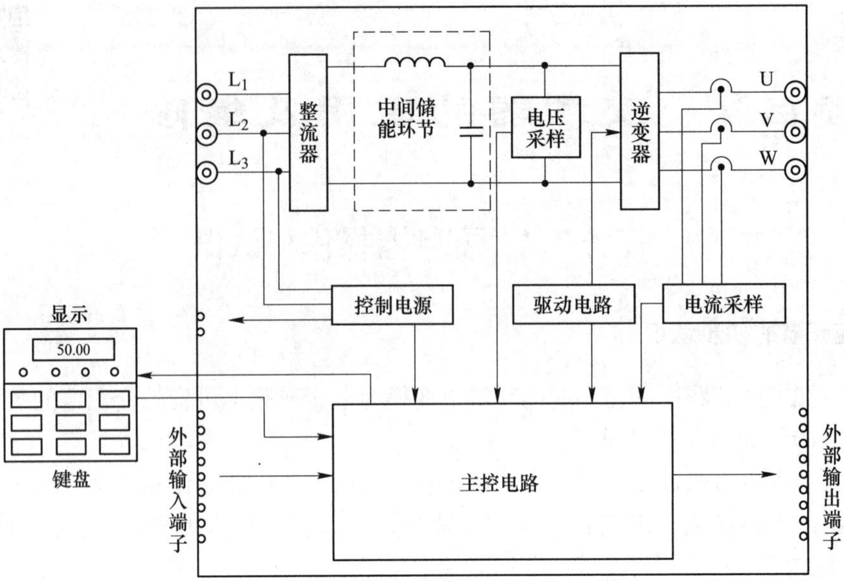

图 7-2　变频器内部结构框图

三相交流异步电动机的调速方法有以下三种：

（1）改变电源频率 f_1；

（2）改变极对数 p；

（3）改变转差率 s。

前两种是鼠笼式电动机的调速方法，第三种是绕线式电动机的调速方法。

B　变频调速

变频调速就是改变电源电压的频率，从而改变电动机的转速。整流器先将 50Hz 的交流电变换为直流电，再由逆变器变换为频率可调、电压有效值也可调的三相交流电供给鼠笼式异步电动机。调速的范围和平滑性都取决于变频电源。

改变三相交流异步电动机电源频率，可以改变旋转磁通势的同步转速，达到调速的目的。额定频率称为基频，变频调速时，可以从基频向上调，也可以从基频向下调。

三相交流异步电动机变频调速具有以下几个特点：

（1）从基频向下调速为恒转矩调速方式，从基频向上调速近似为恒功率调速方式；

（2）调速范围大；

（3）转速稳定性好；

（4）运行时功耗小，效率高；

（5）频率可以连续调节，变频调速为无级调速。

7.1.1.4　变频器的电路分析

变频器含有功率主回路、整流电路、DC 中间回路、逆变回路、控制电源回路、检测保护回路、输入输出回路、主控回路、驱动电路。

A　功率主回路

主回路主要完成定压定频的市电变换成电压和频率可协同变化的交流电，是变频器完成能量转换的主电路。它通常由整流器、直流中间回路和逆变器组成。

整流器有 2 相、3 相、6 拍、12 拍、24 拍、可控、半控、不可控等各种类型。

中间回路由缓冲电路、电解电容、均压电阻、制动单元、母线电压/电流采样电路等组成，图 7-3 为功率主回路电路图。

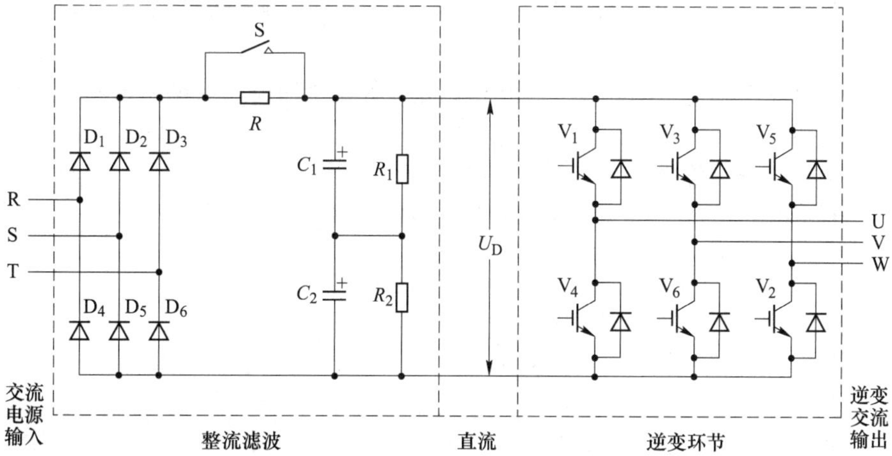

图 7-3　功率主回路电路图

B　整流电路

普通变频器的整流电路一般为 3 相桥式 6 拍整流，由 6 只二极管或 3 只二极管和 3 只 SCR 构成，4 象限变频器的整流器则全部由可关断器件如 GTR、IGBT 组成。直流输出电压最高达：$V_{max}=V_i\times1.35$。

3 相 220V 的直流峰值电压最高达 290V。

3 相 380V 的直流峰值电压最高达 510V。

为了保护整流电路和满足 EMC 要求，一般还有压敏电阻组成的浪涌吸收电路和电容。

图 7-4 为 ABB ACS600 R9 变频器整流模块。

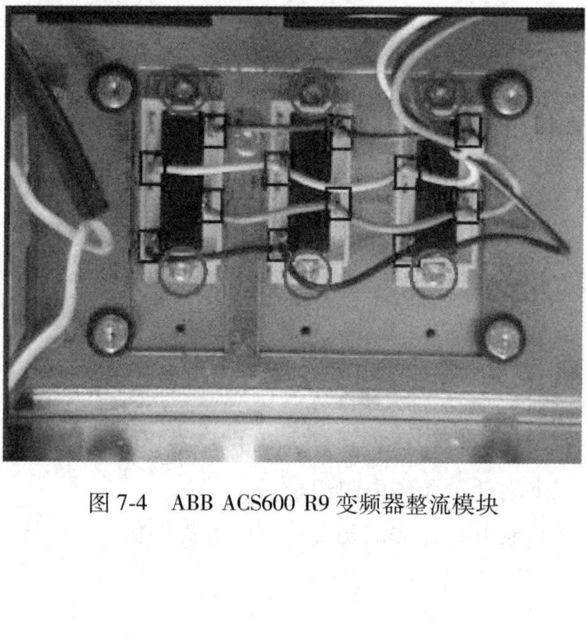

图 7-4　ABB ACS600 R9 变频器整流模块

整流分可控整流和不可控整流。

（1）不可控整流：二极管器件，适用通用型变频器。

优点：简单价廉，功率因素高。

缺点：不能关断，功能较少。

（2）可控整流：使用可关断器件，如 GTR、IGBT 等，常用于大功率变频器和四象限变频器。

优点：具有保护和逆变功能，能在功率回路器件发生短路时关断主回路的电源，以保护变频器和电源。

缺点：电路复杂，价格高。

图 7-5 为 3 相 12 拍整流电路，图 7-6 为 18 拍整流电路。

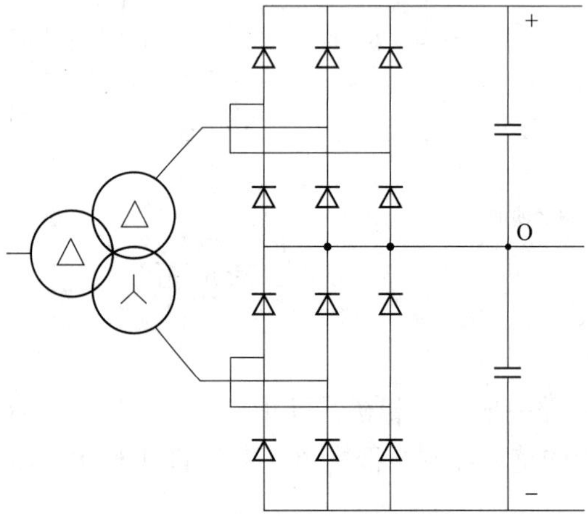

图 7-5　12 拍整流电路

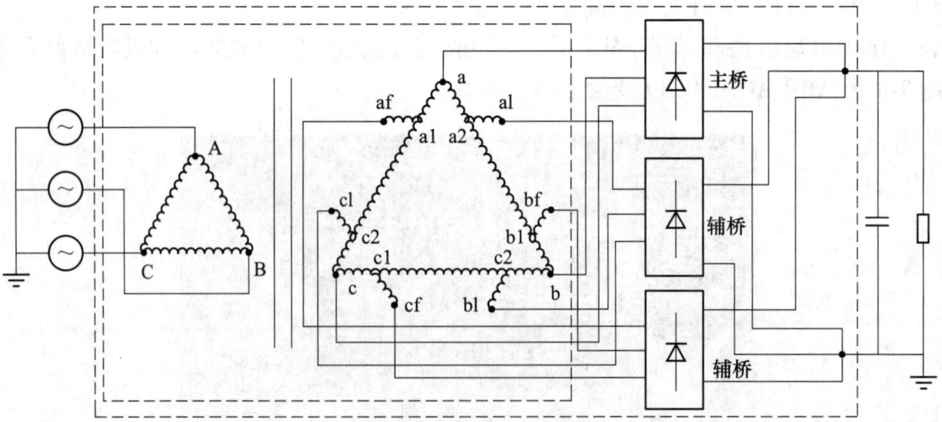

图 7-6　18 拍整流电路

C　DC 中间回路

DC 中间回路由充电控制电路、DC 电压和电流检测电路、功率电容器、均压/放电电路、浪涌吸收电路、再生制动单元和电阻组成。

大功率变频器有预充电电路，为的是给控制电源提前供电，使自检电路检测确认主回路故障后再通电，否则立即关断主回路，确保变频器的安全。

图 7-7 为电容器充电缓冲控制电路。

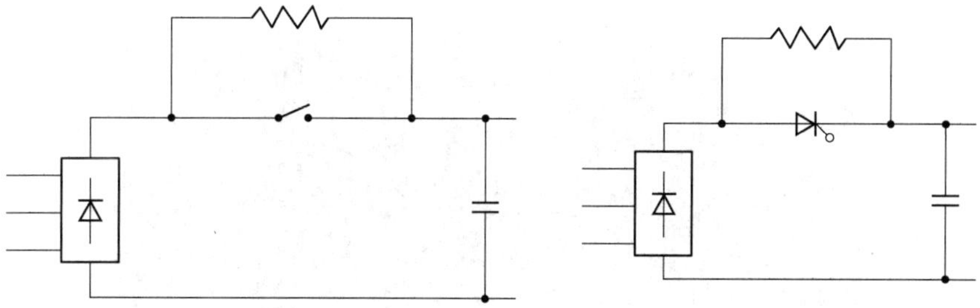

图 7-7　电容器充电缓冲控制电路

D　逆变回路

逆变回路主要由逆变模块、吸收电路组成。

逆变模块是逆变器的心脏，常用模块有 GTR、GTO、IGBC、IGCT、IPM 等，是故障发生概率最高的器件，也是最昂贵的器件之一。

吸收电路由快恢复二极管、高频电容、功率电阻构成，用来吸收半导体开关（模块）强迫关断时的反电势能量，以保护模块。

E　控制电源回路

控制电源是给变频器内部控制电路提供各种电压的直流电源，以保证控制电路的正常工作，是变频器的心脏。

控制电源现已普遍采用 DC-DC 开关电源，因其体积小、对电源波动不敏感、效率高等优点而广泛采用。

F　检测保护回路

检测保护回路是检测主回路上的输入电压和电流、DC 母线电压和电流、输出电压和电流、功率器件温度，以提供给主控制板计算，再根据控制指令执行保护动作，是变频器可靠工作的保证，也是变频器高质量和技术水平的反映。

G　输入输出回路

输入输出回路负责外部指令的接受和预处理、变频器实时参数的输出、网络通信电路、配套的电源等，收发的信号有 AI、AO、DI、DO，全部经光耦隔离。要求高的信号也用光纤传送。I/O 口非常娇嫩，对接入的信号和输出负载均有严格的要求，是变频器故障发生概率较高的部分。I/O 接口的形式有端子、RI54 等。输入输出电路常常与主控制板集成在一块板上。

H　主控回路

主控板上有 CPU 单元、DSP 单元、ROM、EPROM 等，是变频器的大脑。ROM 里有变频器的核心技术及数据，比较娇嫩，特别要防止静电和高电压的损伤，电尘埃、腐蚀性气体、水汽等均要注意隔离。

I　驱动电路

驱动电路能将控制单元发出的开关指令信号加工成逆变器半导体开关器件所要求的波形电路，它还含有强弱电隔离电路、温度检测电路、逆变器保护电路。小功率的会做成厚膜电路模块，甚至与逆变器组合成智能功率器件如 IPM 模块。

图 7-8 为 ABB ACS600 R9 变频器驱动板。

图 7-8　ABB ACS600 R9 变频器驱动板

7.1.1.5　变频器的分类

A　按变换环节分类

按变换环节分为交-直-交变频器和交-交变频器两种。

B　按直流环节的储能方式分类

a　电压型变频器

电压型变频器是按电压源方式工作的变频器，它对负载没有特殊要求，可以接多台电动机同时工作，只要总电流不要超过变频器的额定电流即可。因为对电流的控制能力较差，输出不可短路，否则将烧毁功率模块。

电压型变频器电路图如图 7-9 所示。

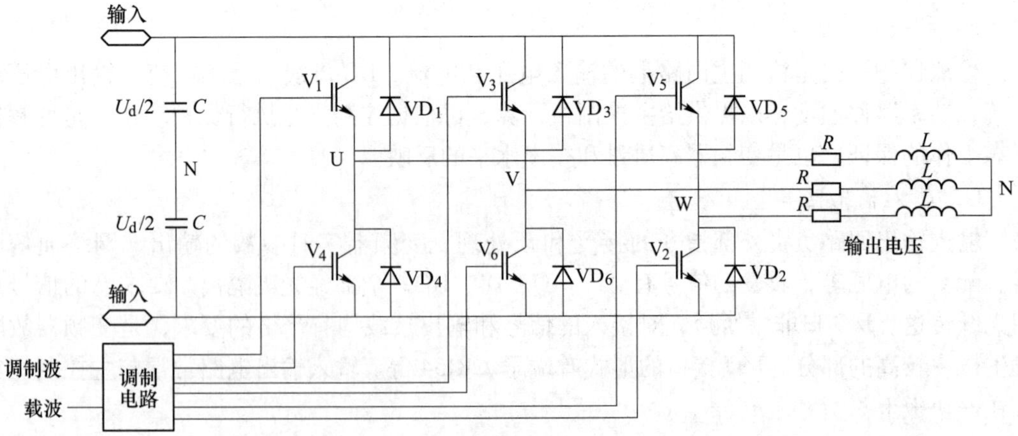

图 7-9　电压型变频器电路

b　电流型变频器

电流型变频器按电流源工作，输出不怕短路，但不能开路，保护简单可靠。它的输出与负载特性有关，变频器是按实际负载特性设计制造的，适用于单台运行、频繁加/减速和正反转的电动机。

电流型变频器电路图如图 7-10 所示。

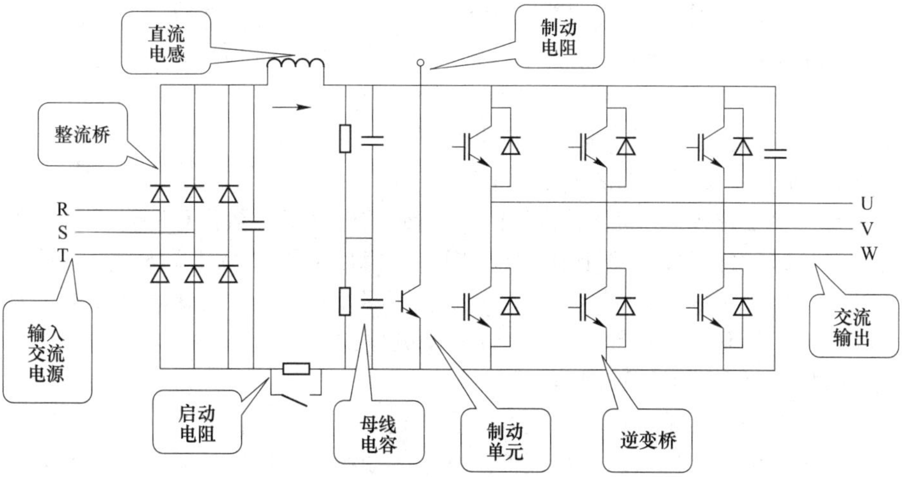

图 7-10　电流型变频器电路

C　按控制方式分类

a　*V/f* 控制变频器

V/f = 常数控制，是恒磁通控制即恒转矩控制，理论上可使变频器驱动的电动机输出恒转矩。但是，由于定子压降几乎是恒定的，在低频（低速）时所占输出的比例已不可忽略，使得低频输出的转矩变小，启动困难，因此在低频段须提高电压，以满足启动要求，称之为转矩提升（或补偿）功能。但电压不能超过 30%，且不能长期低频下运行，否则会烧毁电动机。

V/f 为常数的控制特点：*V/f* 控制以恒磁通为目标，是一种标量、平均值控制，对电动机及负载的变化响应较慢，适合于负载平稳的风机、水泵类控制要求不高的设备使用。它的特点是运行平稳，不易发生震荡等事故。它的适应性很好，对所接电动机的参数及台数均无限制，只要在其额定电流之下即可安全工作，是应用最广泛的一种控制模式。

V/f 协调变化的实现方法有 PAM 和 PWM 两种方式。

b　转差频率控制变频器

用速度传感器检测电动机的运行速度，以求出转差角频率，再把它与 f 设定值叠加以得到新的逆变器的频率设定值 f_2，实现转差补偿。

控制器将给定信号分解成两个互相垂直且独立的直流信号。然后通过“直/交变换”将它们变换成两相交流电流信号，再经过“2/3 变换”，将两相交流系统变换为三相交流系统，以得到三相交流控制信号去控制逆变器。

c　VC（Vector Control）矢量控制变频器

矢量控制方式是基于电动机的动态数学模型，通过分别控制电动机的转矩电流和励磁电流，基本上可以达到和直流电动机一样的控制特性，变频调速的动态性能得到提高。

矢量控制的基本原理是通过测量和控制异步电动机定子电流矢量，根据磁场定向原理分别对异步电动机的励磁电流和转矩电流进行控制，从而达到控制异步电动机转矩的目的。具体是：将异步电动机的定子电流矢量分解为产生磁场的电流分量（励磁电流）和产生转矩的电流分量（转矩电流）分别加以控制，并同时控制两分量间的幅值和相位即控制定子电流矢量，所以称这种控制方式为矢量控制方式。

VC 矢量控制模式的特点：矢量控制的控制性能与直流电动机相当，在低速转矩和动态性能方面比 V/f 控制有很大的提高。但是，这一性能是在电动机装有测速装置才能达到，并且必须提供电动机的实时准确的电磁参数。因此，对电动机有严格的对应关系。另外，在负载波动较大的工况下，控制会不太稳定。

VC 矢量控制模式实例：无传感器矢量控制变频器。

由于矢量控制要求提供电动机的实时的、精确的电动机参数供程序计算，需安装转子位置传感器，这既增加了成本又使用不便，因此省掉传感器成为对调速精度、范围、动态要求不高的用户所希望的。无传感器矢量控制变频器就是顺应这种市场需要的产品，它是一种对矢量控制的简化，而在性能上优于 V/f 变频器的中间产品。

d　直接转矩控制变频器（DTC）

直接转矩控制技术，是利用空间矢量、定子磁场定向的分析方法，直接在定子坐标系下分析异步电动机的数学模型，计算与控制异步电动机的磁链和转矩，采用离散的两点式调节器（Band-Band 控制），直接对逆变器的开关状态进行控制，以获得高动态性能的转矩输出。

DTC 直接转矩控制的特点：DTC 控制模型较直观简单，对电动机电磁参数的准确度要求不高，在不安装速度检测装置的情况下也能达到较高的性能。但输出转矩的波动较大，对波动大的负载控制不太稳定。

D　按输出电压调节方式分类

a　PAM 输出电压调节方式变频器

PAM(Pulse Amplitude Modulation)，是在整流回路通过可控整流或直流斩波来调节电压 U，在逆变回路调节频率 f，再设一个控制电路来控制 U 和 f 间的协调。因中间回路有大电容，使 U 的调节不灵敏，降低了动态性能，目前已不常应用。

图 7-11 为 PAM 电路。

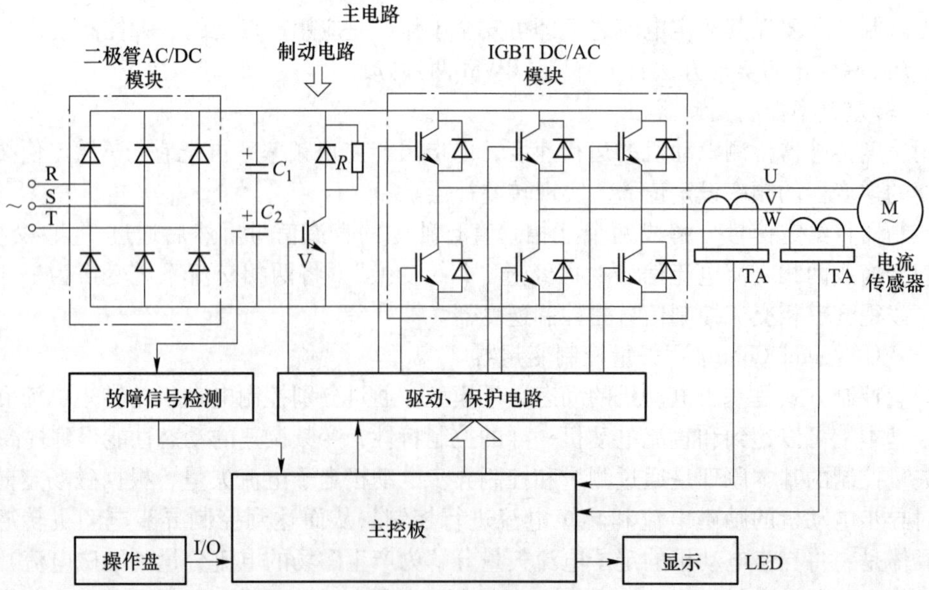

图 7-11　PAM 电路

b PWM 输出电压调节方式变频器

PWM（Pulse Width Modulation）是一种新技术，能在逆变回路同时完成 U 和 f 的调节，控制简单，动态性能比 PAM 好，是最常用的技术。

图 7-12 为 PWM 电路，图 7-13 为 SPWM（极性正弦波脉宽调制）波形。

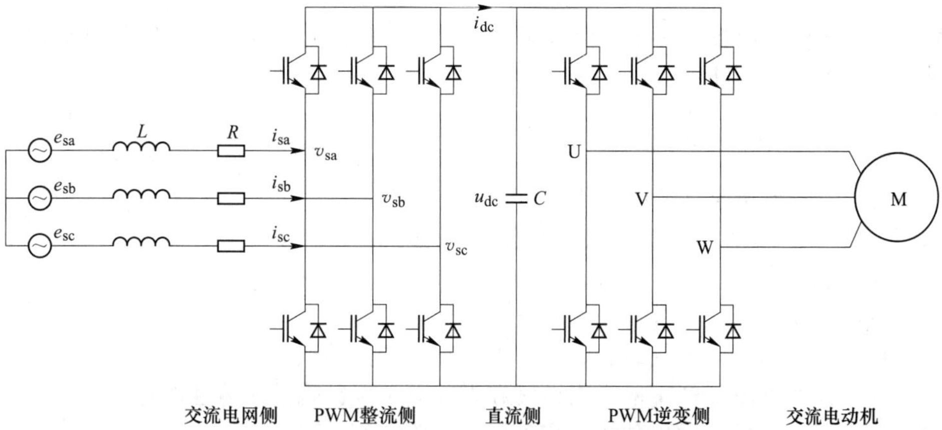

图 7-12 PWM 电路

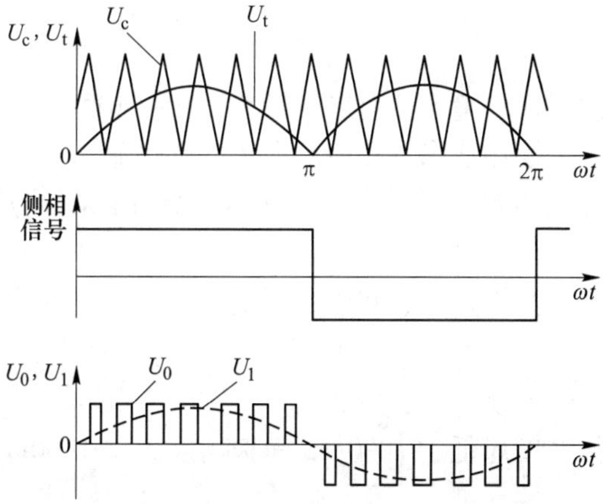

图 7-13 SPWM（极性正弦波脉宽调制）波形

E 按功能分类

（1）恒转矩（恒功率）通用型变频器。

（2）平方转矩风机水泵节能型变频器。

（3）简易型变频器。

（4）迷你型变频调速器。

（5）通用型变频器。

（6）纺织专用型变频器。

（7）高频电主轴变频器。

（8）电梯专用变频器。

（9）直流输入型矿山电力机车用变频器。

（10）防爆变频器。

变频器还有按供电电压、供电电源的相数、主开关器件、机壳外形、输出功率大小、商标所有权等分类方法。

7.1.2　变频器的安装与接线

变频器属于精密设备。为了确保其能够长期、安全、可靠地运行，安装时必须充分考虑变频器工作场所的条件。

7.1.2.1　工作场所要求

安装变频器的场所应具备以下条件：

（1）无易燃、易爆、腐蚀性气体和液体，灰尘少；

（2）结构房或电气室应湿气少，无浸水；

（3）变频器易于安装，并有足够的空间便于维修检查；

（4）应备有通风口或换气装置，以排出变频器产生的热量；

（5）应与易受变频器产生的高次谐波和无线电干扰影响的装置隔离；

（6）若安装在室外，须单独按照户外配电装置。

7.1.2.2　使用环境要求

A　周围温度、湿度

周围温度：变频器的工作环境温度范围一般为-10～+40℃。当环境温度大于变频器规定的温度时，变频器要降额使用或采取相应的通风冷却措施。

湿度：变频器工作环境的相对湿度为5%～90%（无结露现象）。

B　周围环境

变频器应安装在不受阳光直射、无灰尘、无腐蚀气体、无可燃气体、无油污、无蒸汽滴水等环境中。

C　海拔高度

变频器应安装的海拔高度应低于1000m，海拔高度大于1000m的场合，变频器要降额使用。

D　振动

变频器安装场所的周围振动加速度应小于0.6g（g=9.8m/s^2），超过变频器的容许值时，将产生部件的紧固部分松动及继电器和接触器等可动部分的器件误动作，往往导致变频器不能稳定运行。对于机床、船舶等事先能预见振动的场合，应考虑变频器的振动问题。

7.1.2.3　安装方式

为便于通风、散热，变频器应垂直安装，不可倒置或平放；变频器四周要保留一定的空间距离，变频器的安装底板与背面板须为耐温材料，安装在柜内时需注意通风。

7.1.2.4　西门子 MM420 变频器的基本配线图

变频器与外界的联系是通过接线端子来实现的。西门子 MM420 变频器基本配线图如

图 7-14 所示，主要是主电路接线端子，另外是控制电路接线端子。

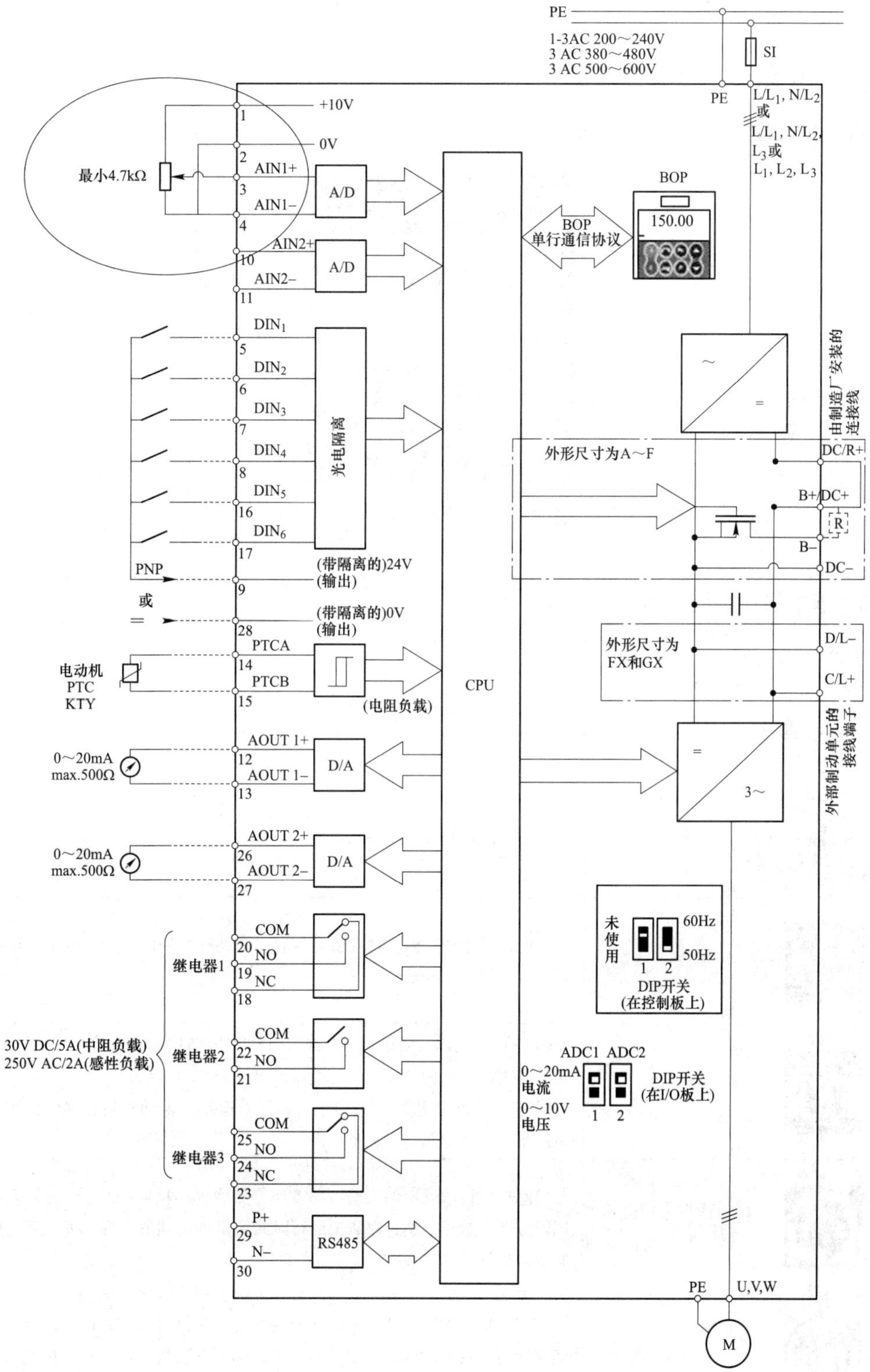

图 7-14 西门子 MM420 的基本配线图

任务 7.2　变频器功能参数设置与操作

7.2.1　基本操作面板的认知与操作

图 7-15 为基本操作面板 BOP。

图 7-15　基本操作面板 BOP

7.2.2　基本操作面板（BOP）功能说明

表 7-1 为 BOP 的功能说明。

表 7-1　BOP 的功能说明

显示/按钮	功　能	功能说明
	状态显示	LCD 显示变频器当前的设定值
	启动变频器	按此键启动变频器。缺省值运行时此键是被封锁的。为了使此键的操作有效，应设定 P0700 = 1
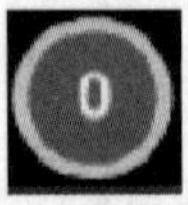	停止变频器	OFF1：按此键，变频器将按选定的斜坡下降速率减速停车，缺省值运行时此键被封锁；为了允许此键操作，应设定 P0700 = 1； OFF2：按此键两次（或一次，但时间较长），电动机将在惯性作用下自由停车，此功能总是“使能”的
	改变电动机的转动方向	按此键可以改变电动机的转动方向。电动机的反向用负号（-）表示或用闪烁的小数点表示，缺省值运行时此键是被封锁的。为了使此键的操作有效，应设定 P0700 = 1
	电动机点动	在变频器无输出的情况下按此键，将使电动机启动，并按预设定的点动频率运行。释放此键时，变频器停车。如果电动机正在运行，按此键将不起作用

续表 7-1

显示/按钮	功　能	功能说明
	功能	此键用于浏览辅助信息。 变频器运行过程中，在显示任何一个参数时按下此键并保持不动 2s，将显示以下参数值（在变频器运行中，从任何一个参数开始）： （1）直流回路电压（用 *d* 表示，单位为 V）； （2）输出电流（A）； （3）输出频率（Hz）； （4）输出电压（用 *o* 表示，单位为 V）； （5）由 P0005 选定的数值，如果 P0005 选择显示上述参数中的任何一个（3、4 或 5），这里将不再显示。 连续多次按下此键，将轮流显示以上参数。 跳转功能：在显示任何一个参数（r××××或 P××××）时短时间按下此键，将立即跳转到 r0000；如果需要，可以接着修改其他的参数。跳转到 r0000 后，按此键将返回原来的显示点。 故障确认：在出现故障或报警的情况下，按下此键可以对故障或报警进行确认
	访问参数	按此键即可访问参数
	增加数值	按此键即可增加面板上显示的参数数值
	减少数值	按此键即可减少面板上显示的参数数值

用基本操作面板更改参数的数值，表 7-2 为改变参数 P0004 的操作步骤及显示的结果，表 7-3 为改变下标参数 P0719。

表 7-2　改变参数 P0004

序号	操作步骤	显示的结果
1	按  访问参数	r0000
2	按  直到显示出 P0004	P0004
3	按  进入参数数值访问级	0
4	按  或  达到所需要的数值	3
5	按  确认并存储参数的数值	P0004
6	按  直到显示出 r0000	r0000
7	按  返回标准的变频器显示（有用户定义）	

表 7-3　改变下标参数 P0719

序号	操作步骤	显示的结果
1	按 P 访问参数	r0000
2	按 ▲ 直到显示出 P0719	P0719
3	按 P 进入参数数值访问级	in000
4	按 P 显示当前的设定值	0
5	按 ▲ 或 ▼ 选择运行所需要的最大频率	3
6	按 P 确认并存储 P0719 的设定值	P0719
7	按 ▼ 直到显示出 r0000	r0000
8	按 P 返回标准的变频器显示（有用户定义）	

说明：(1) 忙碌信息。修改参数的数值时，BOP 有时会显示 P----，表明变频器正忙于处理优先级更高的任务。

(2) 改变参数数值的一个数。为了快速修改参数的数值，可以一个个地单独修改显示出的每个数字，操作步骤如下：

1) 按 Fn（功能键），最右边的一个数字闪烁；

2) 按 ▲ / ▼，修改这位数字的数值；

3) 再按 Fn（功能键），相邻的下一个数字闪烁；

4) 执行 2) 至 4)，直到显示出所要求的数值；

5) 按 P，退出参数数值的访问级。

7.2.3　变频器快速调试

P0010 的参数过滤功能和 P0003 选择用户访问级别的功能在调试时是十分重要的，由此可以选定一组允许进行快速调试的参数，电动机的设定参数和斜坡函数的设定参数都包括在内。在快速调试的各个步骤都完成以后，应选定 P3900，如果它置为 1，将执行必要的电动机计算，并使其他所有的参数（P0010 = 1 不包括在内）恢复为缺省设置值。只有在快速调试方式下才进行这一操作

快速调试的流程如下：

P0010　开始快速调试
0：准备运行；
1：快速调试；
30：工厂的缺省设置值。
说明：在电动机投入运行之前，P0010必须回到“0”。但是，如果调试结束后选定P3900=1，那么，P0010回零的操作是自动进行的

P0100　选择工作地区是欧洲/北美
0：功率单位为kW：f的缺省值为50Hz；
1：功率单位为hp：f的缺省值为60Hz；
2：功率单位为kW：f的缺省值为60Hz。
说明：P0100的设定值0和1应该用DIP开关来更改，使其设定的值固定不变

P0304　电动机的额定电压1)
10～2000V；
根据铭牌键入的电动机额定电压(V)

P0305　电动机的额定电流1)
0～2倍变频器额定电流(A)；
根据铭牌键入的电动机额定电流(A)

P307　电动机的额定功率1)
0～2000kW；
根据铭牌键入的电动机额定功率(kW)；
如果P0100=1，功率单位应是hp

P0310　电动机的额定频率1)
12～650Hz；
根据铭牌键入的电动机额定频率(Hz)

P0311　电动机的额定速度1)
0～40000min^{-1}；
根据铭牌键入的电动机额定速度(r/min)

P0700　选择命令源2)
接通/断开/反转(on/off/reverse)
0：工厂设置值；
1：基本操作面板(BOP)；
2：输入端子/数字输入

P1000　选择频率设定值2)
0：无频率设定值；
1：用BOP控制频率的升降；
2：模拟设定值

P1080　电动机最小频率
本参数设置电动机的最小频率(0～650Hz)，达到这一频率时电动机的运行速度将与频率的设定值无关。这里设置的值对电动机的正转和反转都是使用的

P1080　电动机最大频率
本参数设置电动机的最大频率(0～650Hz)，达到这一频率时电动机的运行速度将与频率的设定值无关。这里设置的值对电动机的正转和反转都是使用的

P1120　斜坡上升时间
0～650s；
电动机从静止停车加速到最大电动机频率所需的时间

P1121　斜坡上升时间
0～650s；
电动机从其最大频率减速到静止停车所需的时间

P3900　结速快速调试
0：结速快速调试，不进行电动机计算或复位为工厂缺省设置值；
1：结束快速调试，进行电动机计算和复位为工厂缺省设置值(推荐的方式)；
2：结束快速调试，进行电动机计算和I/O复位；
3：结束快速调试，进行电动机计算，但不进行I/O复位

7.2.4　变频器复位为工厂的缺省设定值

为了把变频器的全部参数复位为工厂的缺省设定值，应该按照下面的数值设定参数：
（1）设定P0010=30；

（2）设定 P0970=1。

变频器完成复位过程至少要 3min。

任务 7.3　多段速度选择变频调速

7.3.1　控制要求

（1）正确设置变频器输出的额定频率、额定电压、额定电流、额定功率、额定转速。

（2）通过外部端子控制电动机多段速度运行，开关 S_1、S_2、S_3 按不同的方式组合，可选择 7 种不同的输出频率。

（3）运用操作面板，改变电动机启动的点动运行频率和加减速时间。

7.3.2　参数功能表及接线图

7.3.2.1　参数功能表

参数功能表见表 7-4。

表 7-4　参数功能表

序号	变频器参数	出厂值	设定值	功能说明
1	P0304	230	380	电动机的额定电压（380V）
2	P0305	3.25	0.35	电动机的额定电流（0.35A）
3	P0307	0.75	0.06	电动机的额定功率（60W）
4	P0310	50.00	50.00	电动机的额定频率（50Hz）
5	P0311	0	1430	电动机的额定转速（1430r/min）
6	P1000	2	3	固定频率设定
7	P1080	0	0	电动机的最小频率（0Hz）
8	P1082	50.00	50.00	电动机的最大频率（50Hz）
9	P1120	10	10	斜坡上升时间（10s）
10	P1121	10	10	斜坡下降时间（10s）
11	P0700	2	2	选择命令源（由端子排输入）
12	P0701	1	17	固定频率设值（二进制编码选择+ON 命令）
13	P0702	12	17	固定频率设值（二进制编码选择+ON 命令）
14	P0703	9	17	固定频率设值（二进制编码选择+ON 命令）
15	P0704	0	1	ON/OFF1（接通正转/停车命令 1）
16	P1001	0.00	5.00	固定频率 1
17	P1002	5.00	10.00	固定频率 2
18	P1003	10.00	20.00	固定频率 3

续表 7-4

序号	变频器参数	出厂值	设定值	功能说明
19	P1004	15.00	25.00	固定频率 4
20	P1005	20.00	30.00	固定频率 5
21	P1006	25.00	40.00	固定频率 6
22	P1007	30.00	50.00	固定频率 7

注：1. 设置参数前先将变频器参数复位为工厂的缺省设定值；
2. 设定 P0003=2 允许访问扩展参数；
3. 设定电机参数时先设定 P0010=1（快速调试），电机参数设置完成设定 P0010=0（准备）。

7.3.2.2　变频器外部接线图

变频器外部接线如图 7-16 所示。

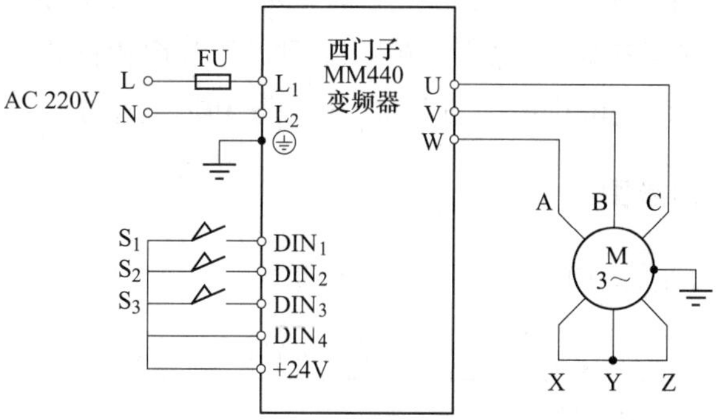

图 7-16　变频器外部接线图

7.3.3　操作步骤

（1）检查实训设备中器材是否齐全。

（2）按照变频器外部接线图完成变频器的接线，认真检查，确保正确无误。

（3）打开电源开关，按照参数功能表正确设置变频器参数。

（4）切换开关 S_1、S_2、S_3 的通断，观察并记录变频器的输出频率，各个固定频率的数值根据表 7-5 选择。

表 7-5　固定频率的数值

S_1	S_2	S_3	输出频率
OFF	OFF	OFF	OFF
ON	OFF	OFF	固定频率 1
OFF	ON	OFF	固定频率 2
ON	ON	OFF	固定频率 3

续表 7-5

S_1	S_2	S_3	输出频率
OFF	OFF	ON	固定频率 4
ON	OFF	ON	固定频率 5
OFF	ON	ON	固定频率 6
ON	ON	ON	固定频率 7

任务 7.4　外部端子点动控制

7.4.1　控制要求

（1）正确设置变频器输出的额定频率、额定电压、额定电流、额定功率、额定转速。

（2）通过外部端子控制电机启动/停止、正转/反转，按下按钮 S_1 电机正转启动，松开按钮 S_1 电机停止；按下按钮 S_2 电机反转，松开按钮 S_2 电机停止。

（3）运用操作面板改变电机启动的点动运行频率和加减速时间。

7.4.2　参数功能表及接线图

表 7-6 为变频器的外部端子点动控制参数功能表。

表 7-6　参数功能表

序号	变频器参数	出厂值	设定值	功能说明
1	P0304	230	380	电动机的额定电压（380V）
2	P0305	3.25	0.35	电动机的额定电流（0.35A）
3	P0307	0.75	0.06	电动机的额定功率（60W）
4	P0310	50.00	50.00	电动机的额定频率（50Hz）
5	P0311	0	1430	电动机的额定转速（1430r/min）
6	P1000	2	1	用操作面板（BOP）控制频率的升降
7	P1080	0	0	电动机的最小频率（0Hz）
8	P1082	50.00	50.00	电动机的最大频率（50Hz）
9	P1120	10	10	斜坡上升时间（10s）
10	P1121	10	10	斜坡下降时间（10s）
11	P0700	2	2	选择命令源（由端子排输入）
12	P0701	1	10	正向点动
13	P0702	12	11	反向点动
14	P1058	5.00	30.00	正向点动频率（30Hz）

续表 7-6

序号	变频器参数	出厂值	设定值	功能说明
15	P1059	5.00	20.00	反向点动频率（20Hz）
16	P1060	10.00	10.00	点动斜坡上升时间（10s）
17	P1061	10.00	5.00	点动斜坡下降时间（5s）

注：1. 设置参数前先将变频器参数复位为工厂的缺省设定值；

2. 设定 P0003 = 2 允许访问扩展参数；

3. 设定电机参数时先设定 P0010 = 1（快速调试），电机参数设置完成设定 P0010 = 0（准备）；

4. 变频器外部接线图，如图 7-17 所示。

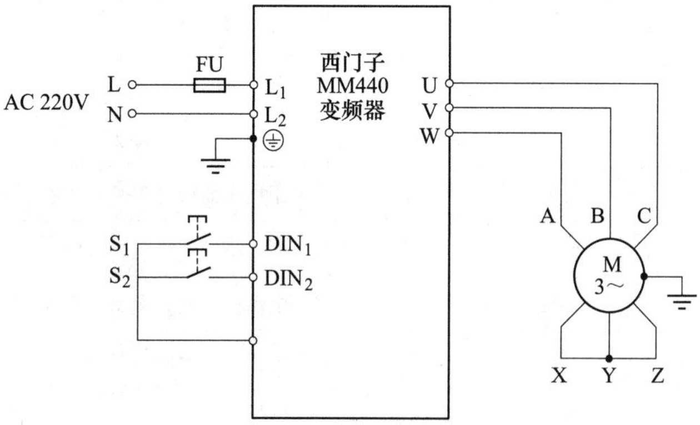

图 7-17　变频器外部接线图

7.4.3　操作步骤

（1）检查实训设备中器材是否齐全。

（2）按照变频器外部接线图完成变频器的接线，认真检查，确保正确无误。

（3）打开电源开关，按照参数功能表正确设置变频器参数。

（4）按下按钮 S_1，观察并记录电机的运转情况。

（5）松开按钮 S_1 待电机停止运行后，按下按钮 S_2，观察并记录电机的运转情况。

（6）松开按钮 S_2，观察并记录电机的运转情况。

（7）改变 P1058、P1059 的值，重复（4）、（5）、（6），观察电机运转状态有什么变化。

（8）改变 P1060、P1061 的值，重复（4）、（5）、（6），观察电机运转状态有什么变化。

任务 7.5　变频器无级调速

7.5.1　控制要求

（1）正确设置变频器输出的额定频率、额定电压、额定电流、额定功率、额定转速。

（2）通过操作面板（BOP）控制电机启动/停止、正转/反转。

（3）运用操作面板改变电机的运行频率和加减速时间。

7.5.2　参数功能表及接线图

表7-7为变频器无级调速的参数功能表。

表7-7　参数功能表

序号	变频器参数	出厂值	设定值	功能说明
1	P0304	230	380	电动机的额定电压（380V）
2	P0305	3.25	0.35	电动机的额定电流（0.35A）
3	P0307	0.75	0.06	电动机的额定功率（60W）
4	P0310	50.00	50.00	电动机的额定频率（50Hz）
5	P0311	0	1430	电动机的额定转速（1430r/min）
6	P1000	2	1	用操作面板（BOP）控制频率的升降
7	P1080	0	0	电动机的最小频率（0Hz）
8	P1082	50.00	50.00	电动机的最大频率（50Hz）
9	P1120	10	10	斜坡上升时间（10s）
10	P1121	10	10	斜坡下降时间（10s）
11	P0700	2	1	BOP（键盘）设置

注：1. 设置参数前先将变频器参数复位为工厂的缺省设定值；

2. 设定P0003=2允许访问扩展参数；

3. 设定电机参数时先设定P0010=1（快速调试），电机参数设置完成设定P0010=0（准备）；

4. 变频器外部接线图，如图7-18所示。

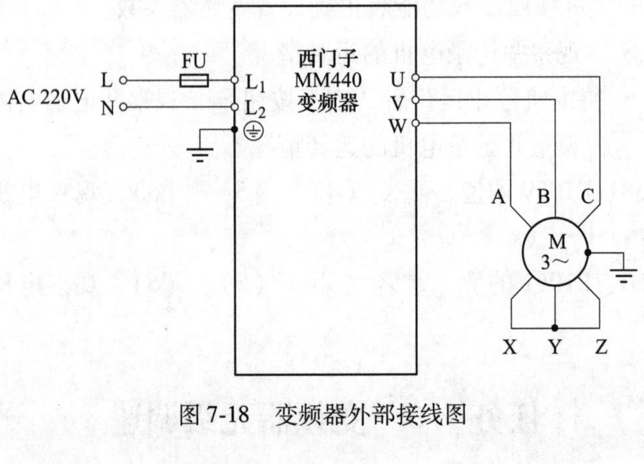

图7-18　变频器外部接线图

7.5.3　操作步骤

（1）检查实训设备中器材是否齐全。

（2）按照变频器外部接线图完成变频器的接线，认真检查，确保正确无误。

（3）打开电源开关，按照参数功能表正确设置变频器参数。

（4）按下操作面板按钮“”，启动变频器。

（5）按下操作面板按钮“/”，增加、减小变频器输出频率。

（6）按下操作面板按钮“”，改变电机的运转方向。

（7）按下操作面板按钮“”，停止变频器。

任务 7. 6　变频器控制电机正反转

7. 6. 1　控制要求

（1）正确设置变频器输出的额定频率、额定电压、额定电流、额定功率、额定转速。

（2）通过外部端子控制电机启动/停止、正转/反转，打开 S_1、S_3 电机正转，打开 S_2 电机反转，关闭 S_2 电机正转；在正转/反转的同时，关闭 S_3，电机停止。

（3）运用操作面板改变电机启动的点动运行频率和加减速时间。

7. 6. 2　参数功能表及接线图

表 7-8 为变频器控制电机正反转的参数功能表。

表 7-8　参数功能表

序号	变频器参数	出厂值	设定值	功能说明
1	P0304	230	380	电动机的额定电压（380V）
2	P0305	3. 25	0. 35	电动机的额定电流（0. 35A）
3	P0307	0. 75	0. 06	电动机的额定功率（60W）
4	P0310	50. 00	50. 00	电动机的额定频率（50Hz）
5	P0311	0	1430	电动机的额定转速（1430r/min）
6	P0700	2	2	选择命令源（由端子排输入）
7	P1000	2	1	用操作面板（BOP）控制频率的升降
8	P1080	0	0	电动机的最小频率（0Hz）
9	P1082	50. 00	50. 00	电动机的最大频率（50Hz）
10	P1120	10	10	斜坡上升时间（10s）
11	P1121	10	10	斜坡下降时间（10s）
12	P0701	1	1	ON/OFF（接通正转/停车命令 1）
13	P0702	12	12	反转
14	P0703	9	4	OFF3（停车命令 3）按斜坡函数曲线快速降速停车

注：1. 设置参数前先将变频器参数复位为工厂的缺省设定值；

2. 设定 P0003=2 允许访问扩展参数；

3. 设定电机参数时先设定 P0010=1（快速调试），电机参数设置完成设定 P0010=0（准备）；

4. 变频器外部接线图，如图 7-19 所示。

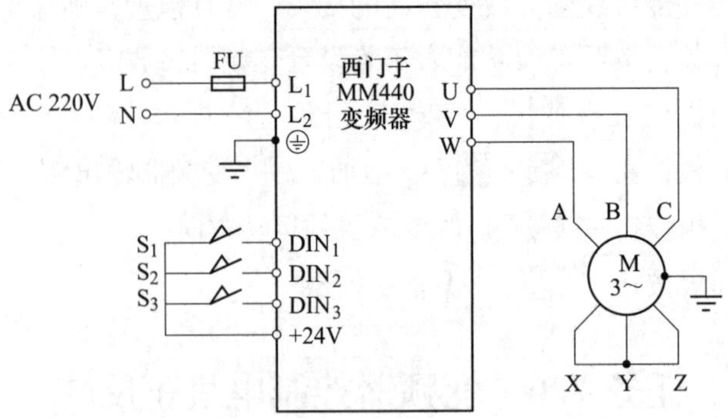

图 7-19　变频器外部接线图

7.6.3　操作步骤

（1）检查实训设备中器材是否齐全。

（2）按照变频器外部接线图完成变频器的接线，认真检查，确保正确无误。

（3）打开电源开关，按照参数功能表正确设置变频器参数。

（4）打开开关 S_1、S_3，观察并记录电机的运转情况。

（5）按下操作面板按钮“▲”，增加变频器输出频率。

（6）打开开关 S_1、S_2、S_3，观察并记录电机的运转情况。

（7）关闭开关 S_3，观察并记录电机的运转情况。

（8）改变 P1120、P1121 的值，重复（4）、（5）、（6）、（7），观察电机运转状态有什么变化。

任务 7.7　外部模拟量（电压/电流）方式的变频调速控制

7.7.1　控制要求

（1）正确设置变频器输出的额定频率、额定电压、额定电流、额定功率、额定转速。

（2）通过外部端子控制电机启动/停止。

（3）通过调节电位器改变输入电压来控制变频器的频率。

7.7.2　参数功能表及接线图

表 7-9 为变频器的外部模拟量方式控制参数功能表。

表 7-9　参数功能表

序号	变频器参数	出厂值	设定值	功能说明
1	P0304	230	380	电动机的额定电压（380V）
2	P0305	3. 25	0. 35	电动机的额定电流（0. 35A）
3	P0307	0. 75	0. 06	电动机的额定功率（60W）
4	P0310	50. 00	50. 00	电动机的额定频率（50Hz）

续表 7-9

序号	变频器参数	出厂值	设定值	功能说明
5	P0311	0	1430	电动机的额定转速（1430r/min）
6	P1000	2	2	模拟输入
7	P0700	2	2	选择命令源（由端子排输入）
8	P0701	1	1	ON/OFF（接通正转/停车命令 1）

注：1. 设置参数前先将变频器参数复位为工厂的缺省设定值；
2. 设定 P0003=2 允许访问扩展参数；
3. 设定电机参数时先设定 P0010=1（快速调试），电机参数设置完成设定 P0010=0（准备）；
4. 变频器外部接线图，如图 7-20 所示。

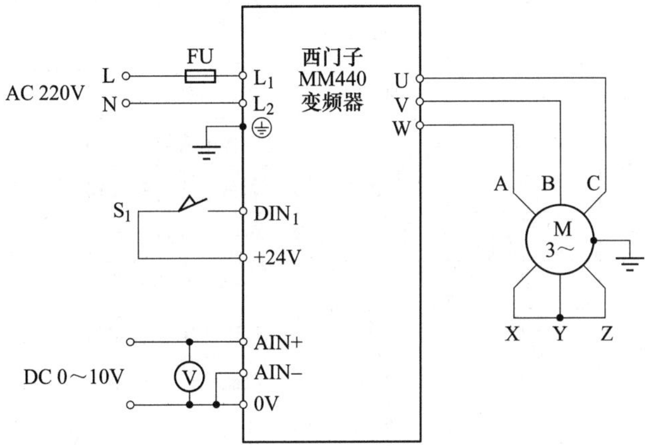

图 7-20　变频器外部接线图

7.7.3　操作步骤

（1）检查实训设备中器材是否齐全。

（2）按照变频器外部接线图完成变频器的接线，认真检查，确保正确无误。

（3）打开电源开关，按照参数功能表正确设置变频器参数。

（4）打开开关 S_1，启动变频器。

（5）调节输入电压，观察并记录电机的运转情况。

（6）关闭开关 S_1，停止变频器。

任务 7.8　PID 变频调速控制

7.8.1　控制要求

（1）正确设置变频器输出的额定频率、额定电压、额定电流、额定功率、额定转速。

（2）通过操作面板（BOP）控制电机启动/停止。

（3）通过操作面板（BOP）改变 PID 控制的设定值。

（4）通过外部模拟量改变 PID 的反馈值（反馈用外部给定模拟）。

7.8.2　参数功能表及接线图

表 7-10 为 PID 变频调速控制参数功能表。

表 7-10　参数功能表

序号	变频器参数	出厂值	设定值	功能说明
1	P0304	230	380	电动机的额定电压（380V）
2	P0305	3.25	0.35	电动机的额定电流（0.35A）
3	P0307	0.75	0.06	电动机的额定功率（60W）
4	P0310	50.00	50.00	电动机的额定频率（50Hz）
5	P0311	0	1430	电动机的额定转速（1430r/min）
6	P1080	0	0	电动机的最小频率（0Hz）
7	P1082	50.00	50.00	电动机的最大频率（50Hz）
8	P1120	10	10	斜坡上升时间（10s）
9	P1121	10	10	斜坡下降时间（10s）
10	P0700	2	1	BOP（键盘）设置
11	P2200	0	1	允许 PID 控制
12	P2240	10	25	PID-MOP 的设定值
13	P2253	0	2250	已激活的 PID 设定值（目标值）
14	P2264	755.0	755.0	模拟输入 1 设置（反馈信号）
15	P2280	3.00	10.00	PID 比例增益系数
16	P2285	0.00	3.00	PID 积分时间

注：1. 设置参数前先将变频器参数复位为工厂的缺省设定值；
2. 设定 P0003=2 允许访问扩展参数；
3. 设定电机参数时先设定 P0010=1（快速调试），电机参数设置完成设定 P0010=0（准备）；
4. 变频器外部接线图，如图 7-21 所示。

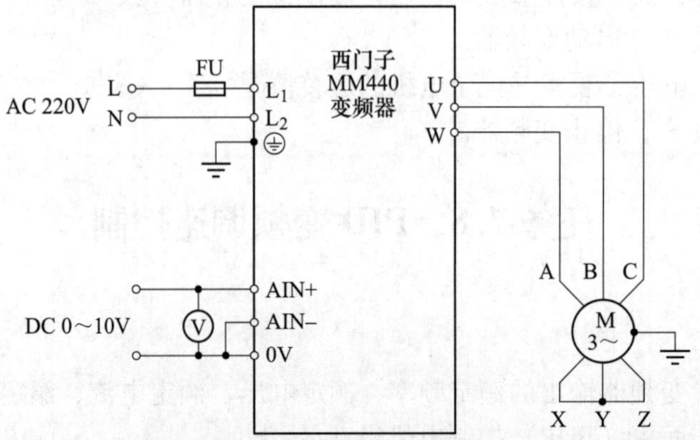

图 7-21　变频器外部接线图

7.8.3　操作步骤

（1）检查实训设备中器材是否齐全。
（2）按照变频器外部接线图完成变频器的接线，认真检查，确保正确无误。
（3）打开电源开关，按照参数功能表正确设置变频器参数。
（4）按下操作面板按钮“”，启动变频器。
（5）调节输入电压，观察并记录电机的运转情况。
（6）改变 P2280、P2285 的值，重复（4）、（5），观察电机运转状态有什么变化。
（7）按下操作面板按钮“”，停止变频器。

任务 7.9　变频器维护与维修

任务目的：掌握变频器的检测与试验、故障修理与流程；了解变频器损坏的常见原因、变频器的故障代码释意与对策。

7.9.1　变频器的检测与试验

变频器的检测与试验包括检测仪器的选择、检测部位及方法两部分内容。

7.9.1.1　检测仪器

（1）20M 以上的示波器，用来检测驱动电路工作波形是否正常。
（2）500V 绝缘摇表，用来检测输入输出端子、控制变压器绕组间及对地绝缘是否良好。
（3）模拟万用表或真有效值电压/电流表，用来检测变频器输入输出电流和电压。
（4）交直流试验电源如恒流和恒压源、交直流调压电源等，用来做板级和整机试验。
变频器的检测注意事项：
（1）必须尽可能地多了解该机的使用电源、环境、负载、时间等，再问清故障发生前后的情况、显示的故障代码等。
（2）全面清洁，先扫除灰尘，查看冷却风扇和散热器是否正常，是否有缺件、未拧紧的螺丝、烧焦变形的器件等异常情况，以便心中有数。
（3）关机后要等 5min 以上，待指示灯完全熄灭后才能打开机壳进行检测，必要时用万用表检测器件上电压，确认安全后才能接触器件。

7.9.1.2　电气检测的部位和方法

电气检测的部位包括：
（1）I/O 端子：检测阻抗、电压和接线是否正确；
（2）R、S、T（L_1、L_2、L_3）输入电源端子是否有短路、对地绝缘不良等；
（3）U、V、W 输出电源端子的检测同上；
（4）分别检测 R、S、T 和 U、V、W 对 P、N 端子的正反向电阻是否正常，P 对 N 之间的电阻是否正常。

电气检测的方法包括整流电路的检测、中间电路的检测、驱动电路的检测、逆变模块的检测、I/O 接口的检测、整机检测试验。

A　整流电路的检测

（1）整流电路的检测就是对 6 只二极管的检测，每只二极管的正反向电阻应对称，正反向电阻之比应大于 100。

（2）整流模块的 5 个引出线对地绝缘的测量值应大于 5MΩ。

整流器测量的正常值参照表 7-11。

表 7-11　整流器测量的正常值

项　目	红　笔	
	P	N
R	>100kΩ	<10kΩ
S		
T		

B　中间电路的检测

（1）大电容的检测，用电容专用测量仪。外观应无变形、漏液、异味等，容量应大于 85%。

（2）接触器的检测，线包电阻、触头的接触电阻、限流电阻的检测。

（3）制动单元、制动电阻的检测。

C　驱动电路的检测

驱动电路的检测主要是驱动波形的检测，波形必须形状相同，幅值大于 1V。用示波器测量时要将联至逆变模块的线脱开，以免碰到 P、N 线，发生短路危险。其检测流程如图 7-22 所示。

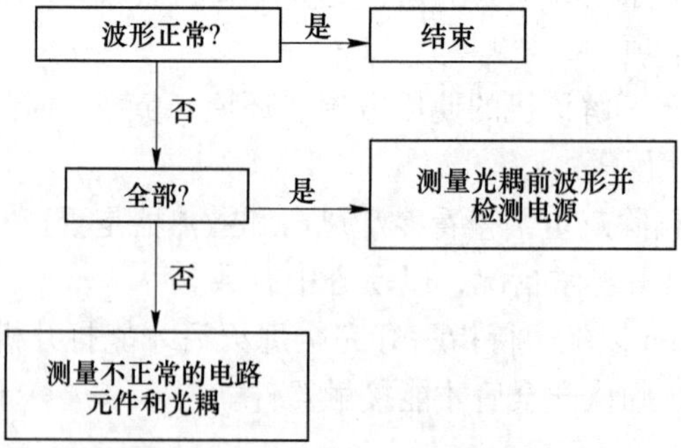

图 7-22　驱动电路的检测流程

驱动电路参考波形（正常波形）如图 7-23 所示。

D　逆变模块的检测

目前常见的逆变模块有 GTR、IGBT 两种，它们的测量值也不同。IGBT 的触发端的电阻值比 GTR 的要大 100 倍左右，并且电阻值测量法不能最终判定好坏，最好用触发信号来测量。图 7-24 为 ABB ACS600 R9 变频器的 IGBT 模块。

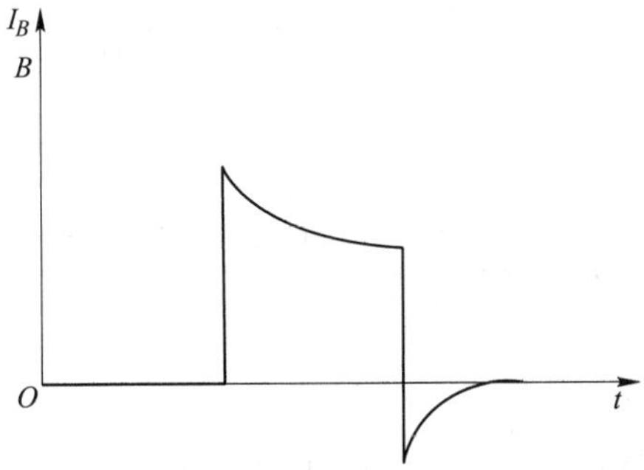

图 7-23　驱动电路参考波形（正常波形）

图 7-24　ABB ACS600 R9 变频器的 IGBT 模块

逆变模块的测试值参照表 7-12 和表 7-13。

表 7-12　逆变器测量的正常值（一）

项　目	红　笔	
	P	N
U	>500kΩ	<10kΩ
V		
W		

表 7-13　逆变器测量（二）

项　目	正向	反向
B_1，E_1	>100kΩ	>10kΩ
B_2，E_2		
B_3，E_3		
B_4，E_4		
B_5，E_5		
B_6，E_6		

在判定检测电路不正常时，应对电压采样电阻的阻值、电流传感器进行检测，主要还是采用对称判别法。

E　I/O 接口的检测

（1）I/O 口电源检测。

（2）DI、AI 口电阻值测量，每个口电阻值应相当。

（3）AO 口的电流/电压值应符合说明书。

（4）DO 口的继电器动作正常，触头接触电阻合格，否则检测励磁电路的信号和电源是否正常。

F　整机检测试验

所有单元电路和器件经检测合格后，就可通电试验。在通电前最好在直流母线中串接一只 200W 电灯，起限流保护作用。待正常后再去除电灯，或者用三相自耦调压器逐步提高电压，同时观察变频器的状态，直至正常电压为止。

负载运行 1h 后如仍正常，对有过载、过流故障的机器，还应做额定负载（电流）下的运行试验。标准的方法用测功机较费钱，简易的方法可以用大功率电炉作负载。

7.9.2 变频器损坏的常见原因

变频器损坏的常见原因包括使用环境不良和维护不善、参数设置不当、输入信号错误或接线不当、负载不匹配或系统设计有误、变频器部件器件隐患。

A 使用环境不良和维护不善

（1）电源的容量、电压、电压平衡度是否合格。

（2）阳光直射，靠近热源、水源、气源及腐蚀性气体，导电性尘埃，通风不良。

（3）不清灰、不紧固螺丝。

B 参数设置不当

（1）$F_{max} < F_{min}$。

（2）$F_{max} = 0$。

（3）电动机功率、电流、电压值与设定值不符。

（4）使能设定与实际不符。

C 输入信号错误或接线不当

（1）AI 口输入信号类型不符。

（2）应短接的端子未接或接错。

（3）DI 端子接线错误。

D 负载不匹配或系统设计有误

（1）电动机功率虽符合，但极数较多；电流超额定值，造成过流。

（2）同步电动机电流比感应电动机大很多，电流要放大 1.5 倍。

（3）电动机与变频器间的接触器在运行时动作。

（4）电动机电缆太长。

E 变频器部件、器件隐患

（1）接线端子松动。

（2）功率电容老化，容量变小。

（3）冷却风扇堵转、损坏。

7.9.3 变频器故障代码释意

变频器故障包括 OC-过电流故障、OV-过电压故障、UV-欠电压故障、OTH-过热故障、UL-欠载故障、OL-过载故障、短路故障、通信故障、接地故障等。

7.9.3.1 OC-过电流故障的分析

（1）加速过电流：加速太快，将加速时间减小。

（2）减速过电流：减速太快，将减速时间减小。

（3）恒速过电流：负载波动太大，谐波干扰。

（4）出现短路：检查电动机电缆，电动机线包的电阻值和绝缘电阻。

（5）逆变模块和驱动电路故障。

（6）电流传感器或采集电路失调、损坏。
（7）电缆太长；电动机接法错误（Y／△）。
（8）输出接的接触器在变频器运行时动作。

7.9.3.2　OV-直流过电压故障的分析

（1）减速时间太短，制动单元和电阻太小。
（2）输入电压太高，调整变压器输出电压。
（3）同一电网上有大用电设备下网，造成瞬时过电压。
（4）加减速太频繁。
（5）谐波干扰。

7.9.3.3　变频器过热故障分析

（1）冷却风扇堵转、损坏。
（2）散热器脏堵。
（3）温度开关位移失灵、损坏，连接线折断、松脱。
（4）环境温度过高、通风不良。
（5）模块未压紧在散热器上，接合面有沙粒等脏物，未涂导热胶。

7.9.3.4　UV-欠电压故障的分析

（1）线路电压太低。
（2）滤波电容容量变小。
（3）缓冲接触器触头接触不良。
（4）电压采样电阻变小、电路故障。
（5）三相电源缺相、熔断器开路。

7.9.3.5　ErC CPU 及通信故障的分析

（1）控制板电路、CPU、EPROM 及其他 IC 损坏。
（2）通信电路接口损坏、通信设置错误。

7.9.3.6　OL-过载故障的分析

过载是长时间的低过流，一般按 120%过电流持续超过 2min 作为阈值。其原因是电动机负载过大、超速行驶；负载惯量太大、启动时间太长。

7.9.3.7　其他故障的分析

（1）欠载。
（2）控制盘丢失。
（3）给定信号丢失。
（4）启动使能，互锁信号丢失。
（5）接地故障。

(6) 机器过热。

(7) 缺相故障。

7.9.4　变频器故障修理与流程

变频器故障包括：充电灯亮、但显示器不亮，变频器（或缺相，三相不平衡）无输出，变频器不能启动、不能调速、不能带额定负载（会跳过流或电动机脉动运行），变频器无故停车等。

7.9.4.1　无显示故障

(1) 电源未接通。

(2) 整流器损坏。

(3) 电阻损坏。

(4) 显示器损坏。

(5) 开关电源损坏。

(6) CPU 损坏。

无显示故障检测流程，如图 7-25 所示。

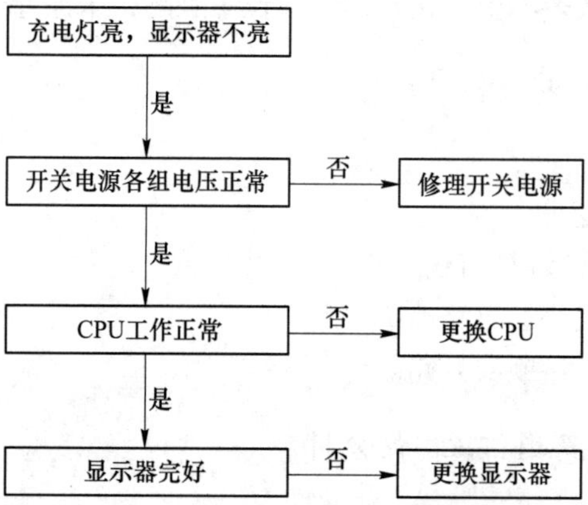

图 7-25　无显示故障检测流程

7.9.4.2　变频器（或某一相）无输出

(1) 逆变模块损坏。

(2) 驱动电路损坏。

(3) 变频器启动信号未到。

(4) 停车信号端子故障。

(5) 使能、互锁信号丢失。

有显示无输出故障检测流程，如图 7-26 所示。

7.9.4.3　变频器不能启动电动机

(1) 变频器的运转指令权不在操作地，检查相关参数。

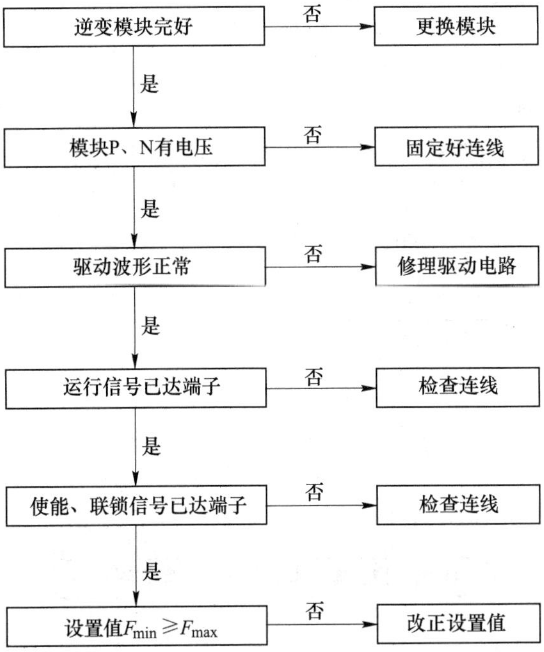

图 7-26　有显示无输出故障检测流程

(2) 运转信号未达到相关控制端子，检查连接电路。

(3) 启动转矩太小、负载惯量太大，将转矩提升参数设置值加大。

(4) 使能端子信号未到，检查该参数设置值和该端子的连接状态。

变频器不能启动电动机检测流程，如图 7-27 所示。

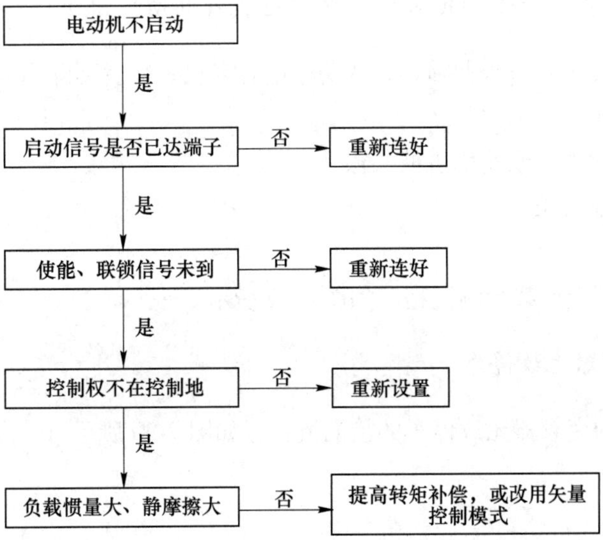

图 7-27　变频器不能启动电动机检测流程

7.9.4.4　变频器能运行，但不能调速

（1）电位器用电源损坏、调速信号为0，或外部给定信号未送到，或AI输入（电路）端子损坏，或操作盘损坏。

（2）参数设置不当，例如：$F_{max} \leqslant F_{min}$或$F_{max}=0$。多段速参数为0。

（3）谐波干扰。

变频器不能调速检测流程，如图7-28所示。

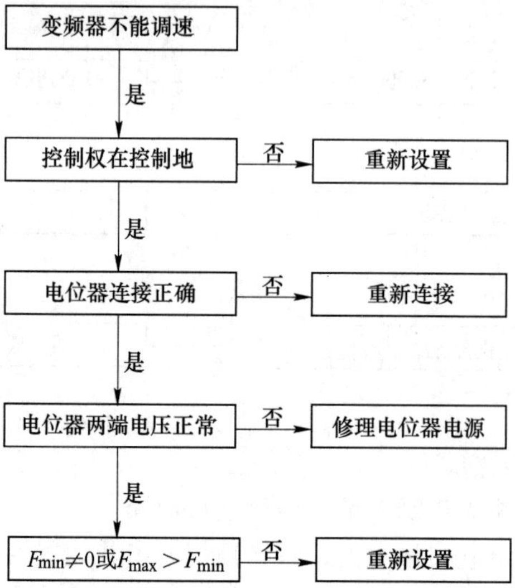

图7-28　变频器不能调速检测流程

7.9.4.5　变频器不能带额定负载（常跳过流或电动机脉动）

（1）变频器逆变桥有一桥臂损坏，或功率电容老化、容量下降引起电流波纹增大、转矩下降。

（2）负载波动太大，或发生机械共振。

（3）电动机电缆太长。

（4）谐波干扰。

变频器不能带额定负载检测流程，如图7-29所示。

7.9.4.6　变频器无故停车

由继电器控制的变频器无故停车的检测流程，如图7-30所示。

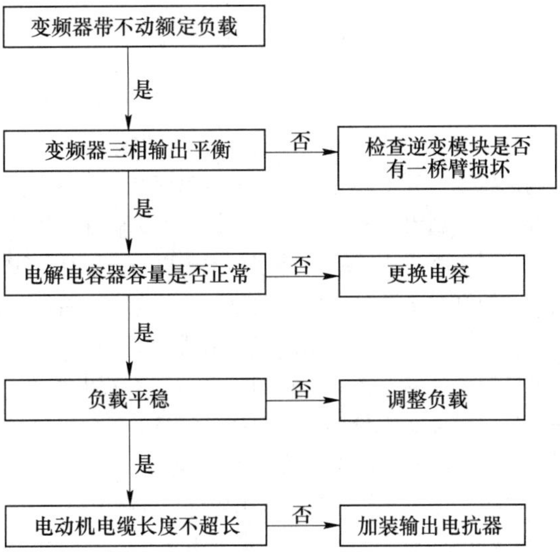

图 7-29 变频器不能带额定负载检测流程

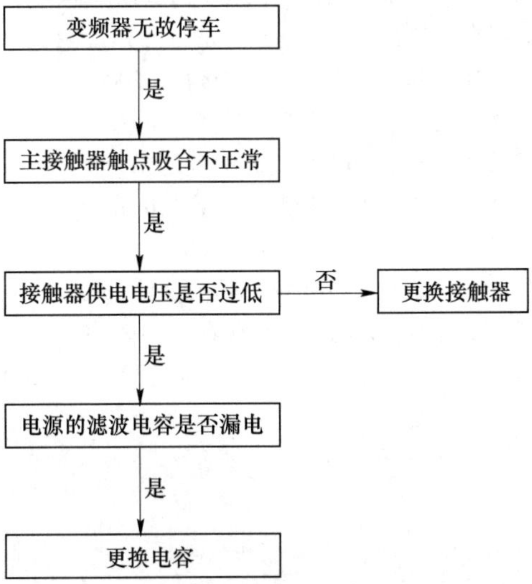

图 7-30 继电器控制的变频器无故停车检测流程

习 题

7-1 简述变频器的基本原理。

7-2 简述变频器的工作环境。

7-3 简述变频器的安装方式。

7-4 简述变频器参数号大于 10 运行参数的设置方法。

7-5 简述变频器负载类型选择参数意义及设置方法。

7-6 简述变频器上下限频率的设置方法。

7-7 试用 PLC 与变频器组合控制电动机的正、反转。

7-8 为了实现变频器与计算机之间的通信，哪些变频器的参数需要初始化设置？

参考文献

[1] 强高培. 机电设备电气控制技术 [M]. 北京：北京理工大学出版社，2012.
[2] 程周. 电机与电气控制 [M]. 北京：中国轻工业出版社，1997.
[3] 吴程. 常用电机控制与调速技术 [M]. 北京：高等教育出版社，2008.
[4] 郑凤翼，杨红升. 怎样看电气控制图 [M]. 北京：人民邮电出版社，2003.
[5] 陆运华，胡翠华. 电动机控制电路图解 [M]. 北京：中国电力出版社，2008.
[6] 强高培. 工厂常用电气设备控制线路识图 [M]. 北京：中国电力出版社，2011.
[7] 许翏. 工厂电气控制设备 [M]. 2 版. 北京：机械工业出版社，2000.
[8] 张云波，刘淑荣. 工厂电气控制技术 [M]. 2 版. 北京：高等教育出版社，2004.
[9] 郑立冬. 电机与变压器 [M]. 北京：人民邮电出版社，2008.
[10] 张延会. 变电所值班员 [M]. 北京：化学工业出版社，2007.
[11] 许晓峰. 电机及拖动 [M]. 2 版. 北京：高等教育出版社，2004.
[12] 刘启新. 电机与拖动基础 [M]. 2 版. 北京：中国电力出版社，2007.
[13] 王浔. 维修电工技能训练 [M]. 北京：机械工业出版社，2009.
[14] 姜玉柱. 电机与电力拖动 [M]. 北京：北京理工大学出版社，2006.
[15] 郁汉琪. 电气控制与可编程序控制器 [M]. 南京：东南大学出版社，2003.
[16] 李向东. 电气控制与 PLC [M]. 北京：机械工业出版社，2004.
[17] 孙平. 电气控制与 PLC [M]. 北京：高等教育出版社，2002.
[18] 陈建明. 电气控制与 PLC [M]. 北京：电子工业出版社，2006.
[19] 李崇华. 电气控制技术 [M]. 重庆：重庆大学出版社，2004.
[20] 尚艳华. 电力拖动 [M]. 北京：机械工业出版社，2002.
[21] 于永芳，郑仲民. 检测技术 [M]. 北京：机械工业出版社，2000.
[22] 张勇. 电机拖动与控制 [M]. 北京：机械工业出版社，2008.
[23] 张万忠. 可编程序控制器应用技术 [M]. 北京：化学工业出版社，2002.